战略性新兴领域“十四五”高等教育系列教材

认知神经科学基础

主　编　栗　觅
副主编　陈建辉
参　编　杨　剑　周海燕　黄佳进

机械工业出版社

本书以讲授人类认知功能与神经系统之间的密切关系为目标，系统阐述了认知神经科学的基本理论和研究方法。通过内容与案例相结合的教学方法，讲解感知、记忆、情绪和社会认知等不同认知功能与大脑结构和功能的关联。本书还将认知神经科学研究方法与人工智能应用紧密结合，让读者亲身体验认知神经科学给学习和生活带来的新变化。全书共7章，主要内容包括：概论、脑的组成与结构、神经系统、感觉与运动的认知神经基础、记忆与认知过程的神经基础、情绪与社会认知的神经基础以及认知神经科学研究方法。

本书适合作为认知神经科学和人工智能领域的本科或研究生教材，也适合作为人工智能从业者、认知神经科学研究人员以及对这两个领域感兴趣的读者的参考书。

本书配有电子课件、教学大纲、习题答案和教学视频，欢迎选用本书作为教材的教师登录 www.cmpedu.com 注册后下载，或发送邮件至 limi@bjut.edu.cn 索取。

图书在版编目（CIP）数据

认知神经科学基础 / 栗觅主编 . -- 北京 ： 机械工业出版社， 2024. 12. --（战略性新兴领域“十四五”高等教育系列教材）. -- ISBN 978-7-111-77423-5

Ⅰ. B842.1

中国国家版本馆 CIP 数据核字第 2024YE2347 号

机械工业出版社（北京市百万庄大街 22 号　邮政编码 100037）

策划编辑：吉　玲　　　　责任编辑：吉　玲　张振霞

责任校对：郑　婕　张　薇　封面设计：张　静

责任印制：李　昂

北京捷迅佳彩印刷有限公司印刷

2024 年 12 月第 1 版第 1 次印刷

184mm × 260mm・15 印张・362 千字

标准书号：ISBN 978-7-111-77423-5

定价：58.00 元

电话服务　　　　　　　　网络服务

客服电话：010-88361066　机　工　官　网：www.cmpbook.com

010-88379833　机　工　官　博：weibo.com/cmp1952

010-68326294　金　书　网：www.golden-book.com

封底无防伪标均为盗版　机工教育服务网：www.cmpedu.com

前 言

PREFACE

人类已经进入智能时代，尤其是交互生成式语言大模型 ChatGPT 自 2022 年 11 月 30 日的发布，更是标志着人工智能已经在改变人们的学习、生活和工作方式。人工智能本质上是认知与计算的关系问题，而处理认知与计算关系的最高智能形式就是人类的脑。认知神经科学正是揭示人类脑认知与计算的关系的学科，它涉及认知科学、神经科学、信息科学等学科。随着“人类脑计划”的推进，关于脑与认知的研究不断推进，逐渐形成了认识脑、保护脑、模拟脑、增强脑的“四位一体”模式。在这一背景下，本书旨在为读者提供系统、全面的认知神经科学知识，并深入探讨其在人工智能中的实际应用。

本书是一本专为人工智能专业学生打造的基础教材，深入探索了认知神经科学这一跨学科新兴领域的核心知识。本书按照教育部最新的智能科学与技术、人工智能专业及相关领域的培养目标和培养方案进行编排，系统讲述了认知神经科学领域的新概念和新方法，涵盖了感觉、知觉及其记忆、注意、语言、情绪等基本的脑神经基础，同时详细阐述了瞳孔波、事件相关电位和功能性磁共振成像等先进技术的基本原理，并深入讨论了这些技术在临床和应用领域的广泛运用。

全书共分为七章，以人类认知功能与神经系统之间的密切关系为主线展开，内容讲解由浅入深，层次清晰，通俗易懂。第 1 章为概论，重点介绍认知神经科学的研究对象、认知神经科学的起源与发展；第 2 章为脑的组成与结构，重点介绍大脑的结构、间脑与脑干、基底神经节、边缘系统、脑室系统等；第 3 章为神经系统，重点介绍中枢神经系统、外周神经系统与脊髓；第 4 章为感觉与运动的认知神经基础，重点介绍视觉认知的神经基础、听知觉的认知神经基础、躯体感知觉的认知神经基础、嗅觉与味觉的认知神经基础、运动与控制的神经基础；第 5 章为记忆与认知过程的神经基础，重点介绍学习与记忆过程的神经基础、注意的认知神经基础、语言认知的神经基础；第 6 章为情绪与社会认知的神经基础，重点介绍情绪及其分类、情绪认知的神经机制、社会认知的神经基础；第 7 章为认知神经科学研究方法，重点介绍瞳孔波技术、脑电图技术、磁共振成像技术。

本书紧跟认知神经科学发展的脚步，积极吸收最新的研究成果，旨在拓展学生的视野，培养学生的创新能力。在编写过程中，我们注重理论与实践的结合，采用内容与案例相结合的教学方法，旨在让读者亲身体验认知神经科学给学习和生活带来的新变化。另外，还设置了丰富的互动环节，如思考题、讨论题、实践项目等，鼓励学生在学习过程中积极参与、主动思考，提高学习效率。同时，我们还使用了大量的图表、示意图等形式，直观地解释复杂的神经科学原理和实验结果，帮助学生更好地理解并掌握所学知识。

本书在编写过程中参阅了大量教学、科研成果，也吸取了国内外教材的精髓，在此向相关作者表示由衷的感谢，特别感谢教育部新兴领域教材体系建设项目的资助。

由于编者水平有限，书中难免有不妥和疏漏之处，恳请各位读者不吝赐教和批评指正。

编　者

目录

CONTENTS

第 1 章　概论

导读

认知神经科学本质上是揭示脑与认知的关系，是心理学家、神经科学家、脑科学家、甚至人工智能学家等最为关注的研究对象。本章作为认知神经科学的开篇，介绍了认知神经科学所要研究的对象，认知神经科学的起源和发展，以及神经系统与现代认知神经科学的诞生。

本章知识点

- 认知与认知过程
- 认知神经科学的研究层次
- 多脑室学说
- 颅相学说
- Broca 脑区和 Wernicke 脑区
- Brodmann 脑功能分区

1.1　认知神经科学的研究对象

1.1.1　认知与认知过程

认知（cognition）是指认知主体接收外界输入的信息，经过加工处理，形成内在的心理活动，进而获得知识、经验以及外在行为表现的过程。这一过程的实质是信息加工过程或信息认知过程。人脑是人类认知的生理基础，眼睛、耳朵、鼻子、嘴巴和皮肤等是获取人类认知信息的传感器。学习是重要的认知过程。认知产生的知识和经验是人类产生高级认知活动的基础，以记忆的形式存储在人脑中。

认知包括感觉、知觉、学习、思维、语言、想象、记忆等多个方面。其中，感觉（sensation）是对事物个别属性和特征的直接反映，或者说客观事物作用于感觉器官而引起的对该事物个别属性的直接反映，例如，视觉由光线引起，听觉由声波引起等；而知觉（perception）则是个体选择并解释感觉信息的过程，是对事物的整体反映，是多种感觉协同活动的结果，也与人的主观态度和知识经验有关。

感觉简单，知觉复杂。感觉是对客观刺激的生理反应，知觉是对感觉信息的组织和解释。所谓的“视而不见”“听而不闻”就是说感觉是知觉的基础，但是有感觉未必有知觉。人脑的资源是有限的，因此只能按照一定的认知策略（包括计划、方案、技巧等）进行认知活动，例如，学习一门课程，平时学习和考试前复习的学习策略是不同的。合理的认知策略对于认知活动的有效进行是十分重要的。

认知能力，即通常所说的智力，涵盖了加工信息、存储记忆、提取信息及综合运用信息等多方面的能力。认知能力存在个体差异，与多种因素有关，包括大脑结构、遗传因素、认知策略及环境等。人们认识客观世界，获得各种各样的知识，主要依赖于认知能力。

认知神经科学旨在研究人类的感觉、知觉、注意、思维、运动、语言、情感等认知活动的大脑神经机制。它是在认知科学和神经科学两个学科群的基础上建立起来的一门综合性交叉学科。正如 2000 年诺贝尔奖获得者坎德尔（Eric Kandel）指出：“认知神经科学，即对知觉、行动、记忆、语言和选择性注意的研究，它将代表 21 世纪神经科学的研究焦点。”

随着研究的深入，认知神经科学已经渗透到许多学科领域，如神经广告学、神经经济学、神经管理学等，为这些领域的发展提供了强有力的理论支持与实践指导。

1.1.2 认知神经科学的研究层次

认知心理学、神经科学和认知神经科学等学科都是研究脑与认知的关系，尽管它们各自的研究视角与侧重点存在差异。具体而言，认知心理学是从认知行为的角度研究脑功能；神经科学是从脑结构的不同组织层次（分子、神经元、神经网络等）研究脑与认知活动；而认知神经科学则是将认知心理学、神经科学等学科有机结合，从而研究脑与认知的关系。尤其是 20 世纪 90 年代以来，功能性磁共振成像（fMRI）技术作为一种非侵入性的脑功能测量手段飞速发展，极大地促进了认知神经科学领域的研究。

如图 1-1 所示，认知神经科学的研究层次包括基因水平、细胞水平、系统水平、行为水平等不同层次。

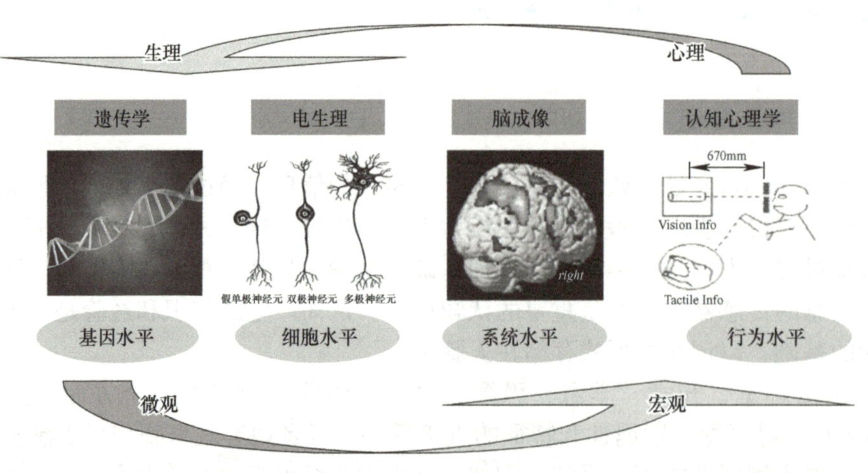

图 1-1 认知神经科学的研究层次

1. 基因水平

基因水平层次从分子和基因角度研究脑与认知的关系。脑的物质组成中包含一些奇特的分子，特别是一些分子只存在于神经系统中。这些分子对于脑功能的行使扮演着非常关键的角色，例如，“信使”使得神经元之间可以相互通信，“卫兵”控制着不同的物质进出神经元，“向导”协调神经元的生长，“档案管理员”负责保管过去的经验等。从分子角度研究脑的物质分子特性对应于分子神经科学，其主要手段包括分子成像技术。

分子成像是利用影像学手段在细胞和分子水平上无创性地检测和显示活体内生理过程的成像方法。分子探针技术是实现分子成像的重要途径，它是将分子链接在药物上，然后注射到人体内，分子探针将与受体（目标成像分子）相结合，使靶区信号增强，就像 GPS 一样，从而获得分子在体内分布的影像信息。

随着基因技术的发展，生命过程中的遗传因素将为认知行为的研究产生影响与贡献。例如，COMT（儿茶酚 – 氧位 – 甲基转移酶）基因与工作记忆有关，有不同形式 COMT 基因的人在工作记忆时会产生不同的大脑活动模式，这在基因水平上解释了认知活动的个体差异现象。特别地，COMT 主要分布在前额叶，可能影响该区域的认知功能。

2. 细胞水平

细胞水平层次从神经细胞角度研究脑与认知，主要是研究神经细胞的种类与功能、神经元的种类与功能，以及神经元之间是如何联系形成功能网络的。这一层次研究的主要工具包括细胞神经学、神经解剖学、电生理学等。

例如，动物的微电极技术就是将微电极插入细胞表面或细胞内，通过外部刺激使神经元产生活动，神经元放电就会产生微弱电流。通过记录、放大、滤波去噪后就能得到神经元的生物电活动，从而揭示神经元的生物电特性及其与认知功能的关系。

3. 系统水平

大脑执行某一项功能的信息加工，需要很多脑区或由很多神经元组成的神经网络系统的协同工作，这使大脑存在视觉系统、听觉系统、运动系统等各自相对对立而又相互联系的网络。系统水平上的研究包括神经系统是如何协调工作的，如何感知外部信息，如何分析外部信息，以及如何做出决定和执行运动等。其研究手段包括脑波（EEG/ERP）、功能性磁共振成像（fMRI）、脑磁图（MEG）等。例如，fMRI 研究发现视觉物体认知的神经系统包括背侧和腹侧两条通路，背侧通路主要负责物体位置和运动感知，而腹侧通路主要进行物体颜色、大小等特征的识别。

4. 行为水平

行为水平层次主要是从认知行为和信息加工的角度研究心理活动和脑功能的关系，以认知心理学的理论和技术作为核心工具。这一层次将脑作为信息加工处理器的“黑盒”，设计各种实验范式来考察脑的信息加工过程。

通过测量某种认知任务的反应时间、正确率、眼动轨迹等指标，从人的行为研究感觉、知觉、记忆、注意、言语、推理、学习等一般规律。研究心理的脑机制就是揭示脑与心理现象之间的关系。因为心理是神经活动的结果，也是心理现象发生的基础。人脑在接收外界信息刺激后，才能产生各种心理现象，进而影响人的认知行为。揭示这种心理现象和外部环境的关系，对于研究人的心理现象有很大帮助。

1.2 认知神经科学的起源与发展

1.2.1 对脑的早期认识

脑与认知关系的研究不仅涉及许多学科和领域，其发展也经历了漫长的岁月。在公元前4世纪以前，人们一直认为“心”才是智慧的源泉。著名的古希腊学者亚里士多德（Aristotle，公元前384—前322）即持此观点，他认为“脑”的作用相当于一个“散热器”，被“火热的心”沸腾了的血液通过“脑”进行降温，因此，“脑”的冷凝功能使身体保持了合适的体温。

到公元前4世纪，几位古希腊学者提出“脑”是感觉的器官。其中，古希腊亚历山大医学学派创始人之一、外科医师、解剖学家赫罗菲勒斯（Herophilus，大约公元前335/331—前280/255）认为大脑是思想产生的部位，他还首次发现了脑内有如清泉般清亮的液体——脑脊液，以及容纳脑脊液的脑室，这为后来的“脑室定位学说”奠定了基础。随后，被誉为“西方医学之父”的希波克拉底（Hippocrates，公元前460—前370）进一步阐述，“脑”不仅是参与对环境感知的器官，更是智慧的发源地。

进入罗马帝国时期，罗马医学史上最重要的人物之一是希腊的医师盖伦（Galenus，129—199），他受到希波克拉底（Hippocrates）关于脑功能的启发，对感兴趣的动物（尤其是羊）进行了解剖，绘制出了包括大脑和小脑在内的详细脑部结构图（图1-2）。盖伦观察到大脑柔软而小脑坚硬，并据此推测：大脑负责感知并将感知的结果“刻录”在松软的大脑上形成记忆，而小脑的作用是支配肌肉。这一观点虽不完全准确（现代科学认为大脑与感知觉、记忆等认知有关，小脑是主要的运动控制中枢），但在当时已是巨大的进步。

盖伦切开羊脑时，发现脑的里边是空的（命名为脑室）（图1-2c），而且脑室中有液体。根据这一观察，他提出了“脑室中心论”，用来解释脑是如何感知和支配躯体运动的。他认为，人们对外部世界的感知和躯体运动是由体液到达脑室和离开脑室的流动来实现的。

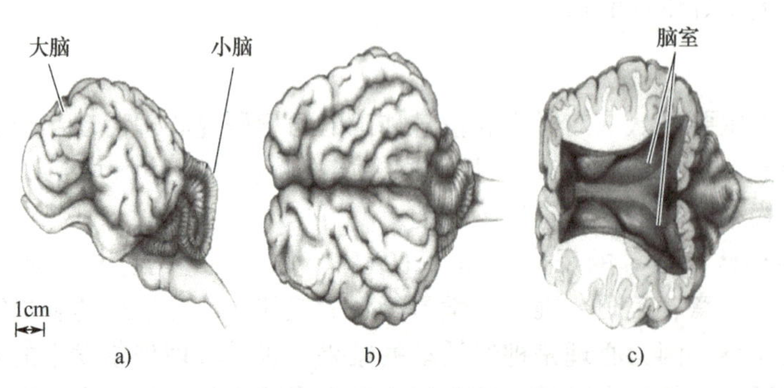

图1-2 羊脑解剖图

1.2.2　多脑室学说

公元前 4 世纪末，提出了多脑室学说。这一学说提出人的各种心理活动都定位于人的各个脑室，如图 1-3 所示。多脑室学说认为，人有三个脑室：第一脑室是产生想象的部位；第二脑室是进行深思和估计的部位；第三脑室是产生记忆的部位。需要说明的是，那时所说的脑室并非现代神经解剖学意义上的真实结构。

图 1-3　多脑室学说：三个脑室

文艺复兴后对脑的认识：盖伦有关脑室中心论的观点延续了近 1500 年，直至文艺复兴时期（14 ～ 16 世纪），法国著名的解剖学家安德雷亚斯 • 维萨里（Andreas Vesalius，1514—1564）进一步描绘了人脑的结构，尤其突出了对脑室的描绘，如图 1-4 所示。

由于 17 世纪早期的法国人发明了以水为动力的控制装置，脑室中心论被进一步强化了。这一时期，有观点认为液体从脑室中被挤出，经过“神经管道——类似于血管的中空管道”，使人兴奋，从而激发躯体运动。

随后，法国哲学家和数学家笛卡儿（René Descartes，1596—1650）在脑室中心论的基础上，提出了“心 - 脑二元论”，认为人类的智慧是一种精神实体，独立于脑之外。他进一步提出，精神通过松果体与脑结构产生联系，图 1-5 所示为笛卡儿描绘的脑：来自眼睛的中空的神经投射到脑室，精神通过对松果体（H）的控制来影响运动反应。松果体就像一个阀门，通过神经控制人的精神活动。“心 - 脑二元论”仍然是“脑室中心论”。

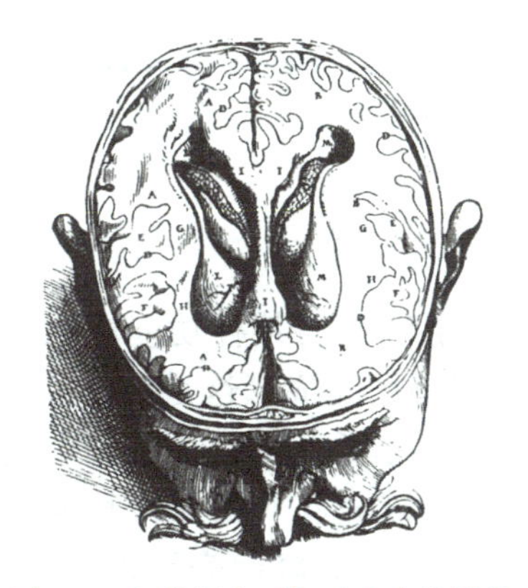

图 1-4　文艺复兴时期对脑室的描绘

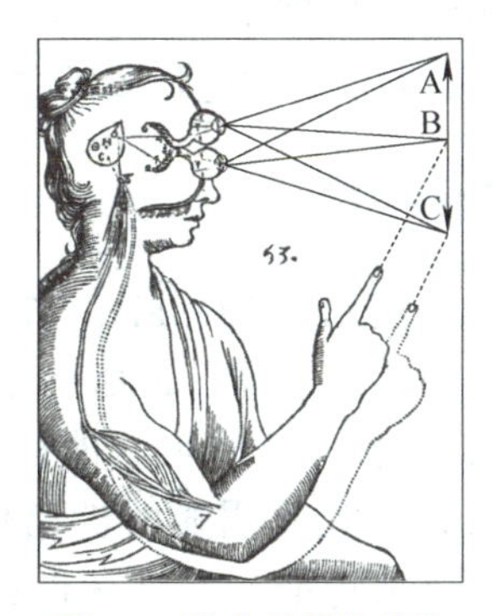

图 1-5　笛卡儿描绘的脑

文艺复兴后，17 ～ 18 世纪的一些科学家摆脱了“脑室中心论”的束缚，转而对脑结构的组成开展了更深入的研究。其中一些研究发现，脑组织分为“灰质”和“白质”两部分，如图 1-6 所示。“灰质”负责信息加工，“白质”含有纤维，负责向“灰质”传递信息和从“灰质”传出信息。

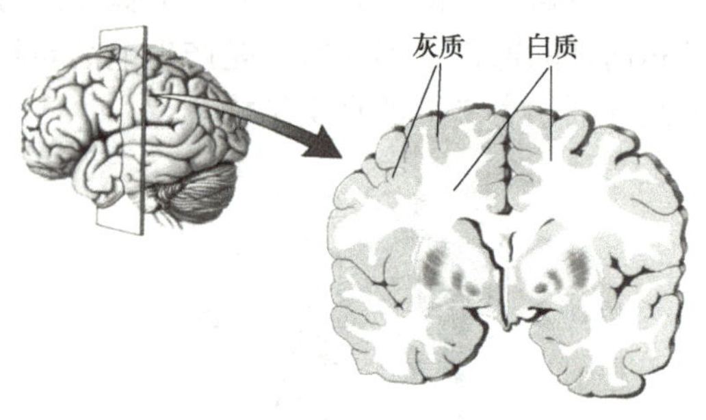

图 1-6　脑组织：灰质和白质

1789 年，意大利生理学家伽伐尼（Luigi Galvani，1737—1798）在蛙腿神经肌肉标本实验中发现了神经的电活动，他提出了神经是通过电信号而不是流动的液体与脑联系的观点，从而开创了电生理学。

18 世纪末，神经系统的基本架构得到了明确界定，它由中枢神经系统和外周神经系统两大部分组成。中枢神经系统包括脑和脊髓，而外周神经系统由遍布躯体的外周神经网络组成。外周神经的感觉信号通过脊髓传递给大脑，同时大脑也通过脊髓向躯体传送指令。在这一时期，神经解剖学史上最重大的突破是发现大脑表面存在隆起（脑回，gyri）和凹槽（沟，sulci），并且提出了不同的脑回实现不同的脑功能的猜想，这一发现开启了脑功能定位的新时代。

19 世纪对于脑与认知的认识：最早的脑与心理关系的记录来源于 1862 年埃及学者在尼罗河中游的古城卢克索（Luxor）发现了一个古老的医学手抄本，内容是关于解剖学、生理学和病理学的描述。其中的一个实例记录了脑损伤与功能障碍的关系，如图 1-7 所示。

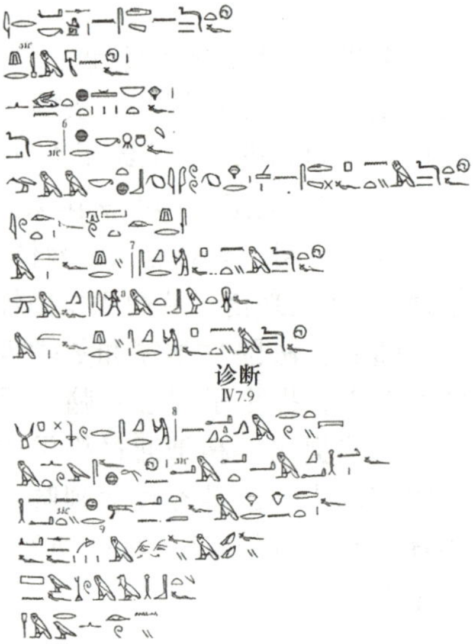

图 1-7　脑损伤与功能障碍的关系描述

1.2.3　颅相学说

德国医生盖尔（F.J.Gall，1785—1828）将大脑特定区域与某种功能联系起来。例如，友谊、好斗、崇拜、自尊、记忆等这些功能由特定脑区完成，这是最早的“脑功能定位学说”，如图 1-8 所示。他认为，通过对颅骨的形状分析就可以了解一个人的性格特征。如果某人具有明显的性格倾向，对应的颅骨就应该隆起。例如，某人左耳正上方凸起表示该人可能具有破坏性或攻击性的倾向；而左耳前方隆起表示该人可能好吃，对食物有着较强的欲望或兴趣。该学说在欧洲盛行了一个世纪，在维多利亚时代达到顶峰。

法国医生布洛卡（Broca，1824—1880）发现了与语言产生直接相关的脑区——语言产生脑区，也称言语运动区或简称 Broca 脑区。1861 年，布洛卡接诊了一位中风患者，该患者能听懂别人的言语，却不能说话，只能发出如 tan，tan（常被称为“tan 先生”）……这说明其言语产生困难不是发音器官障碍造成的。该患者去世后解剖结果显示，脑损伤位置位于大脑左半球额叶下部，如图 1-9 所示。该发现在脑与认知的关系中具有里程碑意义。

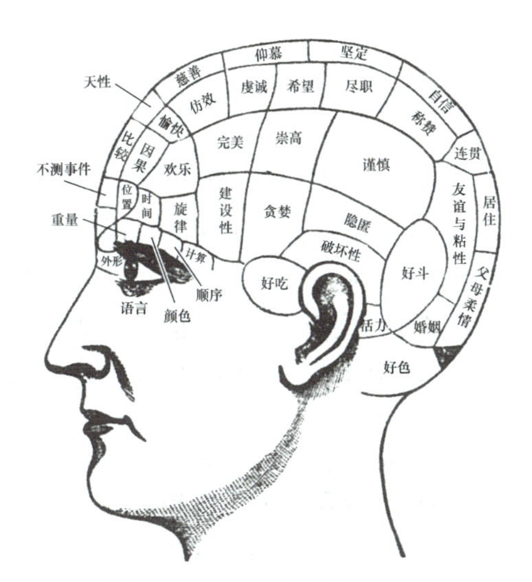

图 1-8　颅相学说：脑功能定位

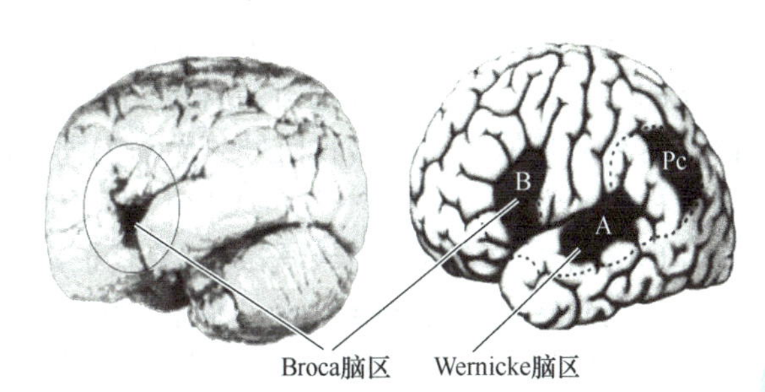

图 1-9　Broca 脑区和 Wernicke 脑区：言语产生和理解

德国神经学家威尼克（Wernicke）的贡献——语言理解区（Wernicke 脑区），如图 1-9 所示。威尼克医生在 1876 年发现了一个病例，该患者听不懂别人的语言，也不理解书面语言，尽管可以流利讲话，但是说出的东西却没有任何意义。这个发现说明了言语表达和言语理解是由大脑中不同的区域分别控制的，从而深化了人们对大脑语言处理机制的认识。

1.2.4　神经系统的起源

19 世纪，伴随着显微镜技术的发展，人们可以通过一定的手段观察到神经细胞及其结构，革命性地推动了人们对于神经系统的认识和理解。1892 年，德国科学家尼斯尔（Franz Nissl，1860—1919）发明了一类碱性材料，可以给细胞核及周围的斑块物质染色，这种染色法被称为尼式染色法，如图 1-10a 所示。尼氏染色法主要是对神经细胞的胞体染色，不能对神经细胞的其他组织染色，如神经元的树突和轴突等。

1873 年，意大利杰出的神经学家高尔基（Camillo Golgi）发明了银染色法，也称为高尔基染色法。高尔基发现，神经元可以使用硝酸银染色，不仅能对神经元胞体进行染色，同时也能对树突和轴突等染色，从而实现了神经元可视化，如图 1-10b 所示。高尔基认为，神经系统由神经细胞的突起相互融合成为网状结构，即网状学说。

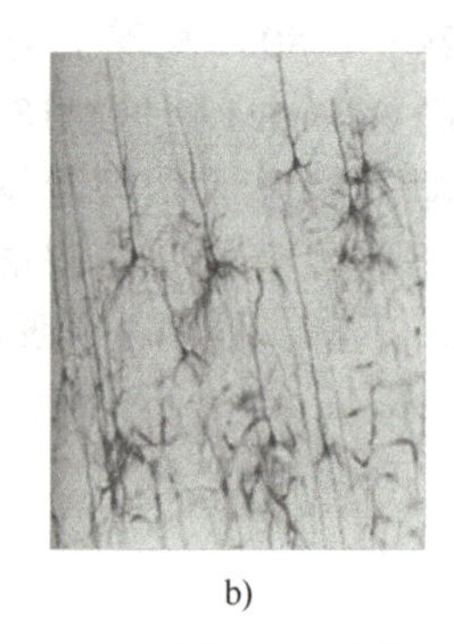

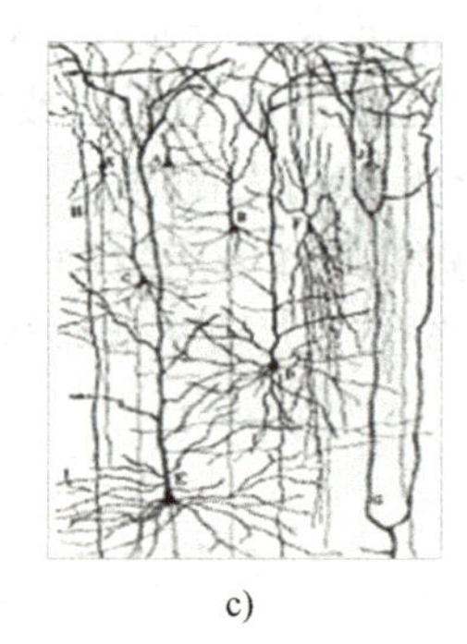

a)　　b)　　c)

图 1-10　神经细胞染色法

a）尼式染色法（Nissl）　b）高尔基染色法（Golgi）　c）卡哈尔染色法（Gajal）

随后，西班牙著名的神经学家卡哈尔（Santiago Ramon Gajal）利用改进的高尔基染色法，进一步清晰地观察到了神经细胞的特征，如图 1-10c 所示。卡哈尔提出，神经元是独立的单位，神经元之间通过特殊的结构（后来被命名为“突触”）传递信号。他认为胞体和树突从其他神经元接收信号，而轴突则将信号向远离胞体的方向单向传输，这就是著名的神经元学说。

1906 年，高尔基和卡哈尔共同荣获了诺贝尔生理学或医学奖。有趣的是，在颁奖典礼上，高尔基直接对卡哈尔的“神经元学说”提出了质疑，这种学术上的坦诚与敬业精神值得学者们学习。关于网状学说与神经元学说一直存在争论，直到 20 世纪 50 年代，高精度电子显微镜的问世，才肯定了神经元学说是正确的。

布罗德曼（Brodmann）分区：1909 年，德国神经学家布罗德曼（Korbinian Brodmann）使用尼斯尔发明的组织染色法，并借助显微镜技术，系统性地观察不同脑区的细胞类型。基于这些观察，布罗德曼按照脑功能的不同，绘制了 52 个不同脑区的脑图谱及其脑功能定位，如图 1-11 所示。例如，17 脑区被认为是视觉加工的初级视觉皮层。布罗德曼的脑分区体系，至今仍然广泛应用于脑成像研究中，尤其是基于脑影像学的脑与认知的研究，促进了认知神经科学的研究与发展。

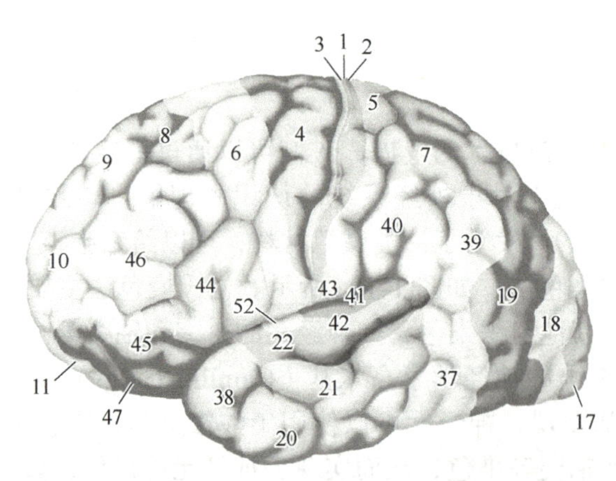

图 1-11　布罗德曼（Brodmann）大脑结构的 52 个区域

1.2.5 现代认知神经科学的诞生

认知神经科学起源于 20 世纪 70 年代，是由美国著名的认知心理学家米勒（George A. Miller）提出来的，目的是揭示大脑与认知的复杂关系。脑与认知的关系长久以来一直是心理学家、神经科学家、脑科学家乃至人工智能学者共同探索的课题。

在一个偶然的机会中，米勒与裂脑研究专家加扎尼加（Michael S. Gazzaniga）在纽约共同乘坐出租车去参加由洛克菲勒大学和康奈尔大学科学家举办的晚宴，就他们正合作研究的大脑是如何产生心智的问题进行了深入讨论。这是一直以来，尤其是进入 20 世纪后被广泛关注的问题，也是一个尚未命名的一个学科。当二人走下出租车后，“认知神经科学”这一术语就诞生了！这个术语是将“认知科学”和“神经科学”完美结合，对于研究“有形大脑如何产生无形心智”这一问题的完美描述，因此很快就得到了科学界的普遍认可。为了系统地阐述“认知神经科学”的研究对象和理论体系，1995 年裂脑研究专家加扎尼加教授出版了代表性著作《Cognitive Neuroscience》，该书全面地阐述了脑结构和神经系统与认知活动的关系。

认知科学起源于 20 世纪 50 年代，是研究人类认知与智力的本质及规律的科学。认知心理学、人工智能、认知神经科学等是其核心学科，具有高度的跨学科性质。其中，认知计算是认知科学的核心领域，是以计算的方式理解认知和认知过程，其核心是智能算法。认知计算的目的是通过计算描述认知活动，使得机器以类脑形式感知、学习、推理，以及与人类和环境进行交互等。认知的计算理论认为，认知就是计算，但是认知的可计算性一直是一个有争议的问题。随着深度学习、机器视觉、语音识别和自然语言处理等研究的深入，人们已经深刻体验到认知是可以计算的。可以说，智能系统和智能行为正是认知计算功能的具体体现。从目前来看，认知计算能力对于未来信息技术、人工智能等有着十分重要的影响。

认知科学的主要研究视角包括：①从认知心理学角度，将人脑与计算机类比，采用心理学实验方法研究认知活动，并从行为水平上用计算机模拟人的认知过程；②从神经网络角度，将大脑看作一个神经网络，建立相应的神经网络模型，用以研究认知过程；③从大脑工作方式入手，采用无创伤实验设备实时直接观测认知过程的大脑活动过程。

认知心理学同样起源于 20 世纪 50 年代，它以信息加工理论为基础，研究人的心理活动。目前，它已成为认知科学和认知神经科学等学科研究的基础学科。认知心理学把大脑当作一个信息处理系统，侧重研究大脑的信息加工规则和机制，例如，大脑的可控加工和不可控加工（抑郁症患者的反刍思维）、自上而下和自下而上的加工、内隐记忆和外显记忆、选择性注意等，而相对较少关注大脑硬件结构（如脑区和神经网络）与信息加工过程的关系。认知心理学的实验范式，如研究视觉注意的视觉搜索和线索范式、研究情绪的情绪 Stroop 范式等，在认知神经科学的脑成像研究中得到了广泛应用。

神经科学是研究脑结构和神经系统功能的学科，包括脑科学、神经生物学、神经病理学、神经解剖学和遗传学等学科和领域，它从分子、细胞、单个神经元、神经元之间的连接与信号传递、神经网络等不同层次水平，对神经系统的形成，感觉、知觉、记忆与学习等的生理基础和异常病变等进行研究。神经科学通过解剖学、电生理学和脑成像技术等跨学科方法观察测量脑活动与脑结构以及神经系统之间的关系，从而揭示脑的工作原理，并为神经系统疾病的预防和治疗提供科学依据。

本章小结

本章主要介绍了认知心理学与认知神经科学的起源、发展及其在人类认知活动中的重要性。认知心理学是研究认知心理、认知行为和信息加工过程的科学，从 20 世纪 50 年代诞生以来，一直是人类认知活动，包括感觉、知觉、注意、记忆、语言、情绪和思维等信息加工研究的重要手段，并且推断和模拟相应的脑功能活动。神经科学最早起源于 9 世纪初，其研究的对象是脑神经系统的功能。鉴于脑功能的复杂性，单纯从神经系统的角度难以全面揭示其本质，认知心理学和行为科学等认知科学方法可以反映脑的活动，以补充神经科学的局限性。所以，认知科学与神经科学二者结合和促进就诞生了认知神经科学。认知神经科学起源于 20 世纪 70 年代，一直到现在都是研究脑科学的重要手段，并取得了诸多研究成果，进一步揭示了人脑与认知的深层次关系。

在认知神经科学中，认知是指接受外界输入的信息，经过加工处理，形成内在的心理活动，进而获得知识、经验，以及外在的行为表现，这个过程的实质是信息加工过程或认知过程。感觉是对客观刺激的生理反应，知觉是对感觉信息的组织和解释。感觉简单、知觉复杂。所谓的“视而不见”“听而不闻”就是说感觉是知觉的基础，但是有感觉未必有知觉。本章还强调了感觉与知觉的区别与联系，以及它们在认知过程中的基础性作用。

认知神经科学从宏观到微观都得到了大量的研究，包括基因水平、细胞水平、系统水平和行为水平等，这些研究相互补充和促进，从而揭示了脑与认知活动的关系。

此外，本章还回顾了历史上对脑与认知关系探索的重要里程碑，包括多脑室学说、颅相学说、神经细胞染色技术的发明以及高精度电子显微镜的问世等。这些历史事件不仅展示了人类对脑与认知关系探索的不懈追求，也为现代认知神经科学的发展奠定了坚实的基础。

本章还着重介绍了 Broca 脑区和 Wernicke 脑区的发现，揭示了大脑在言语产生与理解中的关键作用。以及布罗德曼大脑功能区的分类体系，这一体系至今仍广泛应用于脑成像研究中，为认知神经科学的深入探索提供了重要工具。

综上所述，本章通过梳理认知心理学与认知神经科学的发展历程、研究内容以及其在人类认知活动中的重要作用，为读者呈现了一个全面而深入的理解框架。

思考题与习题

一、判断题

1. 人们觉察到物体颜色是感觉的作用。 ( )
2. 认知过程就是脑的信息加工过程。 ( )
3. 认知科学和认知心理学都起源于 20 世纪 50 年代。 ( )
4. 认知的计算理论认为，认知就是计算。 ( )
5. 大脑进行语言加工时，只涉及一个语言加工脑区。 ( )
6. 认知神经科学的研究需要认知心理学的支持。 ( )

7. fMRI 可以无损伤地获得脑在执行某一个功能任务时的脑功能网络。 ( )
8. 人的大脑资源是无限的，可以同时加工处理各种信息。 ( )
9. 知觉是对客观刺激的生理反应。 ( )
10. “视而不见” “听而不闻”说明感觉未必导致知觉。 ( )

二、单项选择题

1. 认知心理学主要研究的是（ ）。
A. 人类情感和动机 B. 人类认知活动和信息加工过程
C. 人类社交行为 D. 人类身体健康
2. 下列（ ）不属于认知神经科学的研究层次。
A. 行为水平 B. 系统水平 C. 细胞水平 D. 个体水平
3. 布洛卡和 Wernicke 的发现与（ ）有关。
A. 言语表达和言语理解的脑区控制 B. 视觉和听觉的脑区控制
C. 运动和感觉的脑区控制 D. 情绪和记忆的脑区控制
4. 下列（ ）不属于认知过程。
A. 感觉 B. 知觉 C. 记忆 D. 消化
5. 布罗德曼将脑分为（ ）个不同脑区。
A. 52 B. 42 C. 32 D. 22

三、多项选择题

1. 认知心理学主要研究（ ）。
A. 感觉知觉 B. 注意 C. 记忆 D. 情绪和思维
2.（ ）技术奠定了现代神经科学的起源。
A. 尼式染色法 B. 高尔基染色法 C. 卡哈尔染色法 D. 电视机制造技术
3.（ ）脑区与语言功能相关。
A. Broca 言语运动区 B. Wernicke 语言理解区
C. 视觉处理区 D. 听觉处理区
4. 下列（ ）说法是正确的。
A. 认知是指接受外界输入的信息，经过加工处理，形成内在的心理活动
B. 感觉是对客观刺激的生理反应
C. 知觉是对感觉信息的组织和解释
D. 认知神经科学与多个学科领域无关
5. 认知神经科学的研究方法包括（ ）。
A. 行为实验 B. 脑成像技术 C. 细胞生物学方法 D. 分子生物学方法

四、填空题

1. 认知神经科学的研究包括________、________、________和________等不同层次。
2. 认知的生理基础是________，认知过程就是________过程。
3. 认知神经科学起源于________年代，是研究脑科学的重要手段。

4. 认知神经科学是研究________与________关系的科学。

5. Broca 脑区主要负责语言的________，Wernicke 脑区主要负责语言的________。

五、论述题

1. 请简述使用功能性磁共振成像（fMRI）研究视觉搜索的脑机制的主要步骤。

2. 请简述使用分子磁共振成像技术研究抑郁症患者的神经递质——多巴胺在大脑中的分布异常，如何进行。

3. 请简要阐述：脑波和功能性磁共振成像在研究脑功能时的优缺点。

第 2 章　脑的组成与结构

导读

大脑是产生认知和认知活动的生理基础，是信息加工的智能生物体。因此，学习和理解大脑的结构、组成与功能，对于学习和理解脑与认知活动的关系是十分必要的，也是学习认知神经科学的基础知识之一，是学习第 3 章神经系统的知识基础。本章详细介绍了脑的组成与结构，大脑皮质分区、基底神经节、脑的边缘系统、脑室，并简要介绍了小脑的功能。

本章知识点

- 脑的组成
- 大脑皮质分区
- 脑干的组成与功能
- 基底神经节
- 边缘系统
- 脑室系统
- 小脑

脑由端脑（即大脑皮质）、间脑、中脑、后脑以及小脑组成。其中，端脑是脑信息加工的中枢，是脑的重要组成部分。间脑主要由丘脑（特别是背侧丘脑）和下丘脑组成。端脑和间脑统称为前脑。中脑和后脑（包括脑桥和延髓）构成了脑干。此外，位于脑内部的基底神经节、边缘系统、黑质和红核等核团将各个部分连接起来，共同完成脑的信息处理工作，包括感知觉、学习、记忆、情绪调节以及运动控制等。

2.1　大脑的结构

2.1.1　大脑的组成

1. 左脑与右脑

如图 2-1a 所示，从背面观察，大脑可分为左半球和右半球，通常简称为左脑和右脑。

左脑主要负责言语表达和理解、阅读、书写、数学运算、逻辑推理等。据统计，左利手有70%左脑优势。右脑主要负责物体大小与形状识别、空间定位、视空间操作（例如，看地图）、人脸识别、绘画、音乐、情绪、想象等。在感觉和运动中，左脑负责右侧躯体的感觉和运动，右脑负责左侧躯体的感觉和运动。

在认知活动中，尽管左脑和右脑各自有所侧重，但是需要左脑和右脑协同工作，左脑和右脑通过神经纤维束——“胼胝体（Corpus Callosum）”这一组织相互连接，如图2-1b所示。

2. 脑回与脑沟

从脑的背侧面只能看见大脑的皮质区域。人类的大脑皮质（Cerebral Cortex）的总面积为2200～2400cm^2。脑腔容量是有限的，不可能容纳这么大面积的脑皮质，因此，需要进行折叠才能装进脑腔中。这样，大脑皮质就形成了褶皱的结构特征，其中，隆起的部分称为“脑回（Gyri）”；凹陷进去的部分称为“脑沟（Sulci）”；较深的脑沟称为“裂”，例如，大脑左、右脑之间的脑沟称为“大脑纵裂”，如图2-1a所示。

折叠后的大脑皮质的表面的脑回缩小到展开时的1/3，也就是说，2/3的展开部分折叠到了脑沟中。这种皮质折叠使得神经元之间的联系更加紧密，最大化了单位体积的神经元数量，使轴突的长度缩短，最小化了神经元之间的连接距离，这样就加快了神经传导速度。

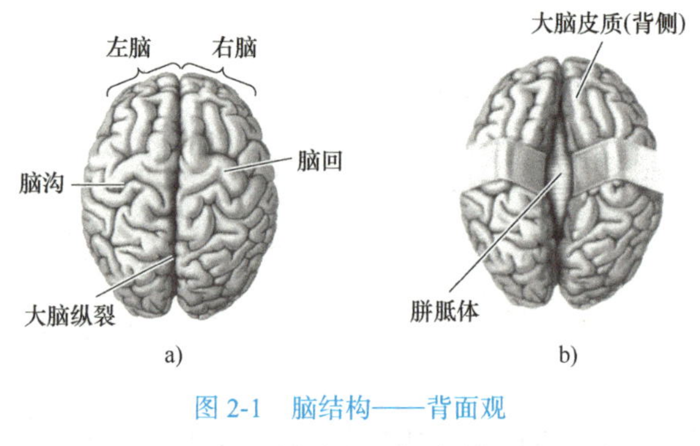

图2-1 脑结构——背面观

a）左脑和右脑 b）胼胝体

3. 灰质与白质

从图2-2所示的解剖结构可以看出，大脑由灰色部分和白色部分组成，分别称之为“灰质（Gray Matter）”和“白质（White Matter）”，它们都是中枢神经系统的重要组成部分。然而，它们在大脑中的位置和功能不同。灰质覆盖了大脑表面，主要包含神经元的胞体和树突，它们组成了大脑皮质，其厚度为1.5～4.5mm，不同的大脑区域的灰质厚度不同。白质则位于大脑内部，主要是由神经元的轴突组成的神经纤维，是大脑的信息传输系统。或者说，富含神经元胞体的区域被定义为灰质，而富含神经纤维的区域被定义为白质。胼胝体就是由左脑和右脑的神经元的轴突组成的神经纤维束，负责大脑两个半球之间的信息传递。此外，具有相同功能的神经元胞体聚集区称为神经核团，简称为核团，它们在大脑的功能分区中扮演着重要角色。综上，通过不同的观察视角，可以看到不同的脑组织结构。

从脑的外侧面（图 2-3a）观察，脑主要由大脑皮质（外侧部分）、脑干和小脑三大部分构成。大脑皮质是大脑最重要的信息加工厂或者重要的神经中枢。大脑皮质还包括背侧（图 2-3a）、内侧（图 2-3b）和腹侧（图 2-3c）三个部分，各部分之间相互连接。

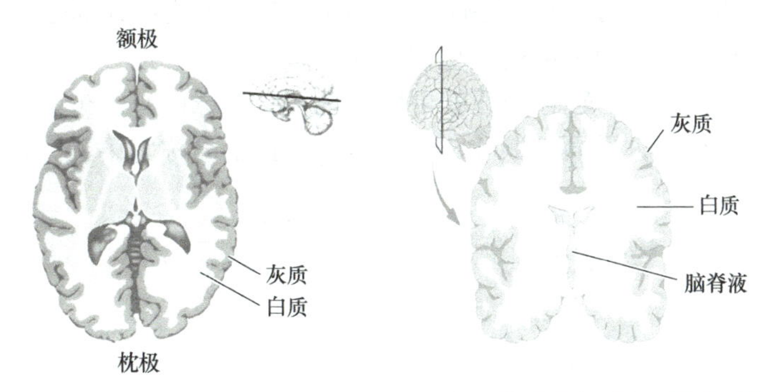

图 2-2　大脑皮质——灰质和白质：来自沿着黑色线的切片得到的大脑切面

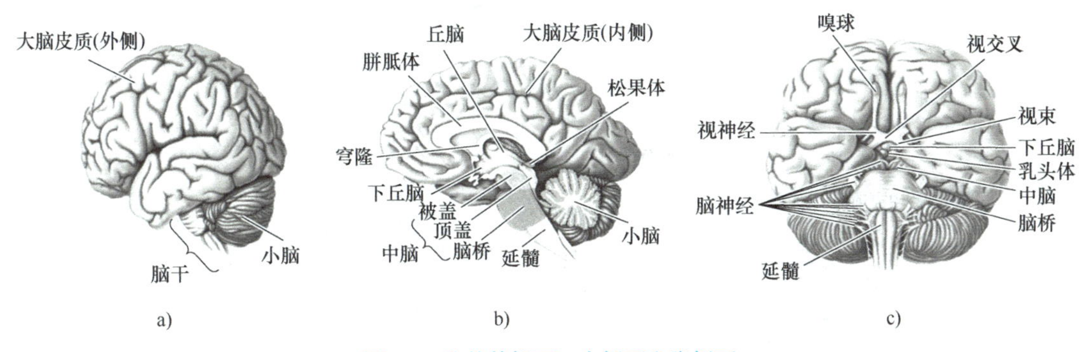

图 2-3　脑的外侧面、内侧面和腹侧面

a）脑外侧面　b）脑内侧面　c）脑腹侧面

2.1.2　大脑皮质分区

1. 解剖学分区

如图 2-4a 所示，大脑半球的侧面存在一条显著的裂缝，称为外侧裂，它与其他几条脑沟将大脑分成不同的脑区域。大脑半球的表面皮层分为四个主要分区或四个脑叶，这些区域是以它们对应的脑颅骨位置来命名的，依次为额叶、顶叶、枕叶和颞叶。这种分区意味着这些脑叶具有不同的脑功能。

1）额叶：位于大脑半球的最前端，具体界定在中央沟的前方以及外侧裂的上方。其中，向前显著突出的部分称为额极或喙部，是大脑进行高级认知活动的重要区域。

2）颞叶：位于大脑半球的下端，紧邻外侧裂的下方。颞叶的前端称为颞极，与听觉、记忆等功能紧密相关。

3）顶叶：位于中央沟的后方，其外侧由外侧裂与颞叶相隔。顶叶主要负责触觉、空间感知等复杂感觉信息的处理。

4）枕叶：位于大脑半球的后部，其突出部分称为枕极，是视觉信息处理的主要区域。

值得注意的是，顶叶与枕叶之间以及枕叶与颞叶之间在大脑半球的皮质表面的界限比较模糊，没有确切的脑沟使其分开，但是大脑半球内侧面的顶叶和枕叶被一条很深的顶枕沟所分隔，如图 2-4b 所示。此外，大脑半球包括四大沟或裂：分别是位于大脑半球外侧面的外侧裂和中央沟，位于内侧面的顶枕沟和距状沟。

将外侧裂（额叶和颞叶）轻轻分开就可以发现大脑半球中有一个隐藏的脑皮质——脑岛。它的前面与额叶相连，后面与颞叶相连。也可以把脑岛称为第五叶，即岛叶皮质。

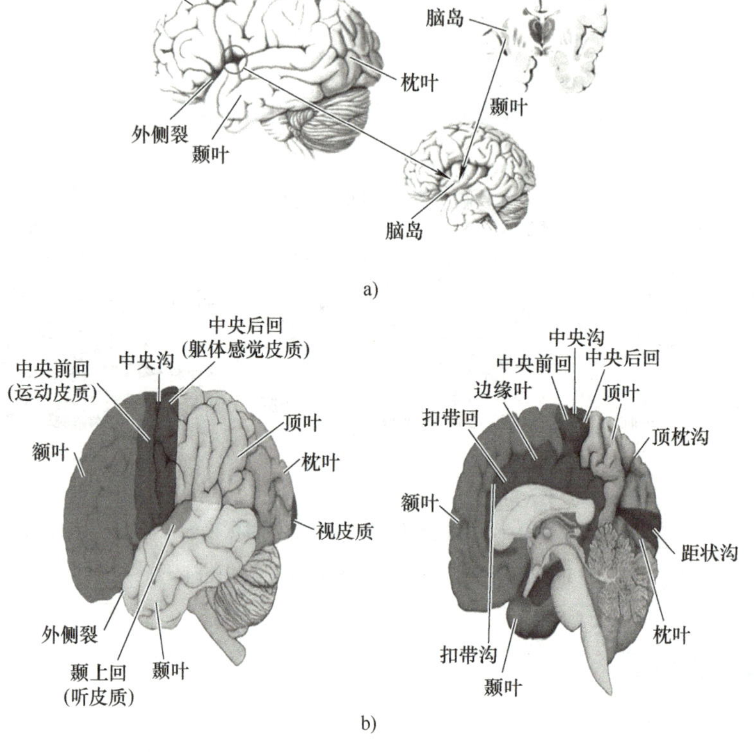

图 2-4 大脑分区：额叶、顶叶、枕叶、颞叶、脑岛（岛叶）

a）大脑额和脑岛 b）大脑半球外侧面及内侧面分区

根据脑沟和脑回进行分区，如图 2-5 所示。在图 2-5a 中，额叶外侧被分成五个区域，分别是位于中央沟和中央前沟之间的中央前回、位于额上沟和中央前沟上方的额上回、位于额上沟与额下沟之间的额中回、位于额下沟下方的额下回、额叶最下面靠近眼眶部位的脑区——眶回。

顶叶外侧被中央后沟、顶内沟分成四个区域，分别是位于中央沟和中央后沟之间的中央后回，顶内沟两侧的顶上小叶和顶下小叶。其中，顶下小叶包括缘上回和角回。

颞叶外侧被颞上沟和颞下沟分成三个区域，分别是位于颞上沟上方的颞上回，位于颞下沟下方的颞下回，以及位于颞上沟和颞下沟之间的颞中回。

枕叶外侧相对简单，仅包含一个主要区域——外侧枕回。

从大脑内侧面（图 2-5b）来看，内侧面的大脑皮质是由外侧面皮质向内折叠形成的。中央前回和中央后回向内折叠后形成了中央旁小叶。内侧面的枕叶被距状沟分成两部分：下部分是舌回，位于距状沟上方和顶枕沟下方的楔形区域称为楔状回或楔叶，隶属于枕叶；位于顶枕沟的上方和中央后沟下方的区域是楔前叶，属于顶叶的内侧面。颞叶内侧包括两个主要的沟：侧副沟和枕颞沟。侧副沟上方是海马旁回，枕颞沟下方是枕颞外侧回，位于侧副沟和枕颞沟之间的是枕颞内侧回。脑内侧面还有一个重要的皮质区域——扣带回皮质，位于扣带沟和胼胝体沟之间。内侧面的其余部分将在后续章节介绍。

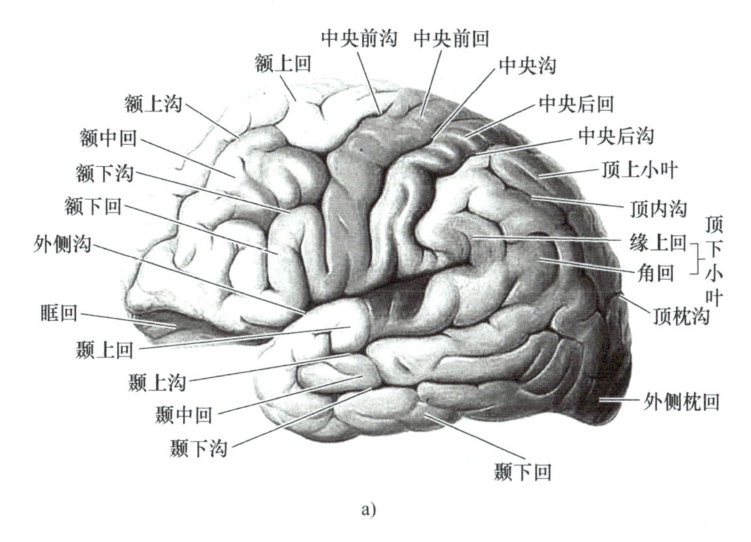

a)

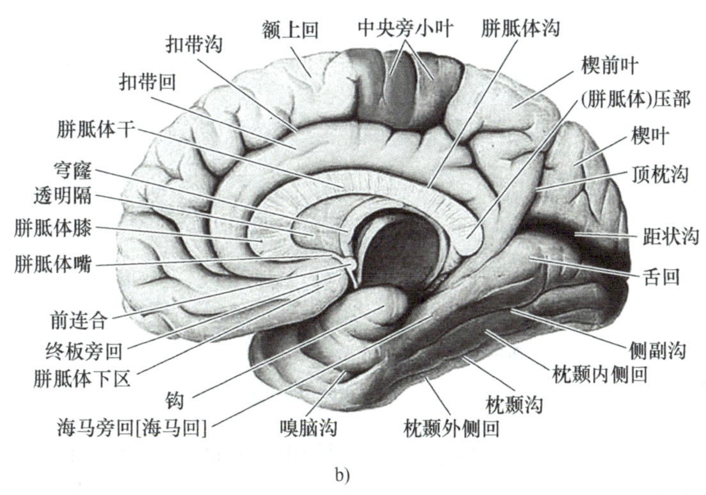

b)

图 2-5　大脑皮质的解剖学分区

a）大脑外侧面　b）大脑内侧面

2. 布罗德曼分区

1909 年，德国神经学家布罗德曼根据细胞结构学将大脑皮质分为 52 个区域，这一分区系统经过不断修正，已成为研究大脑皮质最为广泛采用的分区方式之一，如图 2-6 所示。与解剖学分区相比，布罗德曼分区更加细致，例如，额上回细分为包括三个不同的布罗德曼分区（Brodmann Area，BA），分别是BA10、BA9和BA8等；中央后回包括BA3、BA1和BA2三个区域。

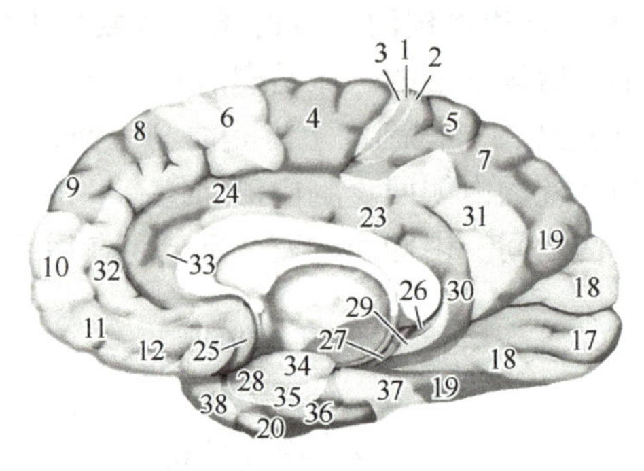

图2-6　大脑皮质的布罗德曼分区

3. 大脑感觉与运动脑区

大脑皮质按照其功能可以分为运动皮质、感觉皮质和联合皮质三大类型，如图2-7所示。

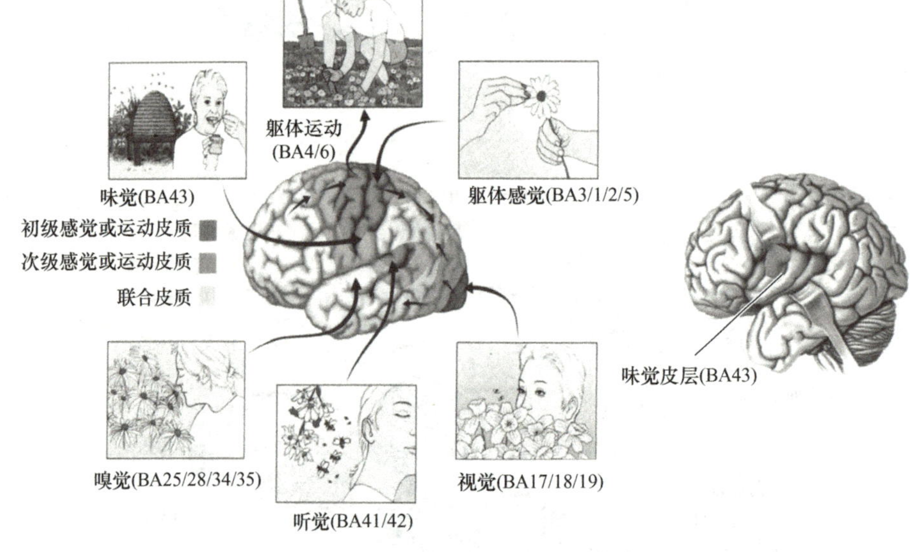

图2-7　大脑皮质的感觉与运动功能分区

初级躯体运动区位于额叶的外侧面中央前回和内侧面中央旁小叶的前部，对应布罗德曼分区的第4区（BA4）。初级运动区BA4作为躯体运动中枢，负责调控对侧身体各个部位（如手、脚、面部等）的肌肉活动。此外，BA6区域，即运动前区或次级运动区，位于BA4的前方，其背侧延伸到半球的内侧面，称为辅助运动区。BA6的主要功能是联合运动和姿势动作的协调等。

初级躯体感觉区位于顶叶的中央后回（外侧面）和中央旁小叶的后部（内侧面），这些区域对应于布罗德曼分区的第1、2和3区。此皮质区域接收来自丘脑中继的躯体感觉输入，包括触觉、温度感觉、痛觉和本体感觉（如肌、腱、关节等深部组织的感觉）等，并形成感觉。BA5 属于次级感觉区，是对于躯体感觉的综合分析，从而形成诸如精细触觉和实体觉（实体物的大小、形状等）。

初级视觉区位于枕叶外侧面的枕极和内侧面的距状沟内及其两侧，布罗德曼分区为 17 区或 V1，是视觉中枢，由于其解剖组织呈现肉眼可见的条纹状，故也称为纹状皮质。BA17 的视觉信息来自丘脑（外侧膝状体核）中继的输入。而次级视觉皮层位于纹状皮层的外部，主要包括 BA18 和 BA19，称为纹外皮质，是对视觉信息的进一步加工的较大的视觉皮层区，从而形成视觉。

听觉区也称听觉皮层，位于颞上回的中后部，这一区域负责处理听觉信息，使人类能够听懂并理解他人的语言。初级听觉皮层位于颞横回，包括 BA41 向外侧沟内卷入的部分，一般认为 BA41 也是初级听皮层的关键组成部分。初级听觉皮层直接接收来自丘脑中继（内侧膝状体核）的听觉信息输入。

次级听觉皮层 BA42 对听觉信息进行进一步加工，从而形成可以理解的听觉信息。因此，BA41/42 是听觉中枢，尤其是其后部，若损伤将导致不能听懂和理解他人的语言，这一区域也被称为维尼克（Wernicke）区。

运动语言区位于额下回（BA44/45)，该区域损伤将导致不能说话，也称说话中枢。因为它是法国医生布洛卡（Broca）首次发现的，因此也被称为布洛卡区。

视觉语言中枢则位于顶叶的角回，这一区域对于理解和解读视觉呈现的语言文字至关重要。若该区域受损，患者将无法理解看到的语言文字，因此也称之为看中枢。

书写中枢位于中央前回的前部与额中回的后部（即 BA6/8 的一部分），若损伤将导致患者不能进行书写操作。

味觉区位于脑岛、额叶后部内侧，以及脑岛旁皮质，负责处理味觉信息。嗅觉区位于嗅区、沟回和海马旁回的前部（涵盖 BA25/28/34/35 等区域）。值得注意的是，每侧嗅皮质均能接受双侧嗅神经的输入，因此单侧嗅神经障碍仍然能够感觉气味。

联合皮层是指大脑皮层中除了感觉和运动皮质以外的区域，其主要功能是综合处理感觉或运动信息。例如，左脑的颞叶 – 顶叶 – 枕叶联合区域（角回，BA39）在语言加工中扮演重要角色，称为视觉语言区——理解视觉符号、语言。

2.2 间脑与脑干

2.2.1 间脑

如图 2-8a（脑内侧面）所示，丘脑（背侧丘脑）和下丘脑位于脑中央，具体来说，位于中脑和端脑之间，因此这两部分也称为间脑。其中，丘脑位于脑干的最前端，背侧是穹窿（连接下丘脑和海马的白质纤维束）和胼胝体，外侧是内囊（内含向运动皮质和脊髓传导信息的神经纤维），而丘脑本身则对称地分布于第三脑室的两侧，中间即为第三脑室。

丘脑是一个卵圆形灰质团块，左、右两侧丘脑通过中间块灰质相连接。如图 2-8b 所示，丘脑内部包含多个重要核团，如外侧膝状体核、内侧膝状体核以及腹后侧核（包括腹后内侧核和腹后外侧核）等，这些核团是大脑皮质感觉信息输入传递的中继站。除了嗅觉信息外，其他所有来自内部和外部的感觉信息输入都要通过丘脑。

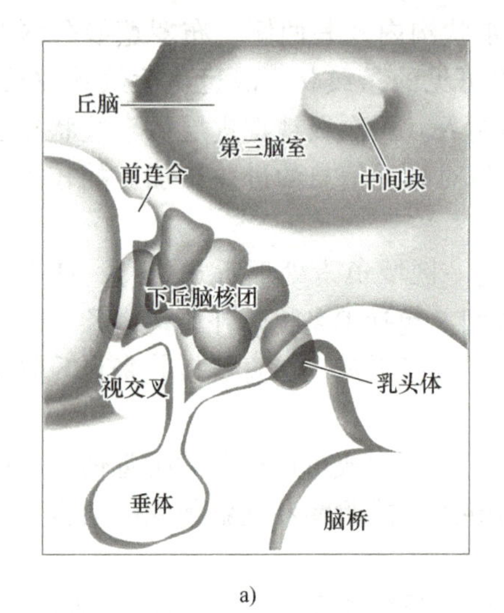

a)

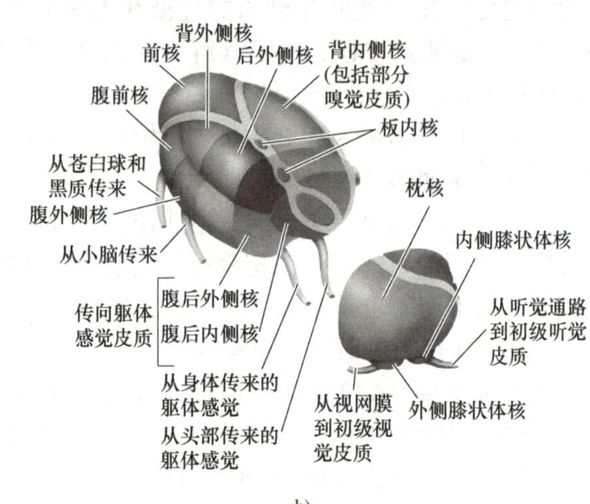

b)

图 2-8　间脑（丘脑与下丘脑）的结构与位置

a）丘脑与下丘脑　b）丘脑

丘脑的不同区域负责处理不同的感觉信息输入，例如，外部视觉信息通过视网膜神经细胞传递给丘脑的外侧膝状体核团，再通过外侧膝状体核团神经元轴突向大脑皮层的初级视觉皮层（BA17）传递。外部听觉信息通过内耳神经细胞传递给丘脑的内侧膝状体核团，再通过内侧膝状体核团神经元轴突向大脑皮层的初级听觉皮层（BA41）传递。来自躯体的感觉信息传递给丘脑的腹后侧核，再通过腹后侧核的神经轴突传递给初级躯体感觉皮层（BA1/2/3）。其中，来自身体的感觉信息通过腹后内侧核传递，来自头部的感觉信息通过腹后外侧核传递。丘脑不仅作为初级感觉信息的中继站，还与基底神经节、小脑、内侧颞叶等大脑皮质建立了双向的信息传递环路，参与运动、感觉、学习等很多重要的功能。

此外，下丘脑位于丘脑的下方，是调节自主神经系统（内脏活动、饥饿和饱食感、体温调节等）和内分泌活动的皮质下中枢，同时也参与一些情绪过程的调节控制。下丘脑控制（促进或抑制）垂体激素（生长激素、甲状腺激素、促上腺皮质激素等）的释放。同时，它还接收来自边缘系统等其他脑区的输入以调节生理周期（如昼夜周期等）的节律，其输出信息投射到前额叶皮层、垂体和杏仁核等，还通过向血液中分泌释放肽激素来进行神经调控，与此同时，下丘脑也受到血液中循环激素的影响，从而产生神经反应。

2.2.2　脑干

从脑内侧面的脑干的矢状剖面图（图 2-9）可以看出，脑干由中脑、脑桥和延髓三部分组成。其中，被盖和顶盖组成了中脑，脑桥和延髓两部分也称为后脑。延髓直接与脊髓相连。

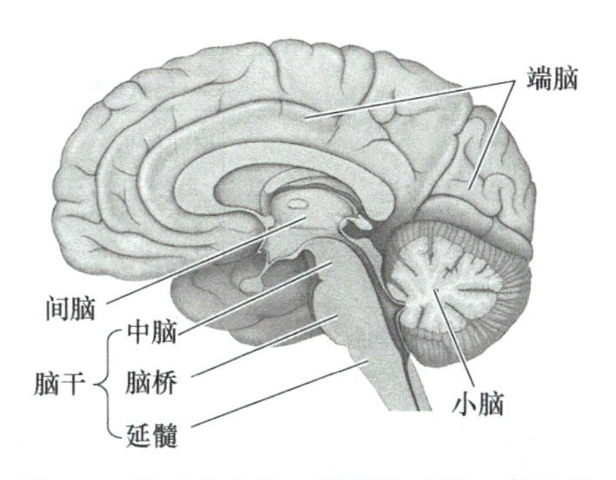

图 2-9　脑干由中脑、脑桥和延髓三者组成

脑干中包括运动神经元、感觉神经元以及负责向上传递感觉信号和向下传递运动指令信号的白质神经束等。这些神经束不仅将来自身体各部分的感觉信息通过脊髓－后脑－中脑－丘脑－大脑皮质等的上行传递通路传递，反过来，也通过大脑皮质－丘脑－中脑－后脑－脊髓的下行运动传递通路传递。

同时，脑干还直接控制着诸多基本生命功能，包括呼吸、意识（如睡眠和觉醒）等，因此，脑干的损伤往往是致命的，而大脑皮质的损伤只影响感觉、知觉、语言、听觉、思维等认知功能，不会产生致命的威胁。通常只要脑干功能正常，就能呼吸和活着，如植物人。

2.3　基底神经节

基底神经节（简称基底核）是前脑中的大脑皮质下白质深部的一系列灰质神经组织的总称，其主要作用是运动调节，涉及自主运动的稳定性、肌肉张力的控制、冲动信息的处理及其参与精细动作的形成等。

如图 2-10 所示，基底神经节由尾状核、豆状核、屏状核和杏仁核四个部分组成。其中，尾状核在形态上呈马蹄铁形或 C 形弯曲的蝌蚪状，分为头、体、尾三部分，围绕着豆状核和丘脑，并延伸至侧脑室前角、中央部和下角的壁旁。豆状核进一步细分为壳核和苍白球，这两部分因其形态类似于豆状（如栗子）而得名。屏状核是像屏风一样的薄层灰质，位于豆状核与岛叶灰质（即脑岛）之间。杏仁核作为边缘系统的重要组成部分，不仅与尾状核的尾部直接相连，还与情绪的产生密切相关，例如，恐惧信息通过杏仁核和尾状核等传递给具有情绪反应功能的乳头体（不属于基底神经节，是下丘脑的一个核团），从而产生相应的运动调节（如闭眼、躲避等）。

此外，从更广义的角度来看，基底神经节还包括黑质、红核以及丘脑底核等结构。这些结构共同协作，形成了一个复杂而精密的网络，对运动控制及情绪调节等高级神经功能发挥着至关重要的作用。

如图 2-11a 所示，新纹状体（尾状核和壳核）是基底神经节接收输入的神经核团，它接收大脑皮质区域神经元的直接投射，也接收皮质运动脑区通过丘脑底核的投射以及黑质核团的直接投射。苍白球是基底神经节的输出核团，它通过丘脑神经核团向大脑皮质（运动皮质、运动前区和其他额叶皮质等）投射。

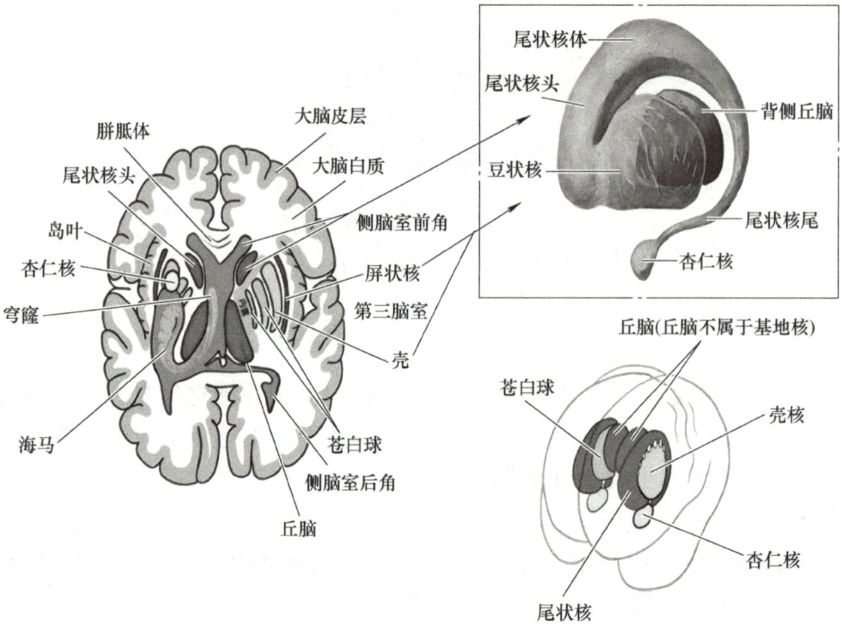

图 2-10　基底神经节的结构

黑质位于中脑与间脑的连接部分，因其神经元含有黑色素而呈现黑色而得名，主要与随意运动有关，是调节运动的重要中枢，也是合成多巴胺的主要核团。

丘脑底核（又称底丘脑或腹侧丘脑），同样位于中脑与间脑的交界区域，是锥体外系（控制协调躯体运动的脑部结构总称）反馈通路中一个至关重要的中继站。它主要与肢体的运动有关。丘脑底核的损伤往往会导致对侧肢体的不自主运动。

感觉与运动的路径是皮质－脊髓通路，而基底神经节属于皮质－皮质下的与运动密切相关的神经环路，如图 2-11b 所示。因此，尽管基底神经节参与了运动的神经活动，但是它不参与运动的控制，只是监控运动及其他的认知进程。

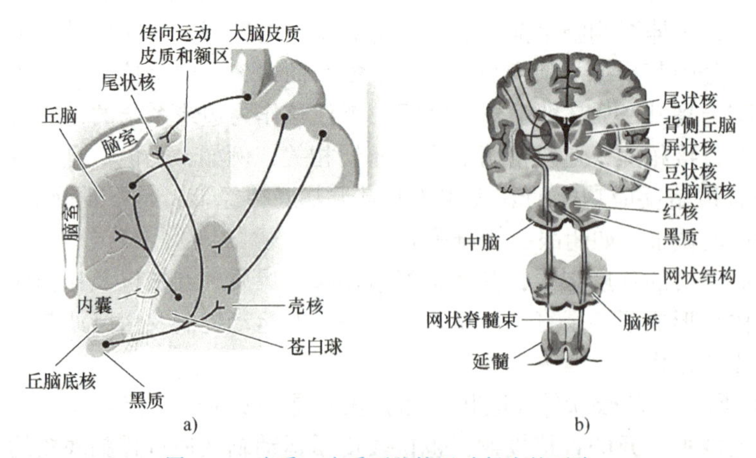

图 2-11　皮质－皮质下监控运动行为的环路

a）基底神经节的输入和输出核图　b）基底神经节与脊髓通路

2.4 边缘系统

边缘系统是指由古皮层和旧皮层演化而来的大脑组织以及与之密切联系的神经结构与核团的总称，由一些大脑皮层和皮层下区域组成，如图 2-12a 所示。该系统是情绪、记忆和植物性机能（无意识地调节身体机能）的管理中枢，在情绪和记忆方面起着关键作用。

边缘系统的概念起源于 19 世纪末至 20 世纪中叶的一系列重要发现。1878 年，发现言语运动区的法国医生布洛卡研究嗅觉时提出了边缘叶（源自拉丁语“limbus lobe”）的概念，最初主要关注与嗅觉功能相关的扣带回、海马旁回及其邻近的大脑皮质区域。随后，1937 年，帕佩兹（James Papez）在研究情绪系统时，提出了帕佩兹环路（Papez's circuit），在组织结构上，从海马旁回到乳头体（隶属于下丘脑）、经过丘脑（丘脑前核）、扣带回、再返回海马旁回的回路构成了协调情绪的边缘回路。1952 年，麦克莱恩（MacLean）提出了边缘系统的概念。

边缘系统自提出以来，其组织构成不断壮大，例如，杏仁核、眶额皮质和下丘脑等已经成为其中的关键部分。至今，边缘系统的具体构成仍未形成一致的意见。总体来说，边缘系统可以分为外回路和内回路。

内回路（图 2-12b），包括杏仁核、海马和下丘脑，在储存记忆痕迹方面是必不可少的。内回路的一个部分就是杏仁核，杏仁核在形成攻击、恐惧等行为方面起着关键的作用。如果内回路严重损伤，可能导致恐惧感丧失，就会极大地降低生存的概率。刺激动物的杏仁核，就会引起其狂暴地攻击。海马负责将短期记忆转化为长期记忆，若受损将导致记忆组织障碍，不能形成长期记忆或者说在长期的记忆中不能增加新的记忆，但是不会损伤已经形成的长期记忆。此外，穹窿作为白质纤维束，将海马中的信息传递到下丘脑。下丘脑对于调节植物机能或者自主神经系统（例如，形成饥饿和口渴的刺激，体温、血糖等内脏活动）、内分泌活动以及情绪反应（防御）方面起着重要的作用。

外回路（图 2-12c），由海马旁回和扣带回构成，主要负责调节情绪和行为。海马旁回与情景记忆有关，如物体位置和关联记忆等。扣带回分为前扣带回和后扣带回，二者功能不同：前扣带回与内脏、躯体活动和痛反应等有关；而后扣带回参与情绪和自我评价等过程，是情绪回路的重要组成部分。

值得注意的是，边缘系统与嗅神经的直接联系使得嗅觉成为强化情绪体验、促进记忆回忆的重要因素。这种多层次的交互作用，使得边缘系统在维持生命活动、调节情绪状态及促进认知功能方面展现出高度的复杂性和重要性。

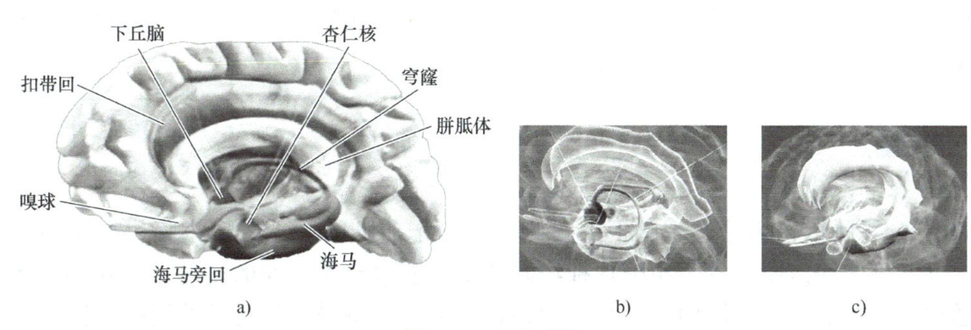

图 2-12　边缘系统

a）内回路与外回路　b）内回路　c）外回路

2.5 脑室系统

脑内部存在着一系列相互连通的腔隙，称为脑室，它们由神经管发育而来，因此具有管状的某些特性。脑室包括侧脑室、第三脑室和第四脑室，如图 2-13a 所示。

在大脑半球内部有两个侧脑室，分别位于大脑左、右半球内。侧脑室的中央位于顶叶；前角延伸到额叶；后角延伸到枕叶；下角最长，延伸到颞叶，如图 2-13b 所示。左、右侧脑室通过透明隔分开。

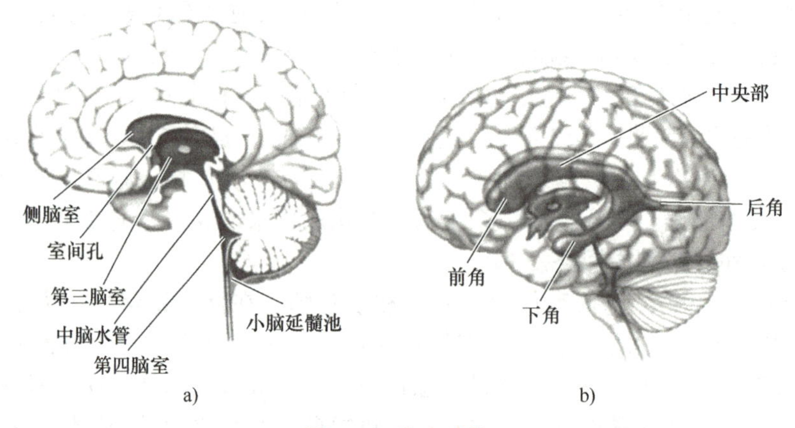

图 2-13　脑室系统

a）矢状切面　b）三维透视图

第三脑室位于两侧丘脑及下丘脑之间，第四脑室位于脑桥、延髓和小脑之间。

各脑室之间是连通的。侧脑室与第三脑室之间靠室间孔相连，第三脑室与第四脑室靠中脑水管相连。第四脑室还通过其外侧的外侧孔和正中孔通向蛛网膜下腔。

脑室内含有脉络丛（由富含血管的软膜和室管膜组成），与血液循环系统相连，能够产生脑脊液，充溢脑室。侧脑室产生的脑脊液（约 95%）通过室间孔流入第三脑室，并与第三脑室产生的脑脊液一起流入第四脑室。随后，脑脊液通过第四脑室的外侧孔和正中孔流入蛛网膜下腔，进一步流入小脑和大脑表面，最后经过上矢状窦流回颈内静脉（血液）。

脑脊液作为一种重要的缓冲介质，对于保护脑组织免受物理冲击和振荡具有重要意义。然而，当脑室系统的通道发生阻塞时，脑脊液无法顺畅流通，将导致脑脊液在脑室内积聚并逐渐增多，进而引发脑积水的严重后果。

2.6 小脑

如图 2-14 所示，小脑位于脑干的背侧，紧贴于前脑的后下方。小脑包括左小脑和右小脑，也由灰质和白质构成。小脑在神经系统中扮演着至关重要的角色，主要参与运动和相应感觉信息的加工。具体而言，小脑调整运动从而维持身体与运动的流畅、协调。但值得注意的是，小脑本身并不直接控制运动的起始或停止。它是运动控制网络中的一个关键节点，通过与其他脑区的紧密协作共同实现高效的运动调控。

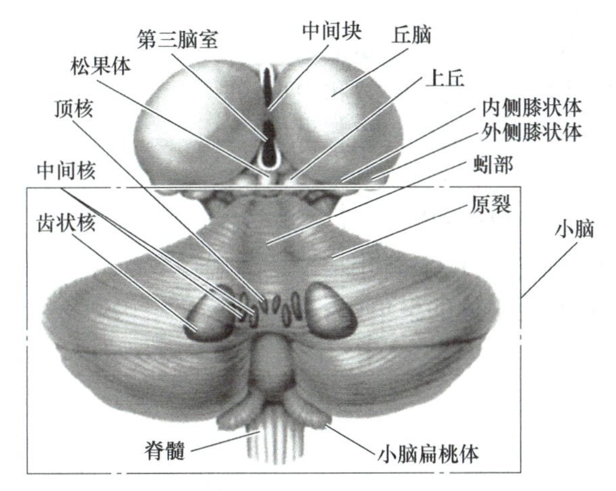

图 2-14　小脑背侧面

本章小结

本章详细探讨了脑的复杂结构与功能分区，强调了脑是一个高度协同运作的整体，由大脑、脑干和小脑三大主要部分构成。大脑作为核心，不仅分为左脑和右脑，分别主导逻辑与感觉处理，还需在认知任务中相互协作。大脑皮质由灰质和白质组成，其表面根据功能划分为五个脑叶：额叶、顶叶、枕叶、颞叶和岛叶，这些脑叶内又通过解剖学分区和布罗德曼分区法进一步细化，明确了各区域在感觉、运动、语言处理及高级认知功能中的具体作用。

具体而言，初级感觉和运动区如初级躯体运动区、感觉区、视觉区、听觉区等，分别位于不同脑叶，并详细阐述了它们在执行基本生理活动时的关键作用。此外，还介绍了与语言功能密切相关的运动语言区、视觉语言中枢、书写中枢等区域，以及味觉和嗅觉区在感官体验中的位置。

除了直接处理感觉和运动信息的区域外，大脑皮层还包括联合皮层，负责综合处理复杂信息。同时，大脑内部还包含间脑、丘脑、下丘脑等关键结构，它们各自承担着感觉信息中继、自主神经与内分泌调节、情绪控制等重要功能。基底神经节和边缘系统作为脑内另外两个重要系统，分别参与运动调节和情绪记忆的管理。

最后，本章还简述了脑内的脑室系统，以及小脑在协调运动中的关键作用，尽管它不直接控制运动，但在维持运动流畅性和协调性方面不可或缺。综上所述，本章全面而深入地揭示了脑的复杂结构与功能，为理解人类认知、情感及行为提供了坚实的生物学基础。

思考题与习题

一、判断题

1. 丘脑是边缘系统的组成部分。　　　　（　　）

2. 脑皮质内侧面的顶叶和枕叶的分界是距状沟。 ( )
3. 大脑皮质由灰质和白质组成。 ( )
4. 海马损伤会导致不能形成新的长期记忆。 ( )
5. 从大脑半球外侧面可以看到外侧裂和中央沟。 ( )
6. 基底神经节的功能主要与记忆有关。 ( )
7. 边缘系统只与情绪产生有关。 ( )
8. 初级味觉皮层位于前脑岛皮质。 ( )
9. 大脑半球的初级感觉皮层位于额叶。 ( )
10. 核团是指富含神经元胞体的聚集区。 ( )

二、单项选择题

1. 外侧裂位于（ ）。
A. 左脑 B. 右脑 C. 大脑半球外侧面 D. 大脑半球内侧面
2. 丘脑不包括（ ）。
A. 外侧膝状体核 B. 内侧膝状体核 C. 腹后侧核 D. 杏仁核
3. 不通过丘脑传递感觉信息的是（ ）
A. 视觉 B. 听觉 C. 触觉 D. 嗅觉
4. 初级运动皮层位于（ ）。
A. 额叶 B. 颞叶 C. 顶叶 D. 枕叶
5. 纹状体包括（ ）。
A. 尾状核和壳核 B. 壳核和豆状核 C. 杏仁核与尾状核 D. 尾状核与豆状核
6. 初级视觉区布罗德曼分区为（ ）区域。
A. BA4 B. BA17 C. BA41 D. BA6
7. 视觉信息通过（ ）传递给初级视觉皮层。
A. 丘脑内侧膝状体核 B. 丘脑外侧膝状体核
C. 下丘脑 D. 海马
8. 内囊属于（ ）。
A. 核团 B. 神经纤维束 C. 灰质 D. 中脑组成部分
9. 苍白球属于（ ）。
A. 新纹状体 B. 旧纹状体 C. 古纹状体 D. 纤维束
10. 胼胝体是连接（ ）的纤维束。
A. 左脑与右脑 B. 端脑与间脑 C. 端脑与中脑 D. 大脑与小脑

三、多项选择题

1. 神经元可以通过（ ）接收信息。
A. 胞体 B. 树突 C. 轴突 D. 轴突和树突
2. 侧脑室在（ ）。
A. 左脑外侧面 B. 左脑内侧面 C. 右脑外侧面 D. 右脑内侧面
3. 第三脑室两侧是（ ）。

A. 左丘脑　　B. 左后脑　　C. 右丘脑　　D. 右后脑

4. 关于海马，下列描述正确的有（　　）。

A. 是记忆形成的关键区域　　B. 损伤后可能导致严重记忆障碍

C. 主要负责视觉信息处理　　D. 与情绪反应无关

5. 后脑由（　　）组成。

A. 下丘脑　　B. 脑桥　　C. 杏仁核　　D. 延髓

四、填空题

1. 神经元按突起数目分为单级神经元、________和________。
2. 新纹状体包括________和壳核。
3. 大脑皮层内侧面的________将顶叶和颞叶分开。
4. 边缘系统内环回路包括________、海马和下丘脑。
5. 神经元之间通过突触连接，包括轴突－树突、轴突－胞体、________三种形式。
6. ________是连接左、右脑的最大白质纤维束。
7. 第________脑室位于小脑旁边。
8. 边缘系统包括尾状核、屏状核和________三大部分。
9. 布罗德曼________将大脑半球脑皮质划分成________个分区。
10. 脑干包括________、脑桥和延髓三个部分。

五、论述题

1. 丘脑与下丘脑的区别是什么？
2. 脑室的作用是什么？存在第五脑室和第六脑室吗？

第3章　神经系统

导读

神经系统也称神经组织，是由神经细胞按照一定的组织组成的具有特定功能的系统。该系统将人体的各个组织和器官连接起来，完成信息的加工和传递，从而产生语言、思维、感觉和运动。因此，它不仅是大脑信息加工的主体，更是心理现象产生的物质基础。神经系统是由神经细胞组成的复杂的生物系统，包括中枢神经系统和外周神经系统。学习和理解神经系统的结构与功能，对于学习和理解脑信息活动是十分必要的。

本章知识点

- 神经元细胞和神经胶质细胞
- 神经信号的产生机制
- 神经信号的整合与传导
- 突触
- 脑神经与脊神经
- 自主神经（植物神经）系统
- 脊髓的组成与作用

3.1　中枢神经系统

中枢神经系统是神经系统的核心组成部分，由脑和脊髓构成。脑位于颅骨腔中，而脊髓则位于椎管内。

3.1.1　神经元及其组成

神经细胞是组成复杂神经系统的物质基础，深入了解其结构与功能对于学习和理解脑认知活动至关重要。神经细胞主要由神经元细胞和神经胶质细胞组成。据科学估计，人类的中枢神经系统中包含约1000亿个神经元，其中仅大脑皮层就含有163亿个神经元。相比之下，神经胶质细胞数量是神经元的10倍之多。

神经元是最基本的信号处理单位，由细胞体、树突和轴突三部分组成。神经系统的所有机能都是通过神经元实现的。神经元的基本功能包括接收信息、整合信息、传导信息和输出信息。尽管神经元在大小、形态和功能上存在差异，但它们在结构上大致相同，如图 3-1a 所示。

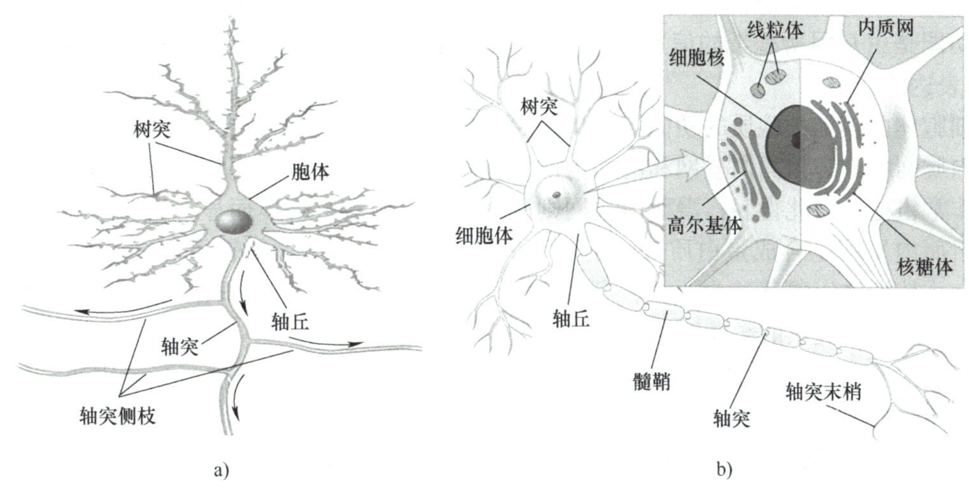

图 3-1　神经元的组成

a）神经元的基本组成部分　b）胞体细胞核的组成

1. 细胞体

细胞体简称胞体，其直径约为 20μm，像一个毛茸茸的球。作为神经元的代谢和营养中心，细胞体扮演着至关重要的角色。它由细胞膜和细胞核构成，其中细胞膜是细胞体与外界环境的分界线，而细胞核则位于细胞体的中央。在细胞核周围含有内质网、核糖体、线粒体和高尔基体等组成的细胞器，这些细胞器统称为细胞质或核周质。细胞体内充满了富含钾离子的细胞浆，细胞质就悬浮在细胞浆中，如图 3-1b 所示。

细胞核的大小为 5 ～ 10μm，它位于细胞体的中心，其内部主要是染色体。染色体由脱氧核糖核酸（DNA）和蛋白质组成，DNA 则是由众多的遗传基因组成的一种遗传物质。每个 DNA 片段组成了一个基因，而身体不同部位的细胞（如神经元和肾脏的肾细胞）之所以有所区别，就在于它们所含的基因不同。这些 DNA 承载着生命体中所有的遗传信息。

人类的染色体总是成对出现的，每条染色体的 DNA 都是双螺旋结构。人类的染色体有 23 对，其中 22 对是男女所共有的，被称为常染色体；而另外一对则是决定性别的性染色体，男性为 XY，女性为 XX。这些染色体共同构成了人类基因组的蓝图，决定了人类的生物特性和遗传特征。

基因与蛋白质的关系：DNA 是由众多携带遗传信息的基因连接组成的。所谓基因，就是具有遗传效应的DNA片段，它们决定了生命体的各种性状。然而，基因要发挥作用，需要通过蛋白质进行“基因表达”。蛋白质是一种含有众多氨基酸的功能分子，不同的基因将会编码成不同的蛋白质分子，其形状、大小和功能各不相同。

蛋白质的合成是在基因的指导下完成的，具体步骤：首先，将基因转录为信使核糖核酸（mRNA），即根据DNA片段组装成一段含有基因信息的mRNA，这一过程称为转录；然后，核糖体根据mRNA的信息将氨基酸序列组合成多肽链，这些多肽链再被转运到粗面内质网，经翻译和折叠等组装成蛋白质，这一过程称为翻译。也就是说，基因是通过指导蛋白质的合成来表达自己包含的遗传信息，进而决定生命体的性状的。蛋白质的结构和功能是由基因所携带的信息决定的，因此DNA是蛋白质合成的模板，而蛋白质则是DNA表达的产物。

细胞体内其他细胞质的功能：简单地说，内质网是脂类和蛋白质合成的场所。根据功能，内质网可分为粗面内质网和滑面内质网。粗面内质网因其外侧附着大量的核糖体而看起来非常粗糙，因此得名；滑面内质网则因其外侧不附着核糖体而显得光滑，故得此名。

粗面内质网是合成蛋白质分子的“车间”。在这里，DNA的转录产物mRNA与核糖体结合，核糖体以氨基酸为原料，翻译mRNA中的指令信息，并根据mRNA（承载DNA的遗传信息）所提供的“蓝图”合成蛋白质。

滑面内质网主要是脂类的合成“车间”。它负责合成磷脂、甘油三酯和固醇类等脂类物质，同时也参与清除脂溶性废物和代谢产生的有害物质。

高尔基体在细胞中扮演着蛋白质分子的修饰、组装、转运（如发送到神经元的树突或轴突）等“车间”和“发送站”的角色。

线粒体被誉为细胞的“动力车间”（Power House），是细胞进行有氧呼吸、为细胞活动提供能量的主要场所。

2. 树突和轴突

神经元除了细胞体以外，还具有特异性的突起。根据功能的不同，这些突起可分为树突和轴突，如图3-1所示。树突是神经元细胞体发出的一个或多个突起，主要功能是接收其他神经元传入的信息。一个树突可能包含多个分支，且每个分支又会伸出许多小的突起，称为树突棘，它是神经元接收信息的重要组成单位。通常，神经元的树突及其分支和树突棘越多，其接收信息的面积就越大。树突的特征是长度较短，通常只有几百微米，分布在细胞体附近。

轴突是神经元的另一个特异性突起，主要功能是传导信息，即将神经元细胞体产生的信息传送给其他神经元。值得注意的是，一个神经元的轴突只有一个，表面光滑，一般仅发出少数与轴突成直角的侧支。通过这些侧支可以将神经元的信息同时输出给多个其他神经元。轴突的长度相差悬殊，短的轴突只有十几微米，像树突一样分布在细胞体周围；而长的轴突则可能达到1m以上。轴突起始部位呈现圆锥状，称为轴丘，这里是将要传递的神经信息的整合场所。轴突的其余部分则保持恒定的粗细。轴突的末端分支较多，称为终末分支，每一个分支的末端称为末梢。末梢通常会膨大，形成杯状或球状的结构。每个轴突的末梢与其他神经元的树突形成一种叫作“突触”的结构，从而实现神经元之间的信息传递，如图3-2所示。具体的传递过程将在后面的章节中详细讲解。

总体来说，神经元的细胞体、树突和轴突是构成神经元的三个主要部分。尽管树突和轴突在功能上有所不同，但它们都是细胞体的延伸部分，并且内部都充满了细胞浆。神经元树突、细胞体和轴突之间的空间连续性对于神经信号的传递是至关重要的。

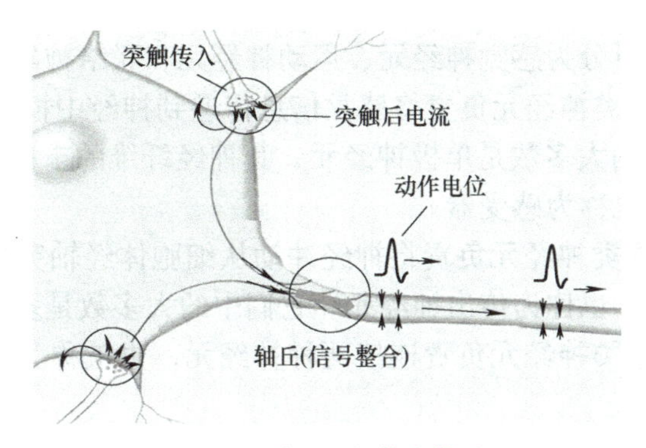

图 3-2　神经元的信息传递

3.1.2　神经元的分类

神经系统中包含有数千亿个神经元，无法逐一学习和了解每一个神经元的具体信息。然而，可以根据一定的标准对它们进行分类，进而考察各类神经元的功能和作用。

1. 按照突起数目分类

神经元按突起的数目，可分为单极神经元、双极神经元和多极神经元，如图 3-3 所示。形态学相似的神经元往往集中在神经系统的某一特定区域，并具有相似的功能。

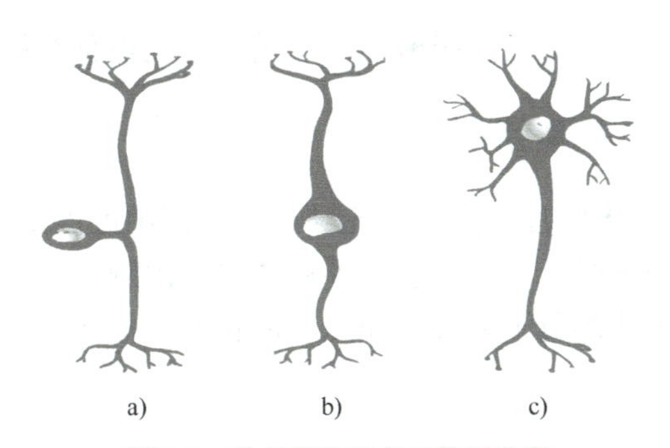

图 3-3　神经元按突起的数目分类

a）单极神经元　b）双极神经元　c）多极神经元

1）单极神经元：也称为假单极神经元，只有一个突起。在离细胞体不远处，这个突起会分成两个分支：一支是树突，延伸到皮肤、肌肉和内脏，因此也被称为周围突；另一支是轴突，进入脊髓或脑，因此也被称为中枢突。单极神经元常见于脊髓背根神经节中，属于感觉神经元。

2）双极神经元：双极神经元的细胞体上有两个突起，一个是树突，另一个是轴突，主要分布于视网膜和前庭神经节中。

3）多极神经元：多极神经元的细胞体上有多个树突和一个轴突。脊髓运动神经元和脑内神经元通常是多极神经元。

通过这样的分类，可以更系统地理解和研究神经元的功能及其在神经系统中的作用。

2. 按照功能分类

神经元根据其功能可分为感觉神经元、运动神经元和联络神经元。

1）感觉神经元：这类神经元负责将感觉信息传递到神经中枢（如脊髓和脑），也被称为传入神经元。它们中的大多数是单极神经元，其神经纤维的末梢（树突或周围突）在皮肤和肌肉中形成受体，也称为感受器。

2）运动神经元：这类神经元负责将神经冲动从细胞体经轴突传至末梢，从而引发肌肉收缩或促进腺体分泌，也称为传出神经元。它们中的大多数是多极神经元。

3）联络神经元：这类神经元负责连接两种神经元，也被称为中间神经元。它们中的大多数也是多极神经元。

3. 按照轴突长度分类

按照轴突的长度，神经元可分为高尔基Ⅰ型神经元和高尔基Ⅱ型神经元。高尔基Ⅰ型神经元的轴突很长，最长可达 1m 以上，能够从大脑的一个区域投射到另一个区域，因此也被称为投射神经元。高尔基Ⅱ型神经元的轴突相对较短，最短的只有数微米，仅能延伸到细胞体附近。

4. 按照神经元化学特性分类

根据神经元的化学特性或者根据神经元释放的神经递质类型，可以将神经元分为胆碱能神经元（释放乙酰胆碱）、胺能神经元（释放多巴胺等物质）、肽能神经元（释放神经肽类物质）和氨基酸能神经元（释放氨基酸类物质）。例如，支配自主运动的运动神经元在突触处会释放一种神经递质——乙酰胆碱，故这类神经元被称为胆碱能神经元。

3.1.3 大脑皮层神经元及其结构

图 3-4 和图 3-5 所示为大脑皮层的神经元结构。从图中可以看出，大脑皮层分为六层，从最外层开始，依次是分子层、外颗粒层、外锥体层、内颗粒层、内锥体层以及最内层的多形层。每一层神经元虽然都属于多极神经元，但它们的形状却各不相同。

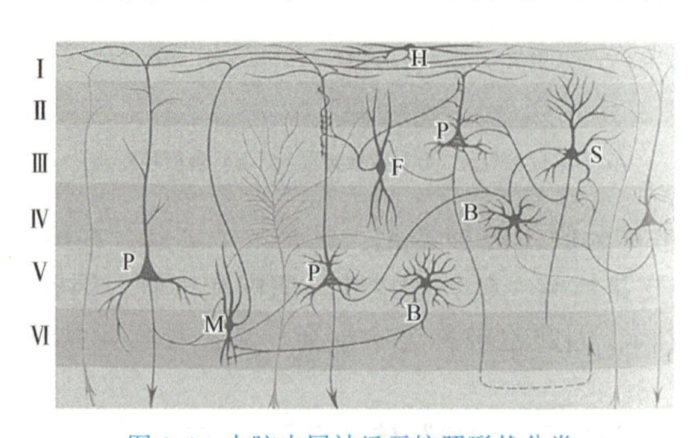

图 3-4 大脑皮层神经元按照形状分类

在最外层的分子层中，主要分布着一种特殊的神经元——水平细胞（标记为 H）。而在其他脑皮层区域，则根据神经元的形状进一步分类。这些形状各异的神经元包括锥体细胞（标记为 P）、星形细胞（标记为 S）、马氏细胞（标记为 M）、梭形细胞（标记为 F）以及蓝状细胞（标记为 B）等。

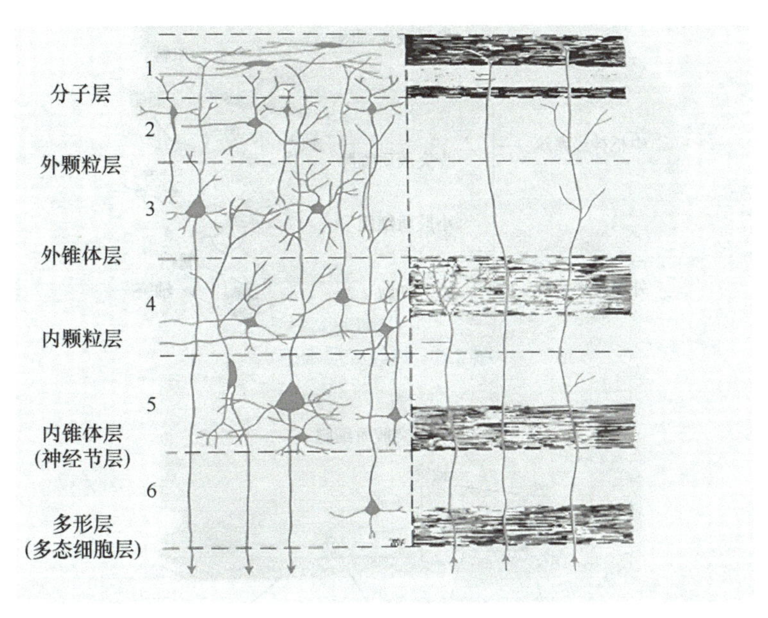

图 3-5　大脑皮层的六层结构

3.1.4　神经胶质细胞

神经系统内的另一种神经细胞——神经胶质细胞，其数量远远多于神经元，大约是神经元的 10 倍。神经胶质细胞的主要功能是支持并为神经元提供服务。与神经元不同，神经胶质细胞没有树突和轴突之分。

神经胶质细胞广泛分布于中枢神经系统（包括脑和脊髓）和外周神经系统内。中枢神经系统和外周神经系统内的神经胶质细胞类型是不同的。如图 3-6 所示，中枢神经系统内主要有三种类型的神经胶质细胞：星形胶质细胞、少突胶质细胞和小胶质细胞。而外周神经系统内的神经胶质细胞是施万细胞（Schwann Cell）。

星形胶质细胞是数量最多的一种神经胶质细胞，它们呈灰色原浆状，因此也称原浆星形胶质细胞。这些细胞填满了灰质中神经元之间的空隙，支持、固定和营养神经元以及调节细胞外的化学物质。星形胶质细胞的一个重要作用是包裹神经元之间的突触连接点，防止神经递质在神经元之间传递时扩散。其另一个作用是构成血脑屏障（Blood Brain Barrier），即星形胶质细胞同时与血管紧密接触并包裹血管，从而在神经组织与血液之间构建了一个屏障，如图 3-6 所示。血脑屏障能有效阻挡血液中的有害物质进入脑细胞，防止产生不良反应。因此，血脑屏障使得脑组织较少受到血液循环中有害物质的损害，保持脑组织环境的相对稳定。

少突胶质细胞和施万细胞共同形成神经元的髓鞘——包裹在轴突外面的一层膜。它在轴突周围形成电流绝缘体，起到电绝缘的作用。在中枢神经系统内，髓鞘是由少突胶质细胞构成的；而在外周神经系统内，髓鞘则是由施万细胞形成的，如图 3-7 所示。被髓鞘包裹的轴突称为有髓神经纤维，神经系统中也存在无髓神经纤维。

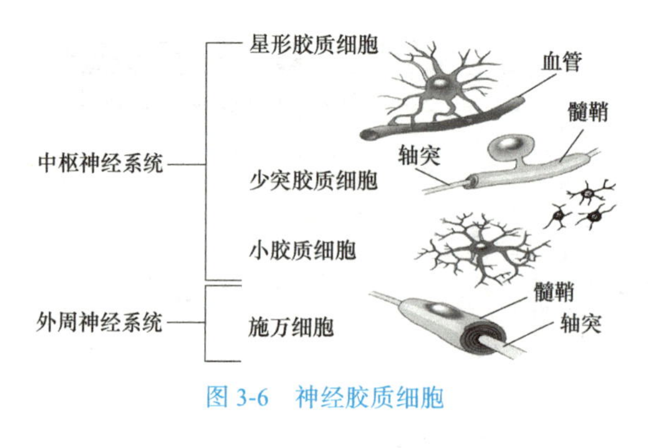

图 3-6 神经胶质细胞

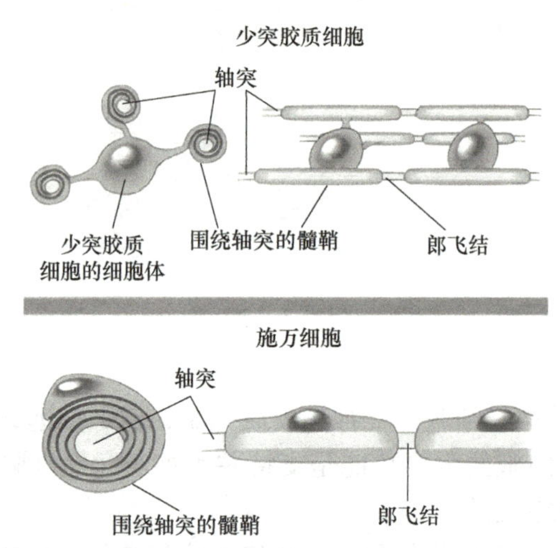

图 3-7 少突胶质细胞和施万细胞在轴突上形成的髓鞘

在中枢神经系统内，一个少突胶质细胞能够缠绕几个临近的神经元的轴突，共同形成髓鞘；而在外周神经系统内，一个施万细胞则只能缠绕一个神经元的轴突来构成髓鞘。不过，无论哪种形式，由于每个神经胶质细胞只能缠绕轴突的一小段，因此一个轴突的完整髓鞘需要很多个神经胶质细胞才能形成。

郎飞结：轴突并非全部被髓鞘所包裹，髓鞘与髓鞘之间存在着一个称为郎飞结的结节，这是每两个髓鞘之间的无髓鞘区域。在轴突上传导神经电流时，由于郎飞结的存在，神经电流能够从一个郎飞结跳跃到下一个郎飞结。这种跳跃式传导方式极大地加快了传导速度（跳跃式传导学说认为，在两个郎飞结之间的区域膜电阻较大，而在郎飞结区域的电阻极小，局部电流在郎飞结处穿出，在结间形成回路，从而实现跳跃式传导）。

小胶质细胞是一种形状小且形态不规则的神经细胞，其作用就像清道夫，能够吞噬死细胞、退化的神经元以及神经胶质细胞留下的残渣等。脑损伤的组织显微分析表明，小胶质细胞会大量侵入该受损部位，吞噬和清除受损的细胞。

在成年脑中，小胶质细胞与其他胶质细胞一样，能够增殖。过去一直认为，神经元不能再生，但最新的研究表明，成年脑中也存在神经元再生的可能性。

3.1.5 神经信号的产生机制

1. 细胞膜的结构

神经元的细胞膜是分割细胞内外的一道屏障，其结构为磷脂双分子层，如图 3-8 所示。由于细胞膜是由脂质成分组成的，因此它不溶于细胞内外的水环境，并且能阻止一些无关物质随意进出细胞内。为了产生神经冲动或电信号，需要改变细胞内外带电离子的浓度分布。例如，当细胞内主要分布带负电的离子（如 A^- 和 Cl^-）而细胞外主要分布带正电的离子（如 Na^+）时，细胞内外呈负的电位差；反之，则呈正的电位差。A^- 是带负电荷的蛋白质，这是由于细胞浆是碱性溶液，所以蛋白质带负电荷。

为了促进细胞内外的离子交换，细胞膜上形成了各种特异性的通道结构，称为离子通道。离子通道能够跨膜转运特定的离子，如图 3-8 所示的 Na^+ 离子通道、K^+ 离子通道、Cl^- 离子通道等。这些离子通道可以是被动的、无闸门控制的，永远保持一种开放状态，也可以是电压门控的。电压门控离子通道在电位差达到一定的阈值时开放，允许特定的离子通过，例如，电压门控 Na^+ 离子通道、电压门控 K^+ 离子通道、电压门控 Cl^- 离子通道和电压门控 Ca^{2+} 离子通道等。还有一种特殊的离子通道，如图 3-8 所示的 Na^+/K^+ 泵，它能同时控制并转运细胞膜内外的离子。Na^+/K^+ 泵利用 ATP（三磷酸腺苷）作为能量来源，实现跨膜离子泵的运作，每次可以从细胞膜内向膜外转运 3 个 Na^+ 和 2 个 K^+。

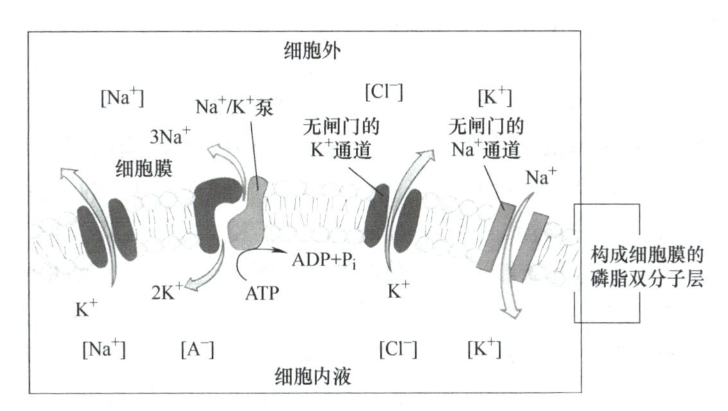

图 3-8 细胞膜及其离子通道

尽管细胞膜本身不允许离子随意渗透，但是无闸门控制的离子通道却允许离子进出细胞膜。离子通道允许离子穿过细胞膜的程度被称为渗透性。当细胞膜对某些离子的渗透性高于其他离子时，称为选择性渗透。例如，当神经元处于静息状态时，K^+ 的选择性渗透远远大于 Na^+；而当神经元处于兴奋状态时，Na^+ 的选择性渗透则远远高于 K^+。

2. 膜电位

细胞膜电位简称膜电位，是指细胞膜内和膜外之间正负电荷分布不平衡时形成的电位差。它是一种跨神经元膜的电压，具体分为静息电位和动作电位。

（1）静息电位　静息电位是指神经元在未接收任何外部刺激信号，处于不活动或不兴奋的静息状态时的膜电位。如图 3-9a 所示，在静息状态下，测量得到的膜电位是 −70mV，表现为内负外正。当微电极的一端刺入细胞膜内，另一端接地时，示波器上显示的负性电压即为膜电位。当一对微电极都处于膜外或膜内时，电极之间并无电位差，这表明膜电位仅存在于膜的内外之间，而膜内或膜外自身并不存在电位差。图 3-9b 所示为细胞静息时膜内、外电荷分布。

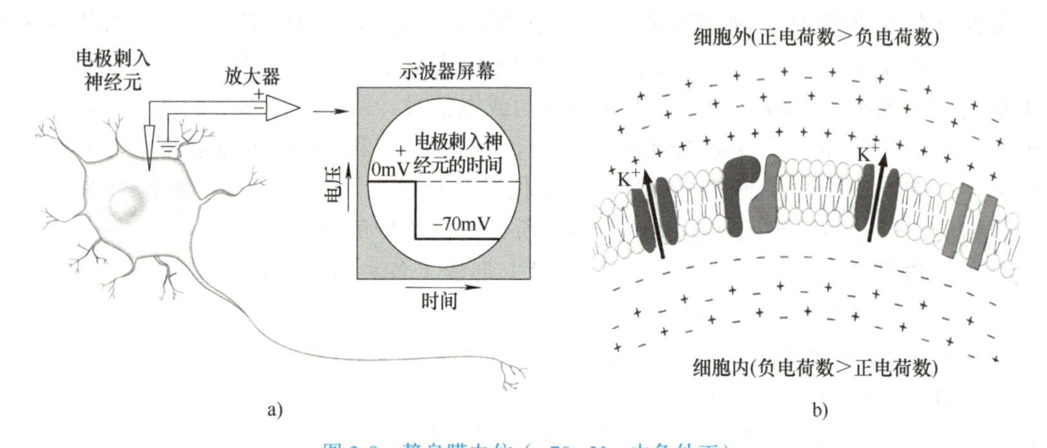

图 3-9　静息膜电位（-70mV，内负外正）

a）静息电位测量　b）细胞静息时膜内、外电荷分布

静息电位形成的离子基础是 K^+ 外流。在静息状态下，细胞膜外的 Na^+ 和 K^+ 离子浓度分别约为 150mmol/L 和 5mmol/L，而细胞内的 Na^+ 和 K^+ 离子浓度分别约为 15mmol/L 和 100mmol/L。也就是说，静息时，膜外的 Na^+ 离子浓度是膜内的约 10 倍，而膜内的 K^+ 离子浓度则是膜外的约 20 倍。这样，Na^+ 和 K^+ 的膜内外浓度分布的差异（即浓度梯度或浓度差）将产生离子从高浓度向低浓度流动的驱动力：Na^+ 倾向于向膜内流动，而 K^+ 则倾向于向膜外流动。然而，在静息状态下，由于细胞膜对于 K^+ 的选择性渗透远远高于 Na^+，因此结果主要是 K^+ 的外流。同时，每流出一个 K^+，膜内的正电荷减少，负电荷相对增加；相反，膜外的正电荷增加，负电荷减少。这将产生另一种驱动力——电荷驱动力或电位差。随着 K^+ 的流出和膜内负电荷环境不断积累，电荷驱动力又将阻碍 K^+ 流出（因为正电荷与负电荷相互吸引）。最终，驱动 K^+ 从膜内流出的浓度驱动力和阻碍 K^+ 流出的电荷驱动力之间达到化学平衡。在该平衡状态下，膜内外的电位差就是静息电位，其值大约为 -70mV。

（2）动作电位　动作电位是指神经元受到外部刺激而兴奋活动时的膜电位。当神经元受到外部刺激并产生冲动时，其细胞膜内外电位会发生变化，这一过程称为动作电位。动作电位是一个脉冲信号，如图 3-10 所示。该图展示了向细胞膜内注入电流，使细胞兴奋并打破静息状态，进而产生一个动作电位或一次冲动的过程。在此，定义几个相关术语。

1）极化：指静息电位状态，即膜电位表现为内负外正。

2）去极化：指极化状态向反极化状态转化的过程，即膜电位由负向正的转变过程。

3）反极化：与极化状态相反，即内正外负。此时，膜电位大于 0，也称为超射。

4）峰值：动作电位的最大值。

5）复极化：指反极化状态向极化状态转化的过程，即膜电位由正向负的转变过程。

6）超极化：当膜内负电位低于极化时的静息电位时，称为超极化，也称为回射。

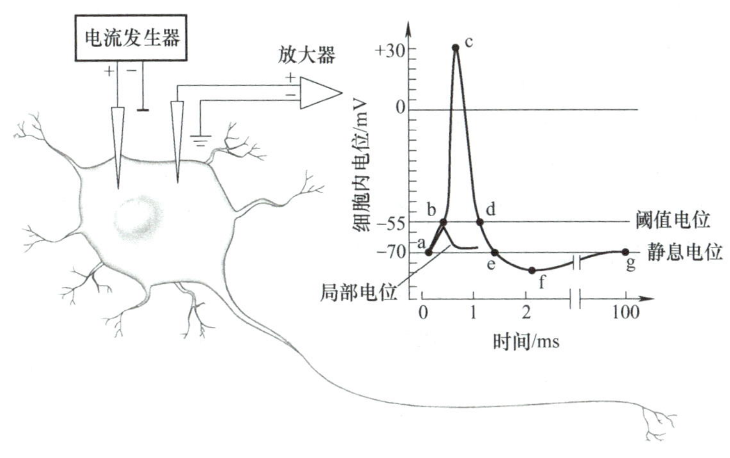

图 3-10 动作电位及其产生过程

前文已述，细胞膜上带有离子通道，它们如同细胞膜上的小门，既有门控的，也有非门控的。当离子通道处于开放状态时，允许离子进出细胞膜，离子的流动将在内外浓度差和电位差的驱动下达到平衡而停止。

Na^+ 离子电压门控通道开放是动作电位产生的基础，或者说，Na^+ 内流是产生动作电位的基础。在静息状态下（膜电位为 –70mV），当细胞受到外界刺激时，Na^+ 离子通道开放，允许 Na^+ 流入细胞膜内，这使得膜内正电荷增多、膜外正电荷相对减少（即负电荷相对增多），对应于图 3-10 的 ab 段。当膜电位达到阈值电位（–55mV）时，将触发 Na^+ 离子电压门控通道的进一步开放，导致大量的 Na^+ 内流，进行去极化，对应于图 3-10 的 bc 段。如果膜电位达不到阈值电位，将不会触发 Na^+ 离子电压门控通道的开放，也就不会产生动作电位。此时产生的膜电位仅是一种局部电位，它不会使神经元兴奋或产生冲动，如图 3-10 中的红色小脉冲所示。

在 c 点，因为去极化使得动作电位达到峰值，也就是 Na^+ 达到平衡状态。此时，Na^+ 离子电压门控通道失活而逐渐关闭，导致 Na^+ 失去流动性。动作电位的峰值电位为 35mV 左右。此时，膜内电位为正、膜外电位为负，细胞处于反极化状态。去极化过程构成了动作电位的上升相或上升枝。

当 Na^+ 离子电压门控通道失活后（c 点位置），由于膜内 K^+ 离子浓度远远高于膜外，此时将触发K+离子电压门控通道开放。在 K^+ 浓度差以及内正外负的电位差的驱动下，K^+ 大量外流，细胞膜内正电荷开始减少，细胞进入复极化过程，即恢复静息膜电位状态。直至达到 e 点的静息电位（–70mV）时，K^+ 达到平衡状态，导致 K^+ 离子电压门控通道失活并关闭。复极化过程对应于图 3-10 的 ce 段，它构成了动作电位的下降相或下降枝。K^+ 的外流是动作电位下降相或下降枝产生的离子基础。

去极化和复极化的过程共同产生了一个动作电位，使神经元细胞完成了一次兴奋或神经冲动。然而，由于一次兴奋完成后，细胞内 Na^+ 离子浓度远远高于细胞外，而细胞内 K^+ 离子浓度也远远低于细胞外。也就是说，一次兴奋后，细胞内外的离子浓度与静息时正好相反，这使得细胞无法进行下一次兴奋以产生神经冲动或动作电位。

因此，在复极化达到静息状态后（e 点），Na^+/K^+ 泵被激活。它将膜内 Na^+ 快速泵出，

同时将膜外 K^+ 快速泵入，以维持静息状态时膜内 K^+ 的高浓度和膜外 Na^+ 的高浓度，从而为下一次兴奋做好准备。

动作电位与外界刺激强度的关系：图 3-11 所示为不同强度的外部刺激（即注入电流的大小不同）的去极化过程。当外加刺激没有达到一定强度，使得膜电位低于阈值电位时，尽管也会发生去极化，但并不会产生动作电位，而只能产生局部电位，这种电位无法使得神经元兴奋或产生神经冲动，如图 3-11 中的 a 段所示。当注入电流强度增大时，使膜电位的去极化程度达到阈值时，就会产生动作电位，导致神经元产生神经冲动并向轴突传递信息，即产生神经冲动，如图 3-11 中的 b 段所示。当注入电流的强度继续增大时，尽管膜电位的去极化程度远远超过阈值，但是产生的动作电位的幅度没有继续增大，而是与图 3-11b 相同。不过，动作电位的频率会增加，如图 3-11 中的 c 段所示。

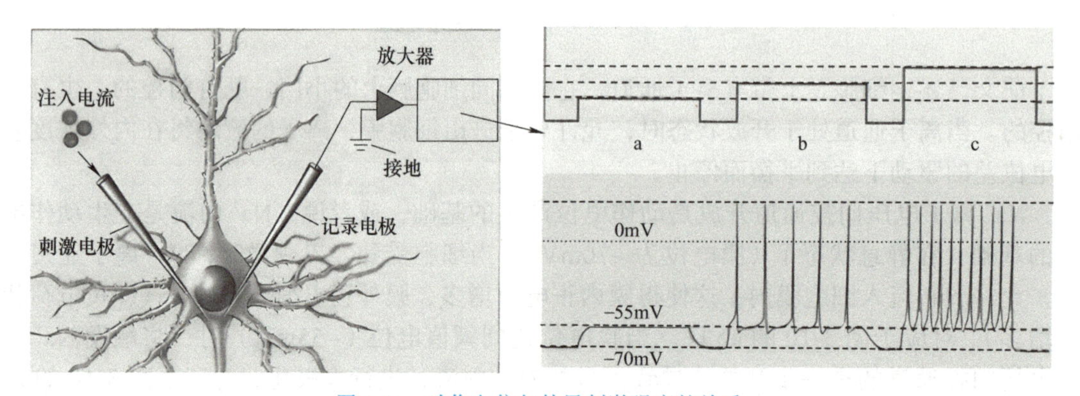

图 3-11　动作电位与外界刺激强度的关系

因此，只要外界刺激足够强，使去极化电位超过阈值电位，就会产生动作电位，其幅度与外部刺激强度无关。也就是说，外界刺激使去极化程度高于阈值电位后，所产生的动作电位的幅度是恒定的，改变的是动作电位的发放频率。

动作电位实际上是 Na^+ 的膜内外电位差的表现，因此，动作电位大小取决于 Na^+ 离子浓度。只要 Na^+ 离子浓度保持不变，动作电位的幅度也就一定。

尽管动作电位的发放频率会随着刺激强度的增加而增大，但是产生动作电位的频率是有上限的。因为产生一个动作电位至少需要 1ms 的时间，所以其最大发放频率约为 1000Hz（即 1000 个 /s）。

3.1.6　神经信号的整合与传导

1. 神经信号的整合

一个神经元含有上千万个树突棘，这些树突棘用于接收来自其他神经元的刺激信号。接收到的刺激信号会被转化为电信号，并迅速扩布（扩散分布）到神经元的细胞体中。细胞体将这些电信号进行整合，一旦整合后的电位达到动作电位的阈值，就会通过轴突进行传导。这种信号整合主要有两种基本形式：时间整合（图 3-12a）和空间整合（图 3-12b）。

如图 3-12a 所示，当一个树突接收到的单次刺激产生的电信号不足以触发动作电位时，连续多次的刺激产生的电信号会在时间上进行整合。如果整合后的电位达到动作电位的阈值，就会触发电压门控 Na^+ 离子通道，导致去极化，从而产生动作电位。这种在时间上的信号整合过程称为时间整合。

如图 3-12b 所示，当一个树突同时接收到多个刺激，但单个刺激产生的电信号又不足以触发动作电位时，这些同时产生的局部电位会在空间上进行整合。如果整合后的局部电位达到阈值，就会产生动作电位。这种在空间上的信号整合过程称为空间整合。

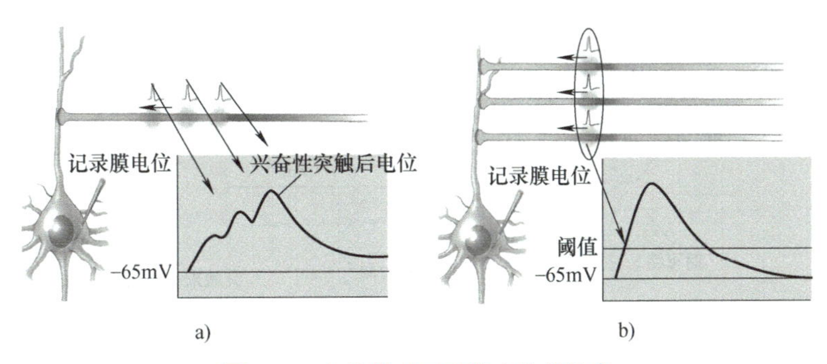

图 3-12 细胞体对于动作电位的整合

a）电信号的时间整合 b）电信号的空间整合

2. 神经信号的传导

神经元细胞体产生的神经电信号（即动作电位），需要通过轴突进行传导，将信号传递给下一个神经元。

（1）无髓鞘轴突的电信号传导 在轴突上，电信号的传导类似于导火索的燃烧过程，它将动作电位从细胞体向轴突末梢传递。轴突富含 Na^+ 的电压门控离子通道兴奋时，Na^+ 离子通道开放，Na^+ 内流，从而产生动作电位。神经元电流是离子流，或者说，带正电荷的离子流动产生了电流。

图 3-13 所示为轴突电信号的传导示意图。首先，轴突接收细胞体传来的电信号，使得轴突的起始部分（轴丘后）发生去极化并产生动作电位。产生动作电位的轴突部分呈现内正外负，即兴奋膜，而其相邻的轴突部位则仍然保持内负外正的静息状态，即静息膜。这样，带正电荷的离子将从兴奋膜向静息膜流动。因此，膜内和膜外都将形成局部电流：膜内的电流从兴奋膜流向静息膜，而膜外的电流由静息膜流向兴奋膜。轴突内部的电流方向与动作电位的传导方向一致，而膜外的电流方向则与其相反。

由于膜内电流（正离子）从兴奋膜流向静息膜，这导致静息膜部位的内侧正电荷积累引起电位升高，而膜外侧的电位则降低。当这个电位达到阈值时，会触发 Na^+ 离子电压门控通道开放，允许大量的 Na^+ 内流，导致快速的去极化。当达到 Na^+ 的平衡点后，Na^+ 离子电压门控通道失活关闭。此时，K^+ 离子电压门控通道开放，导致 K^+ 大量外流，进入复极化过程。当 K^+ 达到平衡后，会触发 Na^+/K^+ 泵的开放，这个泵会迅速把膜内的 Na^+ 泵出，并将膜外的 K^+ 泵入。经过短暂的超极化后，膜电位会恢复到静息电位。以此类推，这个过程使细胞体产生的动作电位能够依次传递到轴突的末梢。

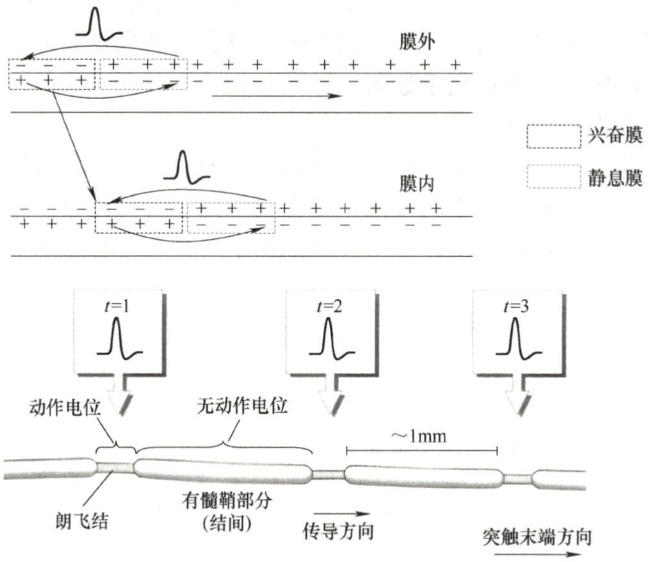

图 3-13 轴突电信号的传导

前面已经学习过，动作电位的产生是 Na^+ 内流导致的去极化、K^+ 外流导致的复极化和 Na^+/K^+ 泵恢复静息态浓度这三者共同作用的结果。由于动作电位的产生所需要的时间远远大于膜内局部电流传导所需要的时间，因此电信号的传导速度会下降。

（2）有髓鞘轴突的电信号传导　髓鞘是包裹轴突外的绝缘体。由于髓鞘的绝缘作用，Na^+ 离子门控通道、K^+ 离子门控通道和 Na^+/K^+ 泵在髓鞘部位失去作用，相当于细胞膜的电阻趋于无限大，这使得轴突的髓鞘部位不会“泄漏电流”。同时，髓鞘把轴膜内外绝缘，不能通过离子通道交换电荷。因此，被髓鞘包裹的轴膜内部的电阻很小，这样电荷流动的阻力就会大幅度减小。这二者共同作用的结果就是被髓鞘绝缘的轴突部位的正电荷或电流的移动速度会很快，这就跟漏水管道（无髓纤维）的水流速度会慢于封闭管道（有髓纤维）是一个道理。

髓鞘和髓鞘之间还有裸露部位，即郎飞结。郎飞结部位富含 Na^+ 离子门控通道、K^+ 离子门控通道和 Na^+/K^+ 泵。因此，当电流流到郎飞结时，会产生去极化、复极化和超极化过程，从而产生一个动作电位。换句话说，动作电位是沿着郎飞结进行跳跃式传递的。有髓纤维的传递速度相当快，可以达到 100m/s，而无髓纤维的传导速度甚至低于 1m/s。同时，由于动作电位的幅度取决于 Na^+ 浓度，因此动作电位的传导过程是不衰减的，不会因为传导距离的增加而衰减。

（3）神经元之间神经信号的传导——突触　神经元之间的神经信号传递是通过突触完成的，其中化学突触是主要的信号传递方式。一个神经元轴突末端或末梢有很多分支，每一个分支的末端或者末梢都膨大，呈杯状或球状，称为突触小体。这种突触小体与另一个神经元的树突形成突触。图 3-14a 所示为突触结构，可以看出，突触是由突触前膜、突触间隙和突触后膜三部分组成的结构。突触是两个神经元之间相互接触并借以传递信息的部位。

图 3-14b 所示为突触化学信号的传递过程。突触间隙大小为 20 ～ 50nm。在突触小体中，包含有许多直径约为 50nm 的囊泡，也称突触小泡。囊泡中储存着化学分子——传递

神经信号的化学物质，简称神经递质。这些神经递质包括氨基酸类、乙酰胆碱、多巴胺、5- 羟色胺、去甲肾上腺素、神经肽等。在突触前膜和突触小体细胞膜上，还分布着 Ca^{2+} 离子门控通道。在突触后膜上，则分布着受体和 Na^{+} 离子门控通道等。

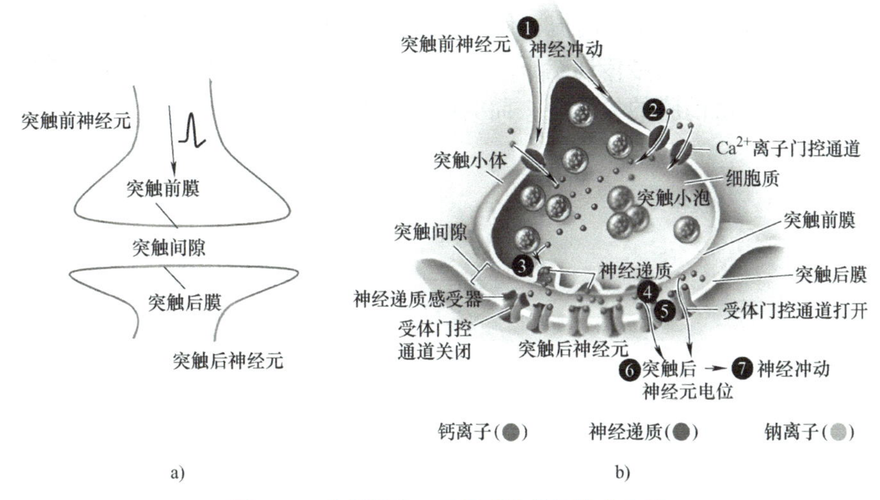

图 3-14　突触结构以及化学信号的传递过程

a）突触结构　b）突触化学信号的传递过程

当轴突的神经冲动（即动作电位）传导到轴突末端的突触小体时，突触小体的兴奋会触发 Ca^{2+} 离子门控通道开放，导致大量的 Ca^{2+} 流入突触小体内。这些 Ca^{2+} 与囊泡上的突触结合蛋白结合后，会触发囊泡移动到突触前膜，并与突触前膜上的其他蛋白结合，进而向突触间隙释放神经递质。神经生物学的一系列研究表明，尽管囊泡的转运和释放机制相当复杂，但 Ca^{2+} 对于囊泡的转运和神经递质的释放起着关键作用。

如图 3-15 所示，突触后膜上的受体（即神经递质门控通道上的神经递质感受器）能够感受到突触间隙中的神经递质。当神经递质与这些受体结合后，会与 G 蛋白结合，进而激活 G 蛋白耦联体。这个激活的 G 蛋白耦联体进一步激活受体门控通道（G 蛋白门控通道），使得 Na^{+} 从膜外流进膜内。这一过程会导致突触后神经元的兴奋，并产生动作电位，从而完成一次动作电位的传导。

突触的功能可以概括为：在神经电信号的作用下，突触前膜会释放化学分子（即神经递质），而突触后膜将接收这些化学分子并将其转化成神经电信号。因此，神经信号从一个神经元传递到下一个神经元的过程是一个“电信号→化学信号→电信号”的转换过程。

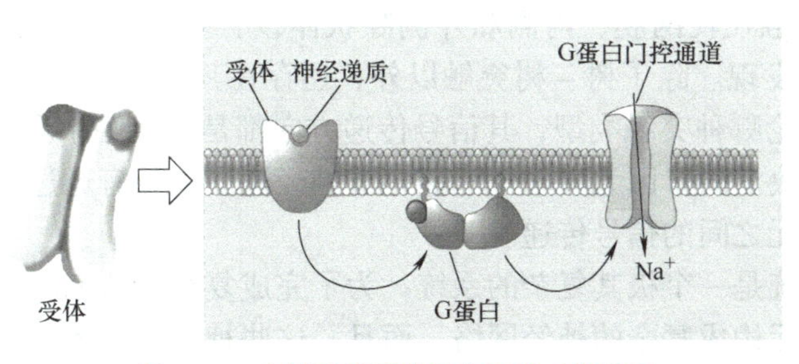

图 3-15　突触后膜受体门控通道工作原理

在中枢神经系统中，突触可以在不同的部位形成。最常见的是轴突型突触。如图3-16所示，最典型的就是前面所讲的轴突与树突形成的轴－树突触（图3-16a），也存在轴突与细胞体之间形成的轴－体突触（图3-16b）。在某些情况下，轴突和轴突之间也可以形成突触（图3-16c），起到开关作用。例如，当突触后膜的受体门控通道是Cl^-通道时，突触后膜接收的神经递质将导致Cl^-内流，使得神经元膜内电位更负，即发生超极化，从而不产生动作电位，抑制神经信号传递给下一个神经元。轴突类型的信号传递是单向的，因为神经递质只存在于突触前膜的囊泡中，而突触后膜只含有受体。

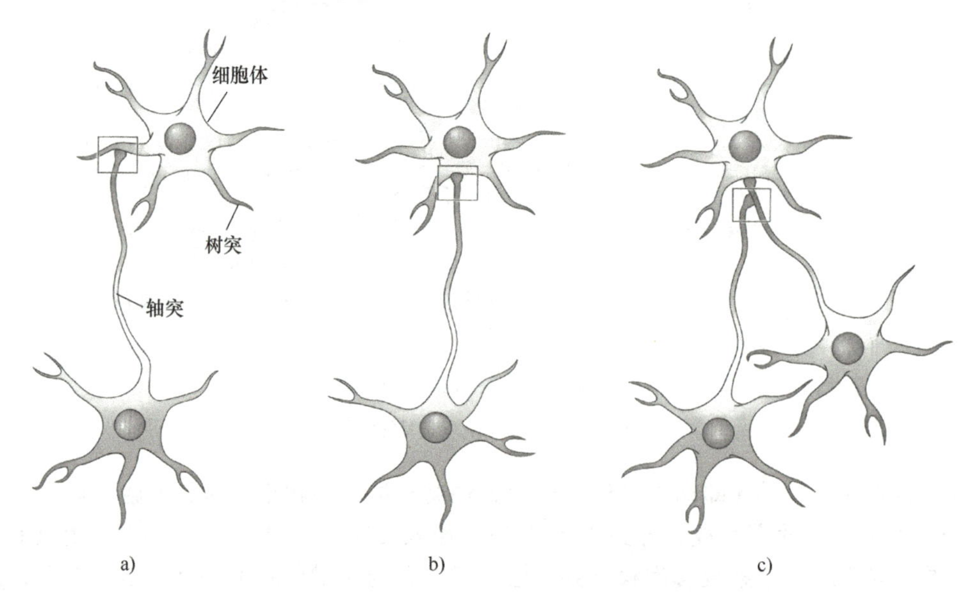

图3-16　轴突型突触的类型

除了轴突型突触外，还存在着树－树突触，即一个神经元的树突与另外一个神经元的树突形成的突触。树－树突触在构成局部神经元回路中起着重要的作用。可以这样理解：在中枢神经系统中，存在着大量的短轴突类神经元，这类神经元并不需要把信息投射到远离的部位，而只是与局部的神经元建立联系，形成局部神经回路。树－树突触的结构不同于经典的轴突型突触结构，它是一种可以在两个相反方向传递的突触。例如，树突A通过树－树突触作用于树突B，同时树突B又通过另一个树－树突触反过来作用于树突A。这样，神经元A和B的两个树突就通过两个树－树突触构成了相互作用的局部神经元回路。这种树突回路不需要整个神经元参与就可以实现信息的整合。

树突类型的突触在视网膜、内侧和外侧膝状体核、基底神经节、脊髓后角和大脑皮质等多个区域都有发现。除了树－树突触以外，还存在其他类型的突触，如体－树突触、树－体突触等。无论哪种突触类型，其信号传递方向都是由突触小泡（即含有神经递质的囊泡）所在的位置决定的。因为突触小泡储存着神经递质，只有通过神经递质的释放和接收，才能完成神经元之间的信号传递。

因此，神经系统是一个极其复杂的系统。为了完成复杂的认知功能，它需要大量的具有各种功能的神经元构成复杂的神经网络。而且，这些神经网络还需要相互协作，共同完成感觉、记忆、学习、思维以及复杂的行为活动等任务。

3.2　外周神经系统与脊髓

神经系统由中枢神经系统和外周神经系统两大部分构成。外周神经系统是指中枢神经系统以外的神经组织，包括躯体外周神经系统和内脏外周神经系统。

外周神经系统的主要功能是执行感觉信息的输入和运动信息的输出。具体来说，头部和面部的感觉与运动信息通过脑神经进行传递，而躯体的感觉和运动信息、内脏的感觉信息则通过脊神经传递。内脏的运动信息的投射则通过植物神经进行传递。由于控制内脏运动的神经不受意识的控制，是自主进行的，因此也被称为自主神经系统。

外周神经系统由多个部分组成，包括主要负责头部感觉与运动的脑神经系统，主要负责四肢、躯干的感觉与运动和内脏感觉的脊神经系统，以及负责内脏运动的自主神经系统等。

脊髓的主要功能是信息传递。除了头部和面部的感觉与运动信息外，躯体和内脏的大部分感觉和运动信息都通过脊髓进行传递。

3.2.1　脑神经与脊神经

1. 脑神经

脑部共发出 12 对神经，它们对应于脑的左半球和右半球，主要支配头部和面部的感觉与运动。如图 3-17 所示，这些神经主要分布于头部和面部，其中迷走神经还分布于内脏器官。在这 12 对神经中，第Ⅰ、Ⅱ和Ⅷ对是感觉神经，第Ⅲ、Ⅳ、Ⅵ、Ⅺ和Ⅻ对是运动神经，而第Ⅴ、Ⅶ、Ⅸ和Ⅹ对则是混合神经。只有第Ⅰ、Ⅱ对脑神经是从大脑发出的，其余都由脑干发出。脑神经不经过脊髓传递，即使是控制内脏的迷走神经也是如此。它们不经过脊髓，而是经过颈静脉孔直接进入颅腔。

一根神经通常包含多个分支，执行多种功能，如三叉神经等。以下是对脑神经主要功能的介绍。

1）Ⅰ嗅神经：负责嗅觉信息的传入。

2）Ⅱ视神经：负责视觉信息的传入。

3）Ⅲ动眼神经：控制眼和眼睑的运动、以及瞳孔大小的副交感神经。

4）Ⅳ滑车神经：控制眼的运动。

5）Ⅴ展神经：控制眼的运动。

6）Ⅵ三叉神经：负责面部感觉，以及咀嚼时的肌肉运动。

7）Ⅶ面神经：控制面部表情，以及舌前 2/3 部分的味觉。

8）Ⅷ前庭蜗神经（位听神经），负责听觉和平衡觉。

9）Ⅸ舌咽神经：控制喉部肌肉运动，唾液腺的副交感神经，以及舌后 1/3 部分的味觉。

10）Ⅹ迷走神经：控制心、肺及腹部器官的副交感神经，内脏痛觉，以及喉部肌肉运动。

11）Ⅺ副神经：控制喉部、颈部肌肉运动。

12）Ⅻ舌下神经：控制舌的运动。

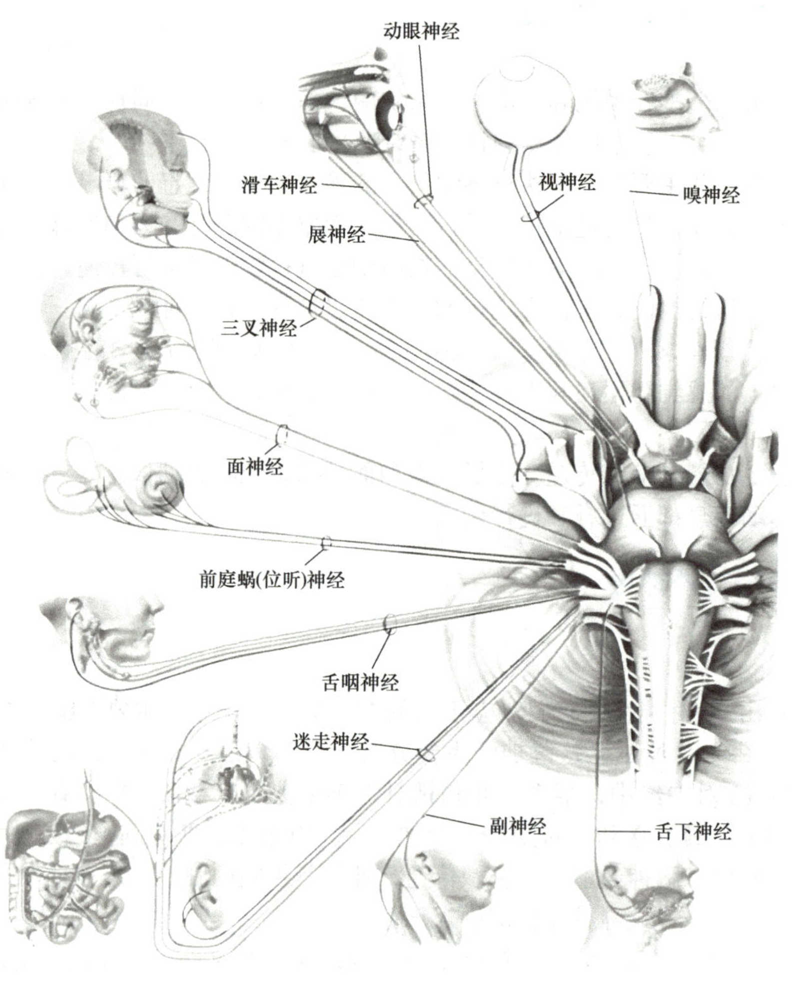

图 3-17　脑神经：12 对脑神经示意图

2. 脊神经

如图 3-18 所示，脊神经是与脊髓紧密相连的周围神经系统的重要组成部分，共计 31 对，广泛分布于人体的皮肤、肌肉、四肢及躯干，执行感觉与运动传导的关键功能。其与脊髓的连接关系包括位于颈部的颈神经 8 对、胸部的胸神经 12 对、腰部的腰神经 5 对、位于骶骨两侧的骶神经 5 对以及尾部的尾神经 1 对。

脊神经的结构复杂，每条脊神经均由前根（运动性）和后根（感觉性）组成，后根上附有脊神经节。前根主要负责将运动指令从脊髓传递至肌肉，而后根则负责将来自皮肤、肌肉及内脏的感觉信息上传至脊髓及大脑。因此，一旦脊神经受损，不仅会导致相应区域的运动功能障碍，如肌肉无力或瘫痪，还会引发感觉异常，如麻木、疼痛或触觉减退等症状。

图 3-19 所示为 31 对脊神经与人体皮肤感觉之间的关系。由图可知，颈部脊神经、胸

部脊神经、腰部脊神经和骶部脊神经分别控制身体的部位。这对于理解脊神经受损后可能出现的感觉障碍分布具有重要的参考价值。

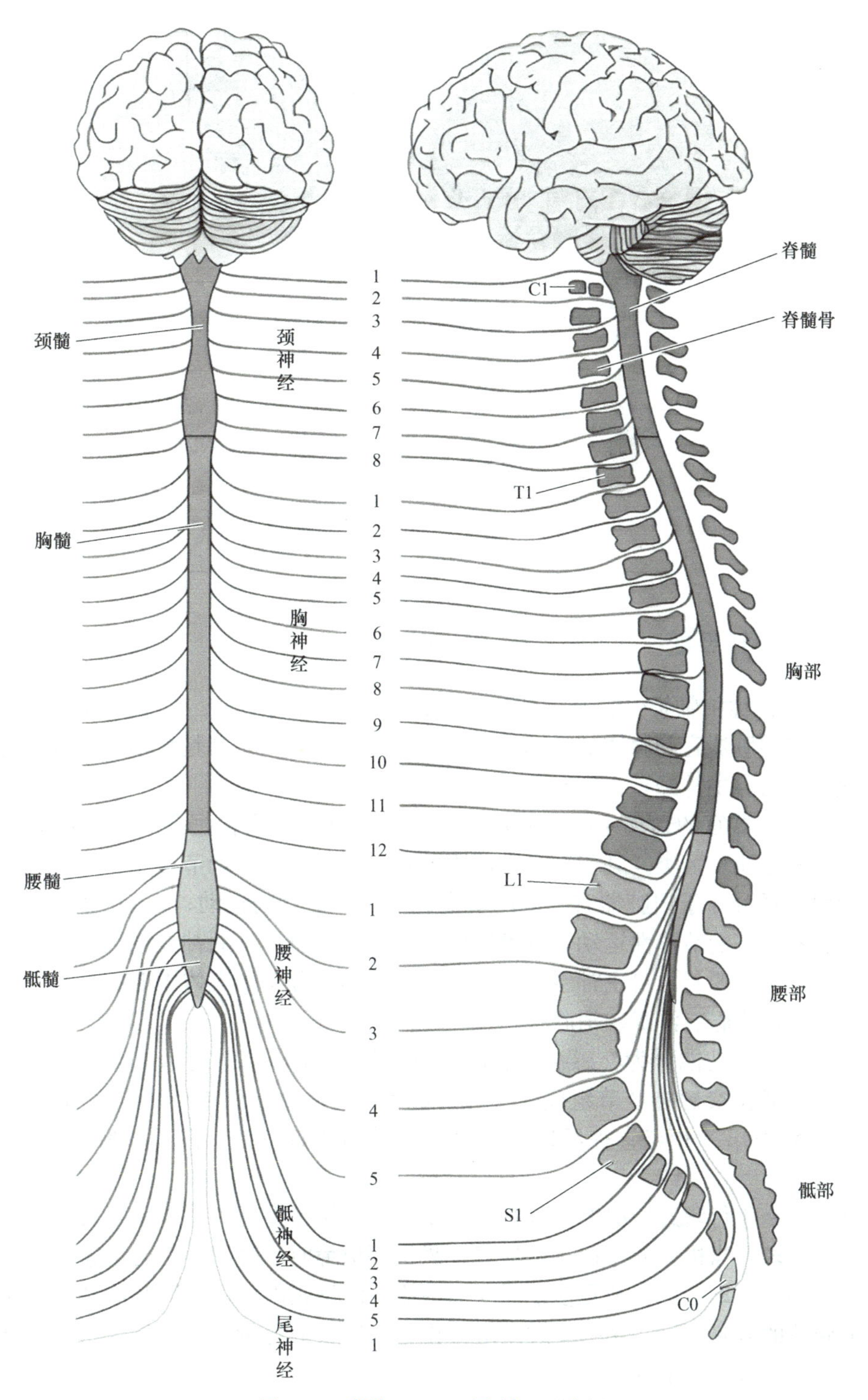

图 3-18 脊神经：31 对脊神经示意图

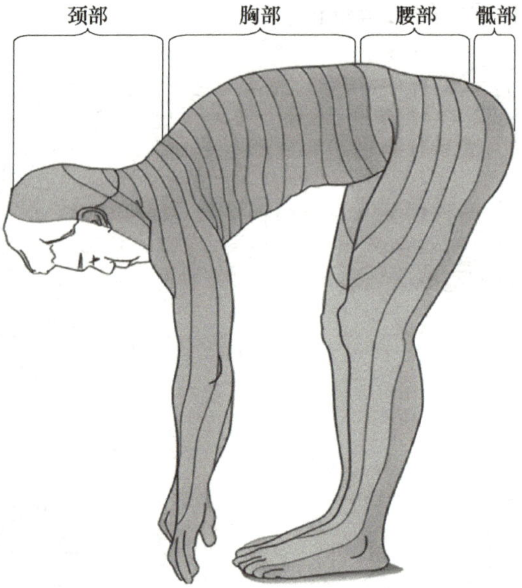

颈部 胸部 腰部 骶部

图 3-19　脊神经与人体皮肤区域图

3.2.2　自主神经系统

自主神经也称植物神经，是外周神经系统的重要组成部分，属于内脏神经中的运动神经，控制着内脏器官和腺体的运动。由于其对内脏器官的控制是自动的、不受意识所支配，因此被称为自主神经。

在人体中，器官的运动主要由肌肉组织承担，这些肌肉根据分布区域可划分为骨骼肌、平滑肌和心肌三大类。其中，骨骼肌附着在骨骼上，负责调节控制人体各种动作和姿势；平滑肌广泛分布于内脏器官，专门负责调控内脏器官的运动；而心肌则分布于心脏，负责调节控制心脏的节律性运动。骨骼肌的运动主要受躯体外周神经系统的调控，而平滑肌、心肌和腺体主要是由自主神经系统控制的。腺体是分布于人体中能够分泌一些特殊物质的组织，如消化腺、汗腺、泪腺等。

自主神经按照功能分为交感神经和副交感神经，如图 3-20 所示。交感神经沿着脊柱分布，形成一条由交感神经节组成的神经节链条（通常以紫色神经纤维表示）。这些交感神经节由脊髓发出，并与脊神经以及多个内脏器官（如心脏、胃、小肠、大肠和肾等）相连。

交感神经是应付紧急情况的内脏神经系统，其作用是保证人体在紧张或紧急状态下能够满足生理需求。当机体处于搏斗、愤怒、恐惧等情境时，交感神经会迅速响应，促使心跳和呼吸加快，推动肝脏释放更多能量（如糖原）以供肌肉使用，同时抑制胃肠蠕动，减少胃肠道腺体的分泌。这一系列生理反应使得全身储备的力量得以动员，从而使机体能够有效地应对并处理紧急情况。

副交感神经（通常以绿色神经纤维表示）起源于脑干的迷走神经和骶神经，分布于内脏器官附近。其功能与交感神经形成鲜明对比，主要作用为促进胃肠道的蠕动和消化腺的分泌、加速肝糖原的合成、减缓心率以及降低血压，从而更多地促进营养物质的消化吸收，并储存能量。

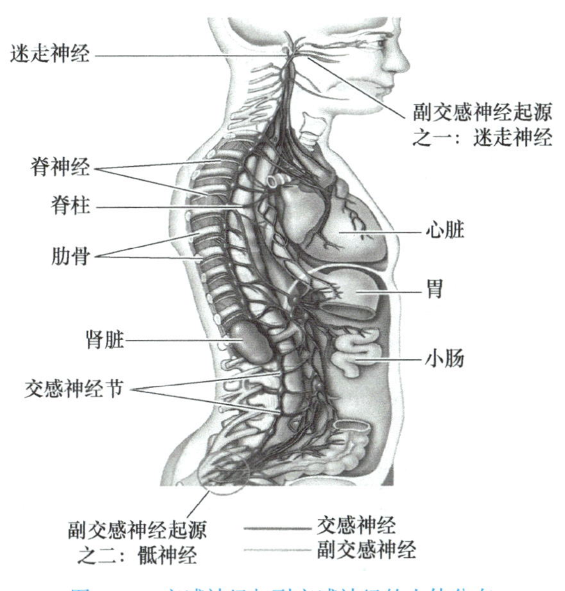

图 3-20　交感神经与副交感神经的人体分布

如图 3-21 所示，内脏器官均受到交感神经和副交感神经的双重支配。这两大神经系统相互拮抗，共同维护着身体的平衡状态。例如，在剧烈运动或产生愤怒情绪时，交感神经会变得兴奋（同时抑制副交感神经的兴奋），产生冲动，导致心脏的血液供应增强、血压升高、心跳加快。相反，在平静状态下，迷走神经会变得兴奋（同时抑制交感神经的兴奋），调节心肌和血管平滑肌的运动，使血压恢复正常，从而减慢心脏的跳动。然而，胃肠道的反应与心脏相反：当激烈运动和情绪高涨时，交感神经兴奋使得胃肠道运动减弱；而迷走神经的兴奋使得胃肠道蠕动加强，刺激腺体分泌更多的消化液。

3.2.3　脊髓

脊髓是中枢神经系统的一部分，属于中枢神经系统的低级中枢。它是高级神经中枢——脑功能的基础，因为脑的感觉信息与控制调节躯体和内脏活动的信息大部分都需要通过脊髓进行传导。脊髓是一个位于椎管内的圆柱体结构，上端与脑干的延髓相连，全长为 41 ～ 45cm。它共发出 31 对脊神经，这些神经分为颈髓、胸髓、腰髓和骶髓四个部分，分别分布到全身的皮肤、肌肉和内脏器官，如图 3-20 和图 3-21 所示。

图 3-22 所示为脊髓的横切面结构。可以看出，脊髓的中央部分是由神经元细胞体组成的灰质，其呈蝴蝶状，周围是白质神经束。与大脑皮质相似，脊髓也由灰质和白质两部分组成。但与脑皮质中灰质包围白质的结构不同，在脊髓中，白质位于灰质的周围。

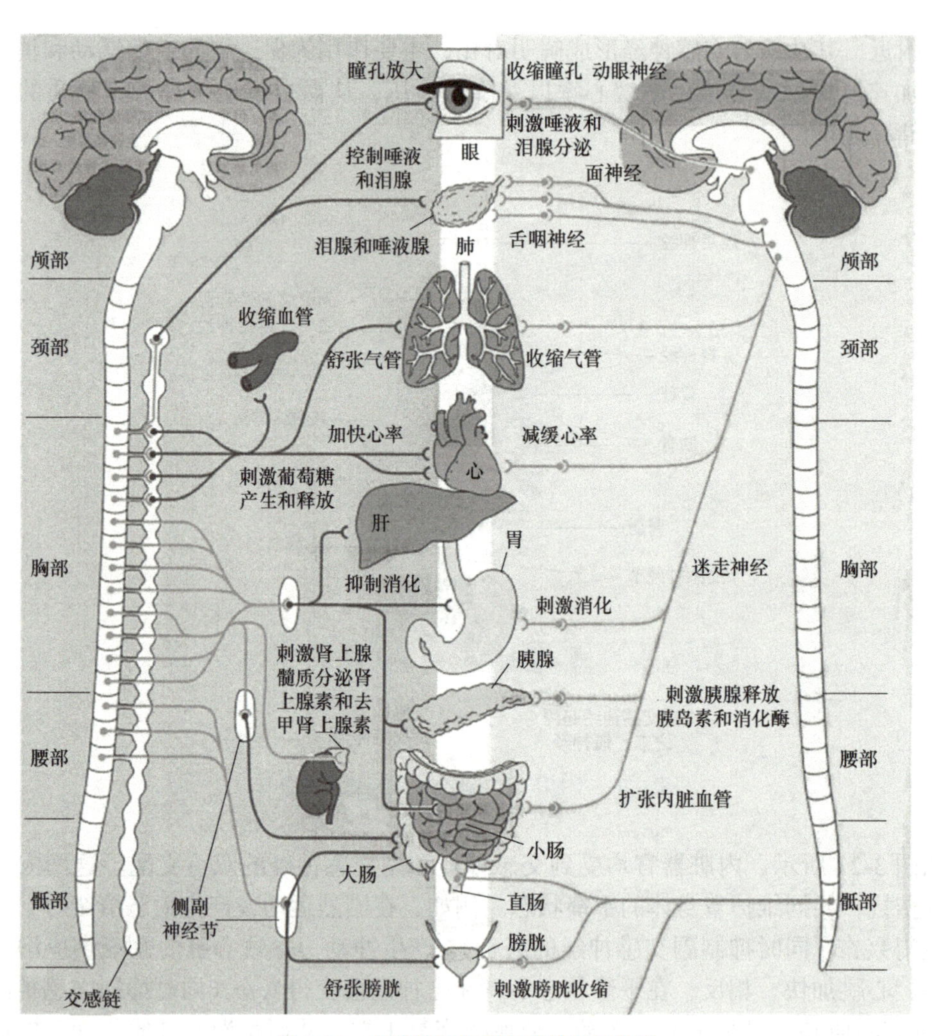

图 3-21　交感神经与副交感神经的作用

脊髓的功能是传导和反射，是脑与外周神经之间的通路。脊髓具有两大功能：一是传导功能，通过上行纤维将四肢、躯体、内脏等（除了头部和面部）的感觉信息传递给脑，脑经过信息加工后，再通过脊髓的下行纤维向肢体和内脏等传递运动信息，从而控制调节其活动，因此脊髓受脑的控制；二是反射功能，作为低级神经中枢，脊髓可以不经过脑而直接支配简单的反射活动，如腹壁反射、牵张反射、屈曲反射、排泄反射等。

如图 3-22 所示，脊髓的表面具有前、后两条正中纵沟，将脊髓分为对称的两半。前面的前正中裂较深，后面的后正中沟较浅。此外，脊髓还有两对外侧沟，即前外侧沟和后外侧沟。背根（后根）主要由上行的感觉纤维组成，经后外侧沟进入脊髓。腹根（前根）则从前外侧沟走出，由下行的运动神经纤维组成。在背根与腹根会合前，会形成膨大的脊神经节，内部含有单极感觉神经元。这样，进出脊髓的背根和腹根融合在一起，形成了脊神经（相当于同轴电缆，其中，红色部分代表感觉纤维，负责传递感觉信息；蓝色部分代表运动纤维，负责传递运动指令）。

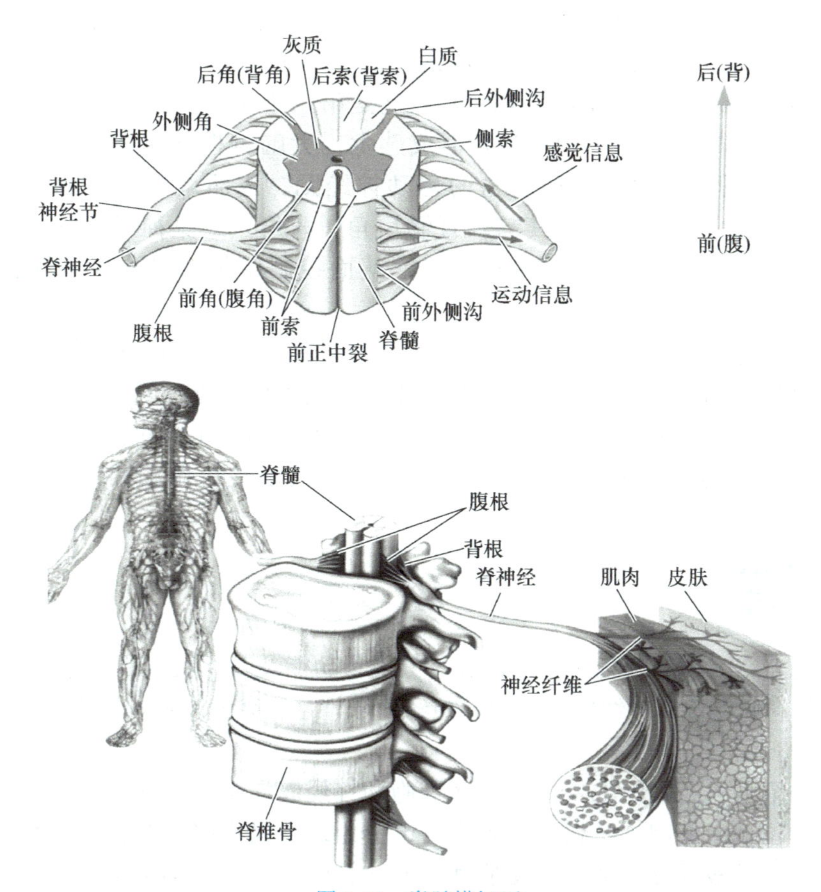

图 3-22　脊髓横切面

根据神经元的种类不同，脊髓内部的神经元可以分为感觉神经元、运动神经元和自主神经元三种，分别负责传导感觉信息、运动信息和自主神经信息（交感和副交感信息）。蝴蝶状灰质中的前角（腹角）包含运动神经元，后角（背角）包含感觉神经元。自主神经元则分布在前角和后角之间的外侧角内（中间带）。具体来说，由前角的神经元发出的运动神经纤维形成腹根（前根），由后角的神经元发出的感觉神经纤维形成背根（后根）。

脊髓的白质由上行神经纤维（感觉神经纤维）和下行神经纤维（运动神经纤维）组成，分为前索、侧索和后索（背索）三个部分。前索位于前外侧沟的内侧，主要由下行纤维组成；侧索位于侧方的前外侧沟和后外侧沟之间，含有上行和下行传导纤维；后索位于后外侧沟的内侧，主要含有上行传导纤维。

脑发出的运动信息首先传递给脊髓的前角灰质，里面的运动神经元接收到这些信息后，会进一步发出运动指令。这些指令通过前索的下行白质纤维从前外侧沟传出，并沿着脊神经传递到肌肉组织，包括骨骼肌、平滑肌和心肌等。最终，这些运动指令控制并调节相应的动作行为。

皮肤等感觉传感器获得的触觉等感觉信息，首先通过感觉神经纤维传导给背根神经节的感觉神经元（第一级感觉神经元）。背根神经节中的感觉神经元再把感觉信号传递给脊髓后角（背角）的第二级感觉神经元。然后分为两条路径：其一，脊髓后角的第二级感觉神经元通过后索（背索）的上行白质纤维把神经冲动发送至丘脑的腹后外侧核（Ventral Poterier，VP核），这是第三级感觉神经元，再传递给大脑皮层的躯体感觉区（BA3/1/2），加工处理形成感觉，大脑再根据这些感觉信息发出运动指令，通过下行纤维传递到脊髓前角的运动神经元，进而调节和控制相应的躯体动作，这条路径被称为“传导”；其二，脊髓后角（背角）感觉神经元的输出也同时直接传递给脊髓前角（腹角）的运动神经元，从而控制躯体的动作，这条路径被称为“反射”。

简而言之，神经系统的信息加工过程主要包括传导和反射两大机制。传导涉及从感觉器官到大脑皮层的信息传递、处理，并产生动作指令的完整循环；而反射则是通过脊髓实现的感觉信息与运动反应之间的直接连接。此外，神经系统对内脏的感觉与运动是自动进行的，特别是内脏运动，主要由自主神经系统独立控制和调节，无需人的意识介入。

本章小结

本章全面介绍了神经细胞的基本构成、分类、功能及其相关机制，包括神经元细胞、神经胶质细胞、膜电位、神经信息传导、神经信号整合、突触以及外周神经系统和脊髓的功能。

首先，介绍了神经细胞主要由神经元细胞和神经胶质细胞构成。神经元作为最基本的信号处理单位，由细胞体、树突和轴突三部分组成，具有接收和传递信息的功能。神经元的分类多样，根据突起数目、功能和释放的神经递质等不同标准，可以划分为多种类型。

其次，神经胶质细胞的数量远超神经元，主要作用是支持和服务于神经元。它们在中枢神经系统和外周神经系统中都有分布，并表现出不同的形态和功能。

接着，介绍了膜电位的概念，包括静息电位和动作电位。静息电位是神经元不活动时的膜电位，而动作电位则是神经元受到外部刺激时产生的膜电位变化。需要注意的是，只有外界刺激高于神经元活动的阈值时，才会产生动作电位，且刺激强度不会影响动作电位的幅度。

此外，本章还介绍了神经信息的传导机制，包括无髓鞘和有髓鞘的轴突电信号传导。同时，也介绍了神经信号的整合作用，即连续多次的刺激产生的电信号可以通过整合作用达到阈值，从而引发动作电位。

突触作为神经元之间相互接触并传递信息的部位，在神经系统的功能实现中起着至关重要的作用。本章介绍了突触的结构和连接方式，为理解神经元之间的信息传递提供了基础。

最后，介绍了外周神经系统和脊髓的基本功能和作用。外周神经系统负责执行感觉信息的输入和运动信息的投射，而脊髓则主要承担信息传递的功能。这些知识的介绍为进一步理解神经系统的整体运作原理奠定了基础。

思考题与习题

一、判断题

1. 细胞体是神经元的营养和代谢中心。（　　）
2. 静息电位是 Na^+ 膜内外的平衡电位。（　　）
3. 突触也存在树－树突触和树－轴突触两种类型。（　　）
4. 动作电位的幅度值取决于 Na^+ 离子浓度。（　　）
5. 突触前膜内的囊泡的转运和神经递质的释放，Ca^{2+} 起着关键作用。（　　）
6. 神经胶质细胞的数量远远多于神经元。（　　）
7. 内脏的运动和感觉是由自主神经系统控制的。（　　）
8. 脑神经属于自主神经。（　　）
9. 脊髓只能传导感觉信息。（　　）
10. 脊髓含有灰质和白质，而且白质包围灰质。（　　）

二、单项选择题

1. 细胞体内蛋白质合成的“车间”是（　　）。

A. 高尔基体　B. 线粒体　C. 粗面内质网　D. 光面内质网

2. 具有清除死亡细胞功能的是（　　）。

A. 小胶质细胞　B. 少突胶质细胞　C. 星形胶质细胞　D. 施万细胞

3. 有髓神经纤维在传递神经电信号时，产生动作电位的部位是（　　）。

A. 髓鞘　B. 郎飞结　C. 髓鞘和胞体　D. 都不是

4. 中枢神经系统内不包含的胶质细胞类型是（　　）。

A. 小胶质细胞　B. 少突胶质细胞　C. 星形胶质细胞　D. 施万细胞

5. 形成动作电位下降枝的原因是（　　）。

A. 电压门控 K^+ 通道开放　B. 电压门控 Na^+ 通道开放
C. 电压门控 Ca^{2+} 通道开放　D. 电压门控 Cl^- 通道开放

6. 神经系统是指（　　）。

A. 中枢神经系统　B. 外周神经系统
C. 中枢和脑神经系统　D. 中枢和外周神经系统

7. 自主神经系统属于（　　）。

A. 中枢神经系统　B. 外周神经系统
C. 中枢和外周神经系统　D. 中枢和内脏神经系统

8. 自主神经系统调节控制（　　）。

A. 内脏运动　B. 内脏感觉　C. 内脏感觉与运动　D. 躯体运动

9. 脊神经是从脊髓发出的神经，共有（　　）对。

A. 12　B. 8　C. 21　D. 31

10. 皮肤感觉冲动经过脊髓传递给丘脑的（　　），继而传递给初级感觉皮层。

A. 外侧膝状体核　　B. 内侧膝状体核
C. 腹后外侧核　　D. 内侧与外侧膝状体核

三、多项选择题

1. 神经元按照功能分类，包括（　　）。
A. 星形胶质细胞　　B. 感觉神经元　　C. 中间神经元　　D. 运动神经元
2. 突触结构由（　　）组成。
A. 突触前膜　　B. 突触后膜　　C. 中间神经元　　D. 突触间隙
3. 脊髓的功能包括（　　）。
A. 传导　　B. 反射　　C. 控制面部运动　　D. 面部感觉
4. 副交感神经的作用包括（　　）。
A. 刺激消化　　B. 刺激葡萄糖的产生与释放
C. 瞳孔放大　　D. 减慢心率
5. 自主神经系统的作用是参与（　　）控制调节。
A. 骨骼肌　　B. 平滑肌　　C. 心肌　　D. 腺体

四、填空题

1. 神经细胞由________和神经胶质细胞组成。
2. 神经元是最基本的信号处理单位，由细胞体、________和轴突三部分组成。
3. 一个神经元具有多个树突、一个细胞体和________。
4. 树突的作用是接收其他神经元传入的信息，轴突的作用是将神经元细胞体产生的信息传送给________。
5. 神经元按照功能分为感觉神经元、运动神经元和________。
6. 神经胶质细胞的数量远远多于神经元，大概是神经元的________倍。
7. 膜电位是指细胞膜内外之间的电位差，包括静息电位和________。
8. 神经信息的传导是指神经元细胞体产生的神经电信号通过________传导给另一个神经元的过程。
9. 外周神经系统是指中枢神经系统以外的其他神经组织，其主要功能是执行感觉信息的输入和________。
10. 脊髓的功能是________，除了头部和面部的感觉与运动信息外，躯体和内脏的感觉和运动信息大部分都要通过脊髓传递。

五、论述题

1. 简述有髓纤维的电信号传导速度快的原因。
2. 简述化学突触的信号传导过程。
3. 以手摸一个热的物体为例，简述神经系统感知和加工外界信息的过程。
4. 简述产生紧张情绪和努力抑制紧张情绪时的自主神经系统的作用。
5. 如图 3-23 所示，一个人脚踩了一个图钉时会因为疼痛而喊叫，同时会迅速抬起脚。请简要说明其痛觉的感知和动作反应的信息加工过程。

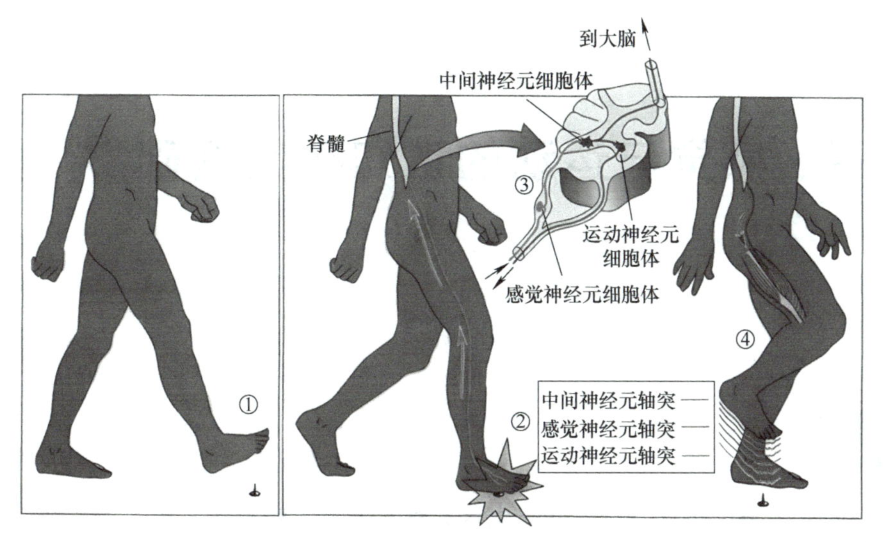
到大脑
中间神经元细胞体
脊髓
③
运动神经元
细胞体
感觉神经元细胞体
①
②
④
中间神经元轴突
感觉神经元轴突
运动神经元轴突

图 3-23　人踩钉子

第 4 章　感觉与运动的认知神经基础

导读

视觉、听觉、躯体感觉、嗅觉与味觉这五种基本感觉既独立又相互联系，正是这些感觉信号的加工与整合成了人类认知活动的基础。每一种感觉都有自己独特的感受器和传导通路，将外部刺激转化为大脑可以解释的神经信号并加工处理，从而让人类能够感知、理解和响应外部世界。感觉与运动是密切相关的，感觉引起运动，运动又促进了感觉。运动系统包括大脑运动控制、脊髓运动控制、小脑与基底神经节的运动辅助等不同层级。学习和理解感觉、运动神经系统的结构与功能，对于学习和理解脑与认知的关系以及脑信息传导与加工机制是非常重要的。

本章知识点

- 视觉感受器——视网膜
- 视觉信息的投射通路
- 视觉皮层的功能分区
- 视觉物体识别
- 听觉感受器
- 听觉传导与听觉中枢
- 躯体感觉感受器
- 触觉传导通路与躯体感觉区
- 痛觉与温觉感受器
- 嗅觉与味觉感受器
- 嗅觉与味觉传导通路
- 脊髓与运动神经元
- 运动传导通路
- 大脑皮层与运动
- 基底神经节与运动
- 小脑与运动

4.1　视觉认知的神经基础

4.1.1　眼睛及其结构

1. 电磁辐射与光

光是眼睛所能感知的电磁辐射的一种。电磁辐射是一种能量波，具有波长、波幅和频率等特性，如图 4-1 所示。在电磁辐射中，高频电磁辐射（即短波）的能量较高，其波长小于 1nm，如 γ 射线和 X 射线。相反，低频电磁辐射（即长波）的能量较低，其波长大于 1nm，如红外线。而可见光则是波长为 400 ～ 700nm 的电磁辐射，正是眼睛能够感知并用于视觉认知的部分。

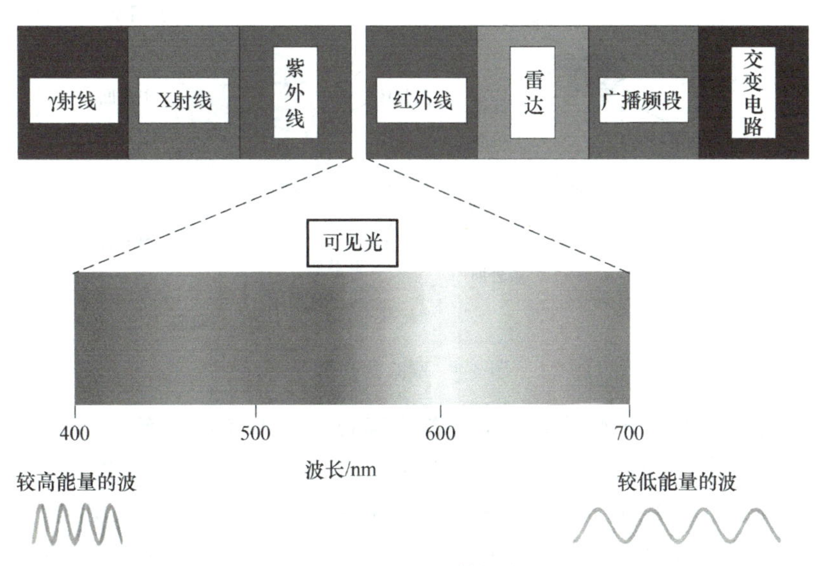

图 4-1　电磁辐射与波

光的反射、吸收与折射：如图 4-2 所示，光的反射是指光在物体表面发生反弹的现象。正是因为物体具有反射光的特性，眼睛才能够看见物体的存在。光的吸收则是指光能在粒子或表面发生转换的过程。例如，当太阳光照射到皮肤时，会感觉到温暖，这就是光被吸收并产生能量转换的结果。而光的折射则是指光在遇到不同介质表面时发生折曲并继续前行的现象。眼睛利用光的折射原理，使光产生折射并聚焦投射到视网膜上，从而让人类能够看见周围的世界。

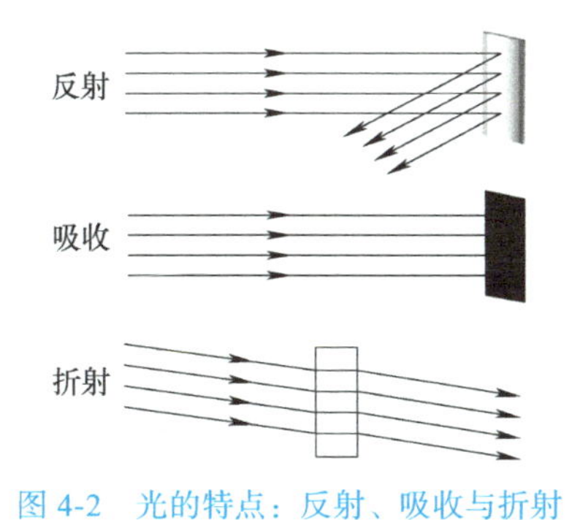

图 4-2　光的特点：反射、吸收与折射

2. 眼睛的结构与成像

眼睛是视觉的主要感觉器官，外部世界 80% 以上的信息都是通过眼睛传入大脑的。眼睛的结构如图 4-3 所示。眼睛的透光系统主要包括角膜、晶状体、房水和玻璃体等部分。这些结构共同协作，使得眼睛能够接收并聚焦光线，形成清晰的图像。

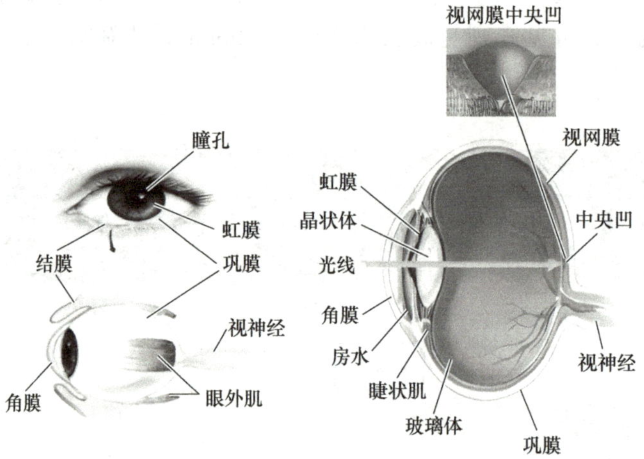

图 4-3　眼睛的结构

视网膜成像过程如图 4-4 所示。光线首先通过角膜和瞳孔，然后穿过晶状体和玻璃体，最终到达视网膜。在视网膜上，特别是中央凹区域的感光细胞接收到光线信号，并将其转换为神经信号。这些神经信号随后通过视神经传递给大脑，由大脑进行解析和识别，从而形成视觉感知。对于正常视力，可以正常成像；对于远视，需要使用凸透镜聚光视线，才能正常成像；对于近视，需要使用凹透镜发散光线，才能正常成像。

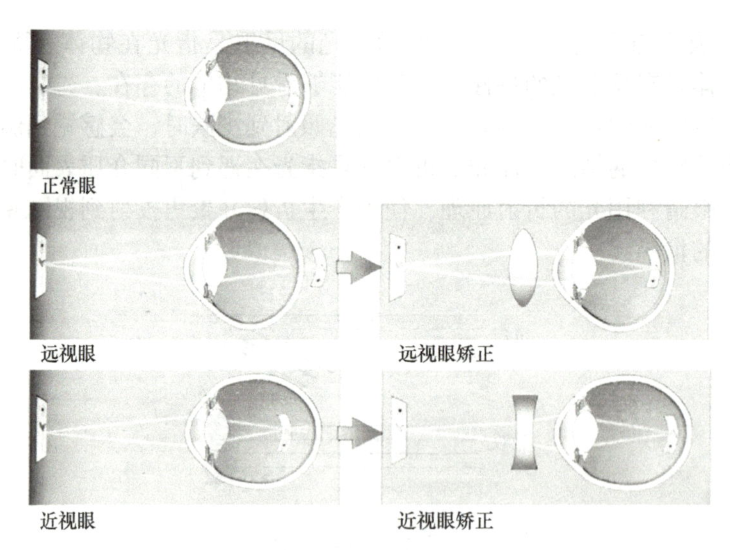

图 4-4　视网膜成像过程

3. 视角与视野大小

眼睛所能看到的范围可以通过视角或视野大小来衡量。视野是指眼睛在固定位置时所能看到的最大空间范围（图 4-5a），它描述了眼睛能够捕捉到的环境信息的广度。而视角则是指从眼睛到某一物体或景象的边缘所形成的夹角（图 4-5b），它用于度量视网膜上成像的大小或距离（通常以度数为单位）。

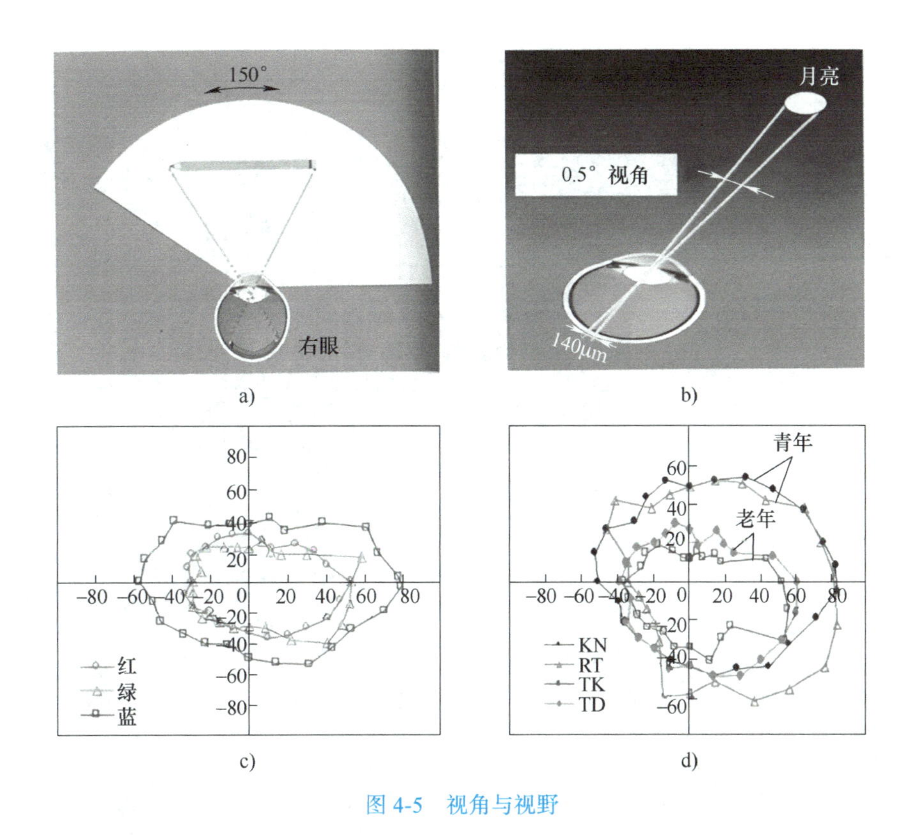

图 4-5　视角与视野

a）视野　b）视角　c）视野大小与颜色　d）视野大小与年龄

从图 4-5 可以看出，视野大小与颜色（图 4-5c）和年龄（图 4-5d）因素密切相关。具体来说，蓝色视野相对最大，而红色与绿色视野的大小相当。此外，年轻人的视野通常大于老年人的视野。

4.1.2　视网膜及其组成

视觉信息蕴含在光线之中，当光线依次通过角膜、晶状体，并穿过玻璃体后，会被聚焦并投射到眼睛的后表面，即视网膜上。如图 4-6 所示，视网膜主要由三层构成：光感受器层、中间层以及神经节细胞层。视觉信息的处理通路与光的传递方向相反，它始于最外层的光感受器，通过双极细胞传递，最终到达视神经细胞。在视网膜中，光感受器是唯一能够感知外界输入光的结构，而神经节细胞则代表了视网膜唯一的输出途径。

感光细胞主要包括视锥细胞和视杆细胞，它们的核心作用是将外界的光刺激转化为大脑能够理解的内部神经信号。视锥细胞对强烈的光线反应敏感，因此在白天活动最强。相反，视杆细胞对低强度的光刺激更为敏感，所以在光能较少的夜晚活动最强。尽管视杆细胞在明亮环境下也能发挥作用，但它需要时间来补充感光色素，这就是人类的眼睛在从明亮环境转移到较暗环境时会产生“暗适应”现象的原因。因此，相较于夜晚，视杆细胞在白天的作用并不显著。

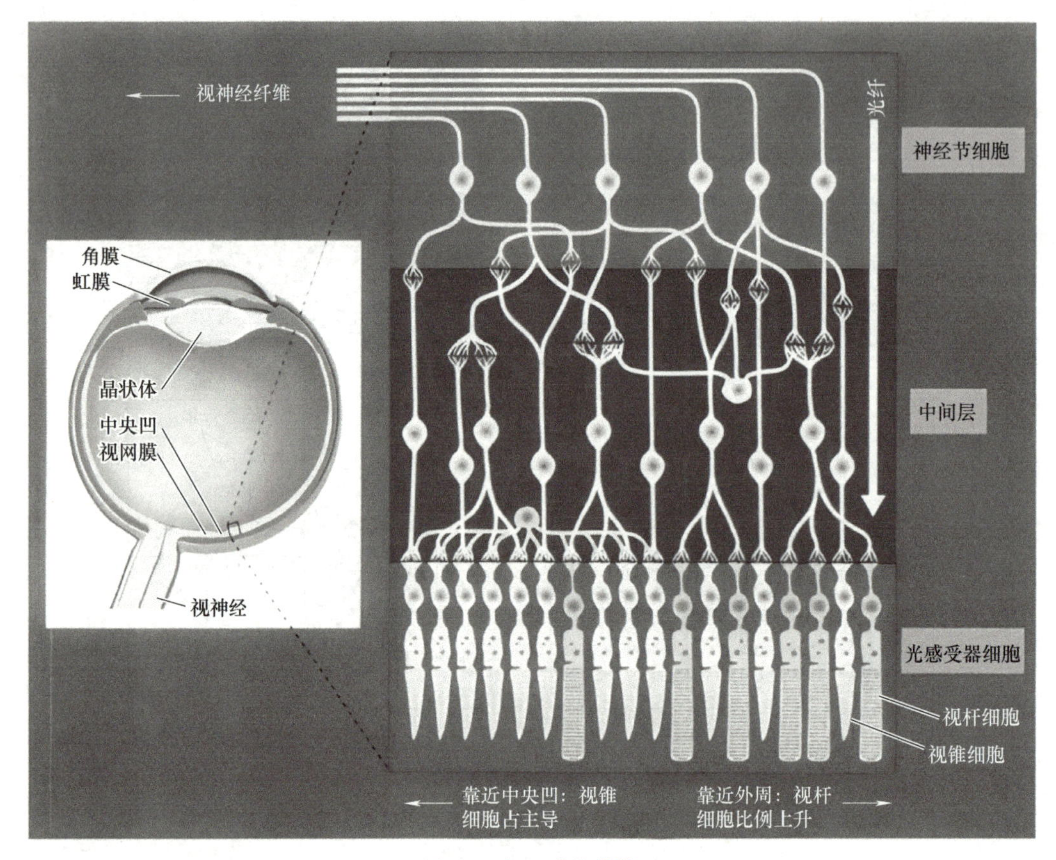

图 4-6 视网膜的结构

视锥细胞和视杆细胞在视网膜上的分布并不均匀。视锥细胞在视网膜的中央区域，即“中央凹”处最为集中。由于白天也需要识别“黑色”，因此中央凹处也有视杆细胞的分布。而视杆细胞则主要分布在中央凹的周围，同时，由于黑夜中也存在光线，所以这一区域也有视锥细胞的分布。

视锥细胞和视杆细胞对于光的敏感度如图 4-7 所示。视锥细胞是颜色识别的基础。人类能够识别蓝色、绿色和红色这三原色，是因为不同类型的视锥细胞中的感光元素对于不同可见光波长的敏感度不同。具体来说，蓝色敏感的视锥细胞对波长 430nm 的短波最为敏感，绿色敏感的视锥细胞对波长 530nm 的中长波最为敏感，而红色敏感的视锥细胞则对波长 560nm 的长波最为敏感。相比之下，视杆细胞对波长为 495nm 的光波最为敏感。日光包含了所有的波长，因此可以同时激活这三种感受器。

人类的视网膜上分布着大约 2 亿 6 千万个感光细胞，然而，神经节细胞的数量却相对较少，仅有大约 200 万个。这种数量上的差异意味着在视网膜层面，视觉信息已经经历了某种形式的“压缩”或筛选提取过程。神经节细胞的轴突汇聚成一束神经，即视神经，它负责将眼睛感知到的视觉信息传送到视觉中枢神经系统。

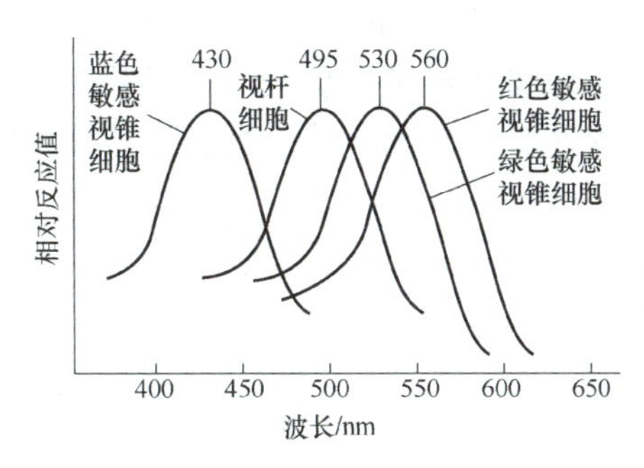

图 4-7　视锥细胞和视杆细胞的光敏感度

神经节细胞主要可以分为三种类型：大的 M 型神经节细胞，小的 P 型神经节细胞，以及非 M—非 P 型神经节细胞。在这三种类型中，P 型神经节细胞占据了主导地位，占比高达 80%，而 M 型神经节细胞和非 M—非 P 型神经节细胞各占 10%。

M 型神经节细胞具有较大的感受野和较低的空间分辨率，其信号传递速度快，对于移动的刺激特别敏感，但这类细胞对颜色没有感知能力。P 型神经节细胞则相反，其空间分辨率较高，信号传递速度相对较慢，但对颜色具有敏锐的感知力。至于非 M—非 P 型神经节细胞，目前对其特性的了解还相对有限。值得注意的是，P 型神经节细胞和非 M—非 P 型神经节细胞都具备感知颜色的能力。

4.1.3　视觉信息的投射通路

图 4-8 所示为视觉信息的投射通路。在视觉信息进入大脑之前，左眼或右眼的视网膜上的视神经会先分成两部分：颞侧（外侧）分支和鼻侧（内侧）分支。来自左视野的光线会投射到左眼视网膜的内侧部分和右眼视网膜的外侧部分，而来自右视野的光线则投射到右眼视网膜的内侧部分和左眼视网膜的外侧部分。外侧分支会继续按照同侧原则进行投射，而内侧分支则会经过视交叉点投射到另一侧（即对侧）。由于每个眼睛的内侧传出的视神经都会在视交叉点产生交叉，因此左视野的所有视觉信息最终都会投射到大脑的右半球，而右视野的所有视觉信息则会投射到大脑的左半球。值得注意的是，从外侧膝状体核（Lateral Geniculate Nucleus，LGN）到初级视觉皮层的投射是同侧传递的。

当视觉信息进入大脑后，其中的 90% 会从视网膜投射到丘脑的外侧膝状体核（这一通路被称为视网膜 - 外侧膝状体通路），然后再投射到初级视觉皮层 V1 区域。剩余的 10% 则会投射到丘脑的枕核和中脑的上丘（这一通路被称为视网膜 - 丘体通路）。枕核和上丘在视觉注意机制中发挥着重要的作用，有时甚至被视为更为初级的视觉处理系统。

1. 视网膜 - 外侧膝状体通路

图 4-9 所示为视网膜 - 外侧膝状体通路的投射情况。在灵长类动物中，LGN 被分为 6 个层次。其中，内侧的 1、2 层主要由大细胞构成，它们分别接收来自左眼或右眼视网膜神经节中的 M 型神经节细胞的输入信号；3、4、5、6 层则负责接收来自左眼或右眼视网膜中的 P 型神经节细胞的输入信号；每一层的腹侧都分布有颗粒细胞，这些颗粒细胞负责接收来自视网膜的非 M—非 P 型神经节细胞的输入信号，如图 4-9a 所示。

进一步地，LGN 的 2、3、5 层接收来自同侧视网膜的输入信号，而 1、4、6 层则接收来自对侧视网膜的输入信号，如图 4-9b 所示。视网膜中的 P 型神经节细胞会全部投射到外侧 LGN 的小细胞层，而 M 型神经节细胞则会全部投射到外侧 LGN 的大细胞层。同时，颗粒细胞继续接收来自视网膜的非 M—非 P 型神经节细胞的输入信号。

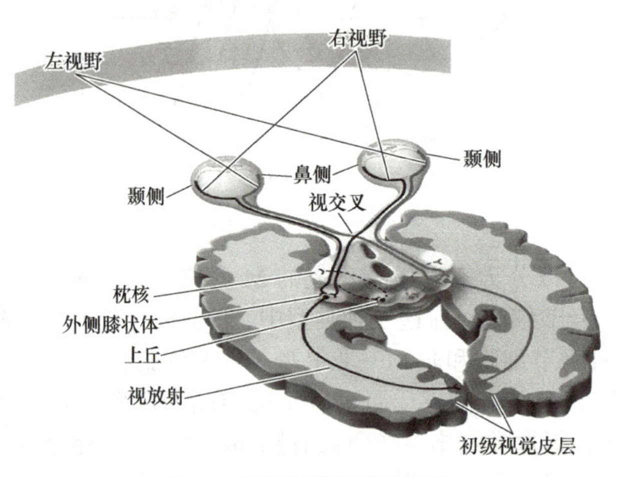

图 4-8　视觉信息的投射通路

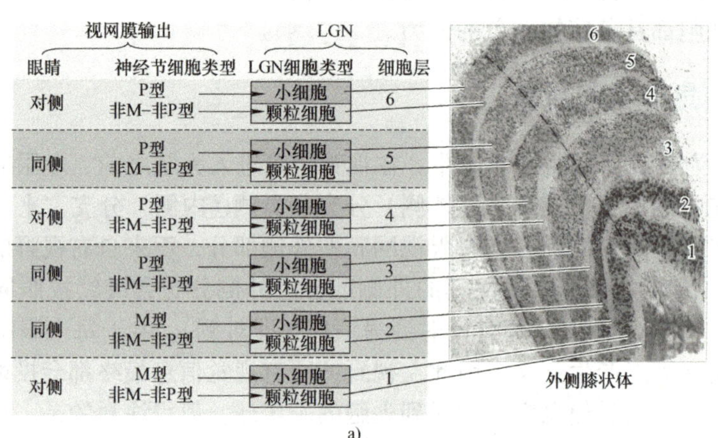

a)

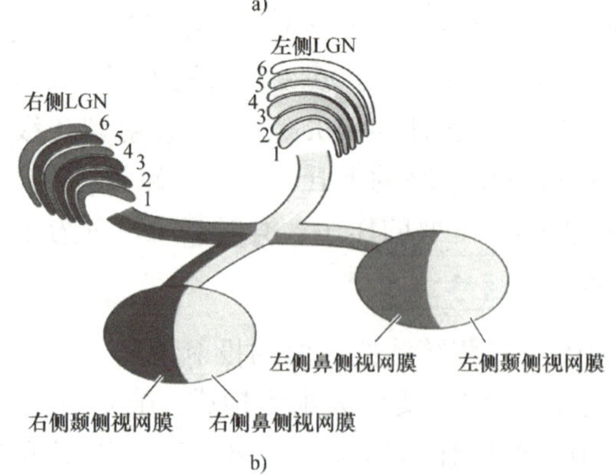

b)

图 4-9　视网膜 – 外侧膝状体通路

a）LGN 结构　b）视网膜投射方法

2. 纹状皮层 V1 的结构

纹状皮层 V1 的细胞体排列呈现出 6 层基本结构，若进一步细分至亚层，则可达 9 层，如图 4-10a 所示。

第Ⅰ层位于皮层的最外侧，紧邻头皮下的软膜。该层几乎不含神经元，主要接收来自其他皮层细胞的轴突和树突的投射。从白质延伸至第Ⅰ层的纹状皮层的总厚度大约为 2mm。

V1 的细胞层主要包括第Ⅱ、Ⅲ、Ⅳ、Ⅴ和Ⅵ层。其中，第Ⅳ层进一步细分为三个亚层：ⅣA、ⅣB 和ⅣC。ⅣC 层还可细分为两个更小的亚层，即ⅣCα 和ⅣCβ。

在纹状皮层 V1 中，存在各种形态的细胞。这里主要介绍两种典型形状的细胞：小型星状细胞，它们主要分布在ⅣC 层的两个亚层中；而锥体细胞则主要分布在ⅣC 层之外的其他细胞层。这些锥体细胞的树突向水平方向延伸，形成基底树突，同时向第Ⅰ层延伸，形成顶树突。注意，只有锥体细胞的轴突能够向纹外皮层 V2 等区域的细胞进行输出，而星状细胞的轴突则主要在 V1 皮层内部构成局部范围的连接。

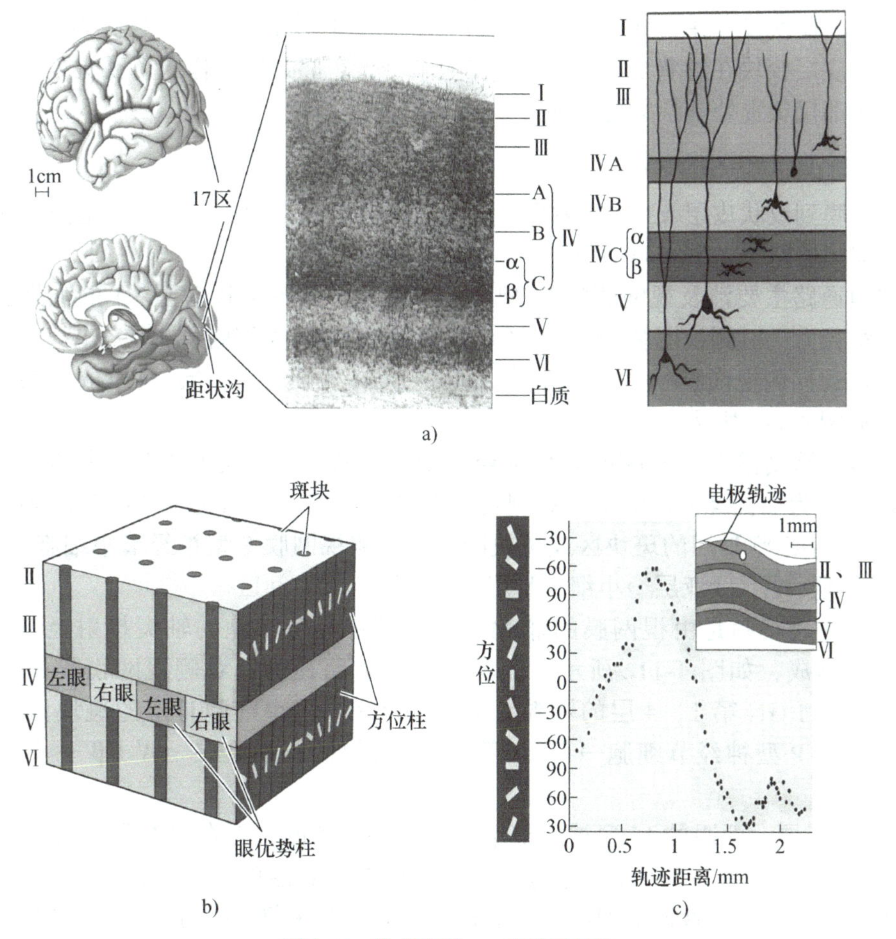

图 4-10 纹状皮层 V1 的分层结构

a）纹状皮层中一些细胞的树突结构 b）皮层模块 c）纹状皮层内方位选择性的系统变化

图 4-10b 所示为 V1 皮层模块，其尺寸为 2mm × 2mm。该模块包含两个眼优势柱和 16 个斑块，且这两个眼优势柱与方位柱相交。

当微电极沿着法线方向（即垂直于皮层表面）从一个细胞层深入至下一个细胞层时，所记录的细胞的方位选择性保持一致。因此，将这种沿法线方向排列的细胞柱命名为方位柱。相反，当微电极沿着切线方向（即平行于皮层表面）进入相同的细胞层时，方向选择性会发生变化，如图 4-10c 所示。

这表明，视觉皮层由众多具有相同视觉功能的神经细胞按照特定的功能规则排列组合成空间柱状结构，称为功能柱。方位柱是由具有相同感受野和方位敏感性的神经细胞垂直于皮层表面排列而成的。而眼优势柱是指在双眼输入时，大多数双眼细胞会对一侧眼睛（左眼或右眼）产生优势反应。具有相同同侧眼优势功能的神经细胞会垂直于皮层表面排列，形成柱状结构，称为眼优势柱。因此，存在左眼优势柱和右眼优势柱之分。

斑块细胞的感受野呈圆形，不具有方位选择性，但对光的波长敏感。这意味着斑块内含有对颜色敏感的神经细胞，它们专门用于分析物体的颜色。没有斑块的存在，个体可能会变成色盲。斑块仅存在于Ⅲ和Ⅳ两层，且其中心位于第Ⅳ层的一个眼优势柱上。

这样的皮层模块在纹状皮层 V1 中存在上千个，它们共同协作进行视觉处理。而每一个皮层模块都仅负责处理景象的一部分。

3. 外侧膝状体 – 纹状皮层 V1 通路

从视网膜到纹状皮层 V1 的投射主要分为三个并行投射通路：大细胞通路、小细胞通路和颗粒细胞通路，如图 4-11 所示。

大细胞通路主要涉及视网膜的 M 型神经节细胞，其轴突投射至 V1 的大细胞层。具体的投射路径为：对侧视网膜 M 型神经节大细胞→ LGN 大细胞第 1 层→Ⅳ Cα 亚层→大细胞Ⅳ B 层；同侧视网膜 M 型神经节大细胞→ LGN 大细胞第 2 层→Ⅳ Cα 亚层→大细胞Ⅳ B 层，如图 4-11a 所示。

小细胞通路则涉及视网膜的 P 型神经节细胞，其轴突投射至 V1 的小细胞层。其具体的投射路径为如图 4-11b 所示：对侧视网膜 P 型神经节小细胞→ LGN 小细胞第 4、6 层→Ⅳ Cβ →小细胞Ⅲ层的斑块区或斑块间区；同侧视网膜 P 型神经节小细胞→ LGN 小细胞第 3、5 层→Ⅳ Cβ 亚层→小细胞Ⅲ层的斑块区或斑块间区。

颗粒细胞通路则是由视网膜的非 M—非 P 型神经节细胞的轴突投射至 V1 的第Ⅲ层斑块区所形成，如图 4-11c 所示。其具体的投射路径为：对侧视网膜非 M—非 P 型神经节细胞→ LGN 第 1、4 层的颗粒细胞层→Ⅳ Cβ →小细胞Ⅲ层的斑块区；同侧视网膜非 M—非 P 型神经节细胞→ LGN 第 2、3 层的颗粒细胞层→Ⅳ Cβ →小细胞Ⅲ层的斑块区。

在Ⅳ Cα 亚层，两眼的 M 型神经节细胞仍然是分离的，而在Ⅳ B 层则开始混合。同样，P 型神经节细胞在Ⅳ Cβ 亚层也是分离的，但在第Ⅲ层的斑块间区开始混合。然而，非 M—非 P 型神经节细胞投射到第Ⅲ层的斑块区后，两眼仍然是分离的。从功能上来看，M 通道主要负责分析物体的运动，P 通道则专注于分析物体的形状，而非 M—非 P 通道则主要负责对物体的颜色进行分析。

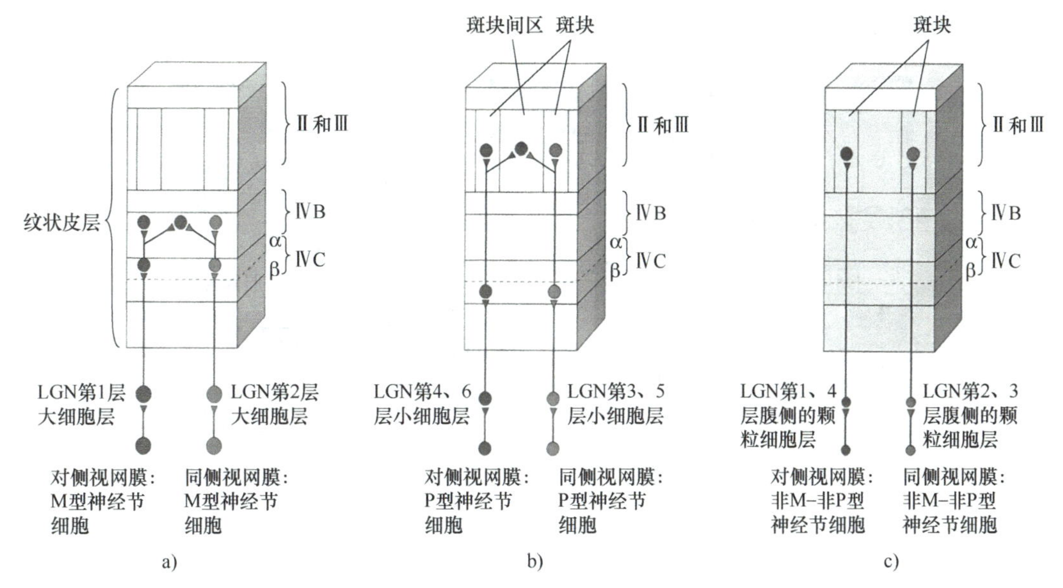

图 4-11　视网膜 – 纹状皮层 V1 的三条并行投射通路

a）大细胞通路　b）小细胞通路　c）颗粒细胞通路

4.1.4　视觉皮层的功能分区

视觉皮层位于枕叶，参与视觉信息的认知加工。皮层视觉区由多个不同功能的子区域组成，如图 4-12a 所示。

猴子的神经解剖和生理学研究表明，至少有 30 多个皮层区域与视觉加工有关。其中，纹状皮层（V1）也被称为初级视觉皮层（BA17），是接收 LGN 信息的首个皮层区域。而除了纹状皮层之外，还存在众多与视觉相关的皮层区域，称为纹外皮层。如图 4-12a 所示，这些视觉区域之间都是相互连接的，V1 的周围皮层 V2 和 V3 是视觉联合区，V4 区是色觉感知区，V5（MT）区是运动感知区，IT 区是物体识别区。图 4-12b 所示为短尾猴脑皮质展开图。

视觉认知过程可以分为两个主要的通路，如图 4-12a 所示，分别为背侧通路和腹侧通路。

1. 背侧通路

背侧通路也称空间认知通路，其作用是物体运动的认知处理。这个通路起始于 V1，经过纹外视觉皮层（V2、V3 等）投射到 V5 区（也称为 MT 区，在猴脑中它位于中颞区，而在人类大脑中则位于顶枕区），最后抵达背侧通路的顶下小叶（7a 区）。V5（MT）区域的最大特点是细胞具有大的感受野，并且几乎所有的细胞都具有方向选择性。有证据表明，V5（MT）区域的细胞排列形成运动方向柱，这与 V1 的方位柱相似，因此，V5（MT）区域专门负责处理运动信息。

总体来说，背侧通路专门负责空间知觉的处理，它处理物体的空间位置信息以及相关的运动控制。换句话说，背侧通路帮助人类理解“物体在哪里”以及“场景中物体之间的空间位置关系是什么”等问题。

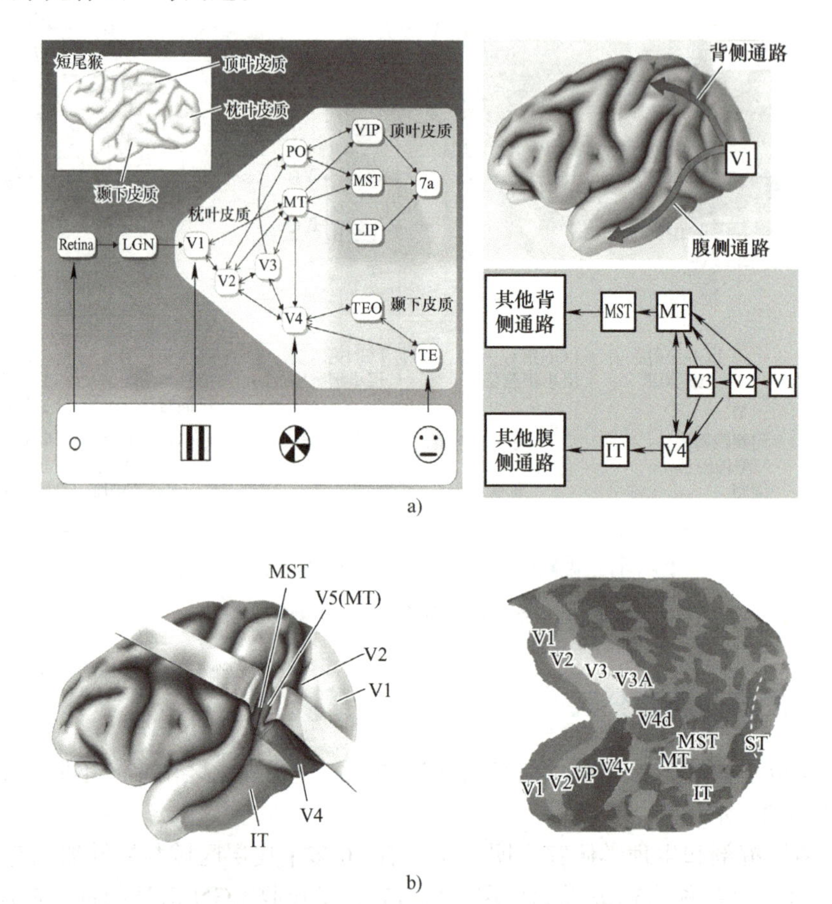

a)

b)

图 4-12　短尾猴视觉皮层区域

a）皮层视觉区及其连接模式　b）脑皮质展开图

除了 V5（MT）区域，背侧通路的顶叶还存在其他特化的运动敏感区域。例如，MST 区域就包含对直线移动、辐射状移动（无论是离心还是向心的）以及环形移动（顺时针或逆时针方向）等运动形式敏感的细胞。此外，V5（MT）区与 MST 区域之间的其他区域也在运动感知中发挥着重要作用。一个清晰的例子是，1983 年德国人齐赫（Zihl）等报道了一名 43 岁妇女的病例。这名妇女因中风导致双侧纹外皮层受损，尽管她的视力正常，但却缺乏视觉运动感知能力。例如，当她将咖啡倒入杯中时，咖啡在她眼中似乎是完全静止的，直到咖啡突然从杯中溢出。过马路时，她更是因为无法感知车辆等物体的运动而遭遇了很大的生活困扰。

2. 腹侧通路

腹侧通路平行于背侧通路，始于 V1、V2、V3、V4 区域，并延伸至颞叶。它主要负责处理除了运动以外的其他视觉信号，如颜色、形状、大小等。腹侧通路中的 V4 区具有较大的感受野，并且其内的许多细胞都具有方位选择性和光的波长选择性。因此，V4 区域主要负责感知形状和颜色。研究表明，如果猴的这一区域受到损伤，就会导致其对形状和颜色的感知出现缺陷。全色盲患者也往往伴随着形状感知的缺陷。

腹侧通路的下颞叶区域包含 IT 区，该区域对于视觉感知和视觉记忆都具有关键作用。在 IT 区内，有一个梭状回区域对面孔识别具有特异性作用，称为面孔识别区（FFA）。此外，IT 区还包括物体识别区域，负责感知如桌子、椅子等物体。

4.1.5 物体识别

1. 面孔识别

关于物体识别的神经基础，已经进行了大量的研究。1997 年，坎维舍尔（Kanwisher）及其同事研究发现，当被试观看面孔刺激时，与非面孔刺激（如房子、电话、手等）相比，右脑的枕叶与下颞叶相邻的一个梭状回区域——FFA（Fusiform Face Area，梭状回面孔区）被更强地激活。这个区域专门负责面孔的加工。1999 年，哈尔格伦（Halgren）等人的研究也证实了这一点。他们给被试展示了面孔刺激和非面孔刺激(作为对照基线)，结果发现，当面孔刺激出现时，FFA 区域的信号明显增强；而对照基线刺激出现时，FFA 区域的信号则明显减弱，结果如图 4-13 所示，其中 F= 面孔，O= 物体，S= 打乱面孔，I= 完整面孔。

研究者还利用 EEG 和 MEG（脑磁图）技术对面孔感知的时间进程进行了研究。1996 年，本丁（Bentin）等人选择了面孔、汽车和蝴蝶作为刺激图片，并将面孔和汽车图片切碎后混合重组作为对照。在被试观看这些图片时，要求他们只对蝴蝶做出反应，而忽略其他图片。事件相关电位（ERP）的研究发现，只有面孔刺激在脑外侧的颞叶后部引发了一个负电位，其峰值潜伏期为 170ms，即 N170。而且，当面孔被倒置时，N170 的幅度并未改变，只是潜伏期有所延长。其他刺激并未引发 N170，这说明 N170 是面孔识别特异性的脑波。为了进一步验证这一事实，2000 年，伊美尔（Eimer）使用了熟悉和不熟悉的面孔以及房子等刺激，记录了由这些刺激引发的事件相关电位（ERP）。从图 4-14a 可以看出，在颞叶后部，无论是熟悉还是不熟悉的面孔刺激都引起了 N170。图 4-14b 展示了面孔（无论是熟悉还是不熟悉）与房子刺激之间的差异波，以及熟悉与不熟悉面孔刺激之间的差异波。可以看出，面孔刺激比房子刺激产生了一个明显的 N170，而熟悉与不熟悉的面孔刺激之间并未产生明显的 N170 差异。刘（Liu）等人还使用脑磁图研究了被试在观看面孔和房子时的电生理特性。如图 4-14c 所示，他们发现在颞叶后部的 MEG 成分也有一个 170ms 的潜伏期，称为 M170。M170 与 N170 相对应，进一步说明面孔识别的潜伏期是 170ms，具有特异性。

2. 视觉场景识别

颞叶内侧的大脑区域，如海马结构和海马旁皮层，通常与导航和视觉记忆有关。在人类海马旁回皮层的一个特定区域参与导航的一个关键组成部分：感知当地的视觉环境。1998 年，爱普斯坦（Epstein）和坎维舍尔研究指出，海马旁回位置区域（Parahippocampal Place Area，PPA）对于视觉场景的反应特别强烈，而对于房子和物体的反应相对较弱，对于人脸的反应最弱，如图 4-15 所示。

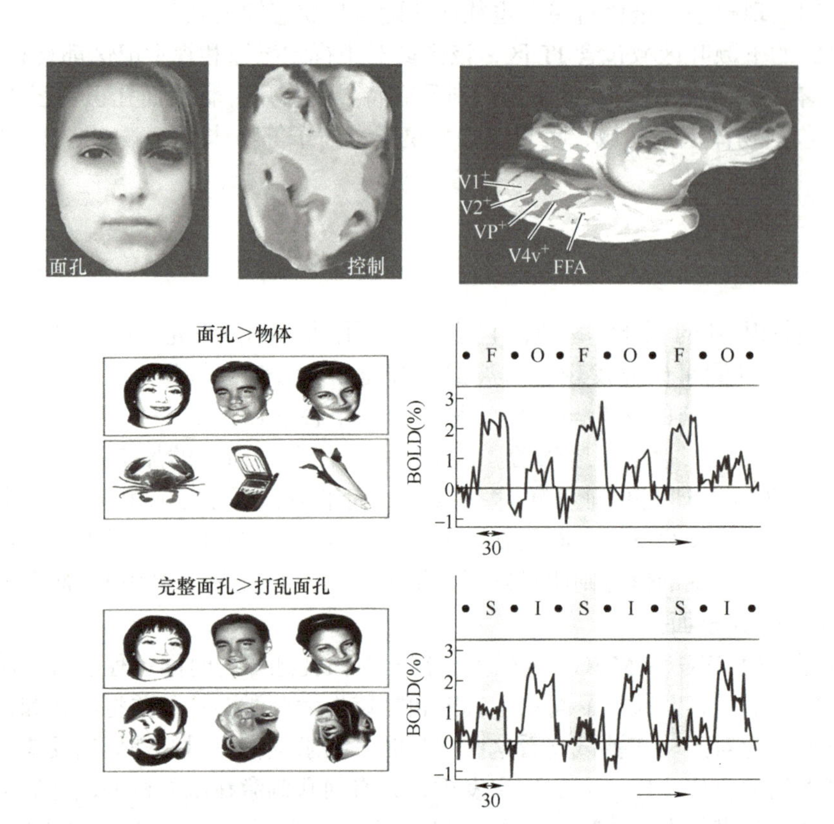

图 4-13　FFA 面孔知觉

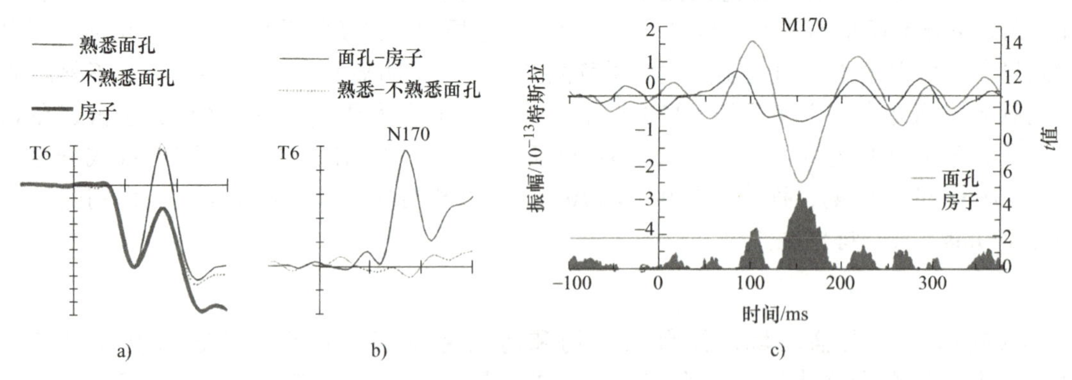

图 4-14　面孔识别的电生理特性

a）面孔与房子识别差异　b）面孔识别电位 N170　c）面孔的 MEG 成分：M170

图 4-15a 顶行所示为完整的面孔、物体、房子和场景，中间行是扰乱的面孔、物体、房子和场景；图 4-15b 所示为在 fMRI 扫描期间 PPA 中 BOLD 信号强度百分比变化的时间过程；图 4-15c 所示为 PPA 位置定位，来自同一被试的两个相邻切片表明，PPA（黄色箭头）不与海马后部（绿色箭头）重叠，说明 PPA 区域不包括海马后部。

		面孔	物体	房子	场景
刺激	完整				
	打乱				
结果	Int	0.12	0.56	0.95	1.59
	Scr	0.20	0.34	0.51	0.51
	I–S	–0.08	0.22	0.44	1.08

a)

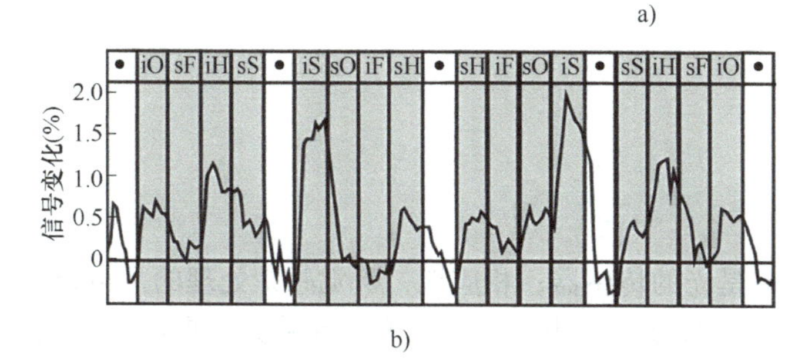

b)

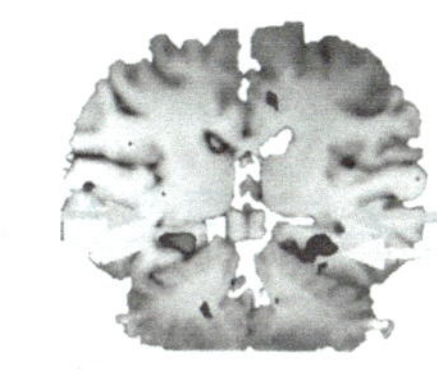

c)

图 4-15　PPA 功能的 fMRI 研究

a）PPA 对不同刺激的反应　b）BOLD 信号变化过程　c）PPA 位置

3. 其他物体识别

脑成像技术还被广泛应用于探索大脑对不同物体（如房子、椅子等）的感知区域。如图 4-16 所示，该图展示了大脑加工房子、面孔、椅子等物体时激活的区域。具体而言，当感知椅子时，下颞叶区域的活动最为强烈（紫色区域 C、E）；而对于房子的识别，梭状回内侧的下颞叶区域则显示出最强的信号（绿色区域 G、H）；面孔的感知则主要集中在 FFA 区域（红色区域 B、D、F）；对于物体（房子、椅子）的识别，外侧梭状回活动最为强烈（蓝色区域 A）。

这些研究结果共同揭示了大脑后部枕、颞皮层中存在针对不同物体感知的分离神经基础。这意味着，大脑在处理不同类别的视觉信息时，会激活特定的区域，从而实现对各种物体的精确识别和感知。这一发现为深入理解大脑的认知功能和视觉处理机制提供了重要的神经科学依据。

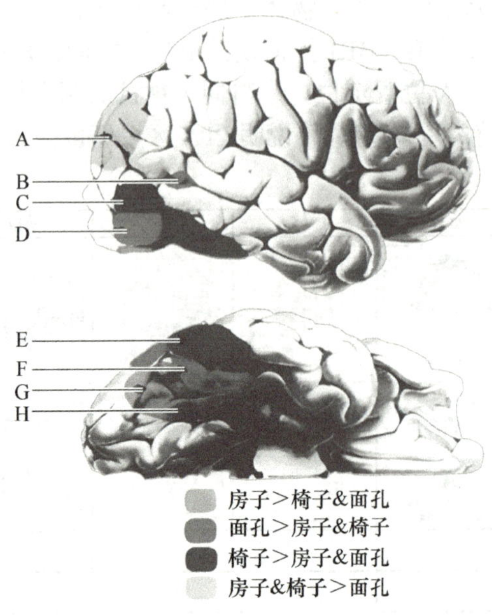

图 4-16　大脑颞叶加工面孔、房子、椅子等相关脑区的神经基础

4.2　听知觉的认知神经基础

4.2.1　声音及其特性

视觉感知处理的是光刺激，而眼睛是光的传感器；相应地，听觉感知处理的是声音，耳朵则是声音的传感器。声音本质上是一种波，是由空气压力变动导致分子振动而形成的，这种波称为声波。

声音的知觉特性主要包括响度（即声音的大小）、音调（声音的高低）以及音色（声音的辨识度或特色）。响度是由声音的强度或振幅决定的，它反映了压缩与稀薄空气之间的压强差异，也称为声压，其计量单位是分贝（dB）。声音的强度与所感知的响度直接相关，分贝与响度的对应关系如下：

1）0 ～ 20dB：非常安静，几乎无法听到。

2）20 ～ 40dB：安静，犹如轻声细语。

3）40 ～ 60dB：一般响度，相当于普通室内谈话。

4）60 ～ 70dB：有点吵闹。

5）70 ～ 90dB：很吵。

6）90 ～ 100dB：吵闹程度加剧。

7）100 ～ 120dB：难以忍受，震耳发痛。

通过这样的描述，可以更清晰地理解声音的特性以及它们是如何被听觉系统所感知的。

人类感知的音调是由声音的振动频率决定的，声音频率的单位是赫兹（Hz），它表示声波每秒的振动次数。人类听觉系统能够感受到的声音频率范围是 20Hz ～ 20kHz。低于 20Hz 的声音称为次声波，而高于 20kHz 的声音则称为超声波，这两者都是人类无法听到的，就像人类的眼睛无法看到红外线和紫外线一样。许多动物的声音感受范围远远超过人类，例如，狗可以听到 15Hz ～ 50kHz 的声音，大象可以听到 1Hz ～ 20kHz 的声音，而老鼠则可以听到 1 ～ 90kHz 的声音等。

实际上，人类能够感知的响度不仅与声压有关，还与声音的频率有密切关系。如图 4-17 所示的等响度曲线，它描述了响度、声压级和频率之间的关系。从图中可以看出，对于同一频率的纯音刺激，其声压越大，响度也随之增大。例如，当声音的频率为 2.5kHz 时，如果声压为 0，那么响度也为 0，即听不到任何声音（图中 A 点所示）。即使是低频声音（如 30Hz），当声压达到 50 多 dB 时，其响度也会相应增加到 50 多 dB（图中 B 点所示）。

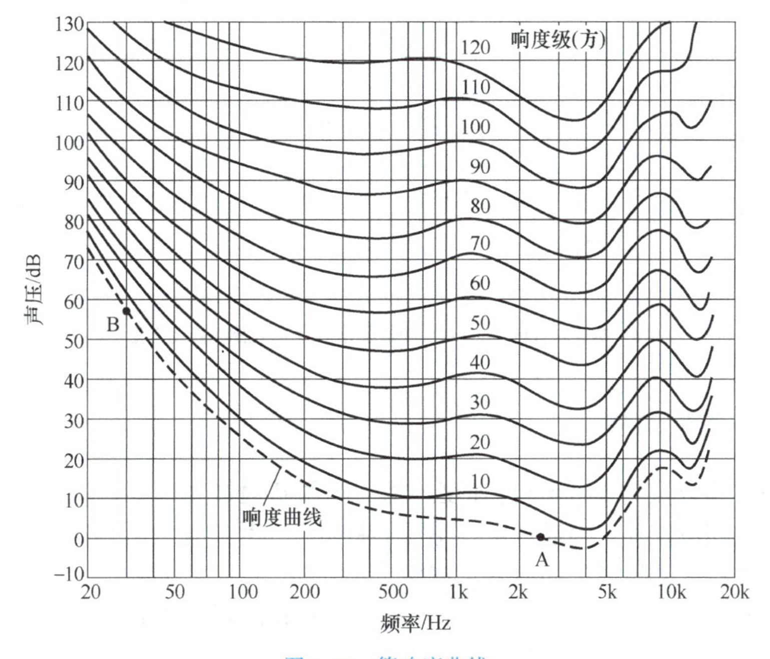

图 4-17　等响度曲线

图 4-18 所示为响度、音调和音色知觉之间的关系。从图 4-18a 中可以看出，相同频率声波的振幅越大，知觉的声音响度越大。而从图 4-18b 中可以看出，相同振幅声波的频率越高，知觉的声音音调越高。

图 4-18c 所示为音色感知的原理。不同的人、不同的乐器等所发出的声音并非纯音，而是一种复合音。人类之所以能够区分不同的声音，能够听懂不同乐器的乐曲，正是由这些复合音的音色所决定的。在复合音中，除了包含纯音（即基音）以外，还包含了许多由不同谐波组成的泛音。正是这些不同的泛音决定了声音的不同音色。尽管泛音的频率比基音高，但其强度通常都相对较弱，不如基音强。因此，声音的音调主要取决于声波中的基音频率。

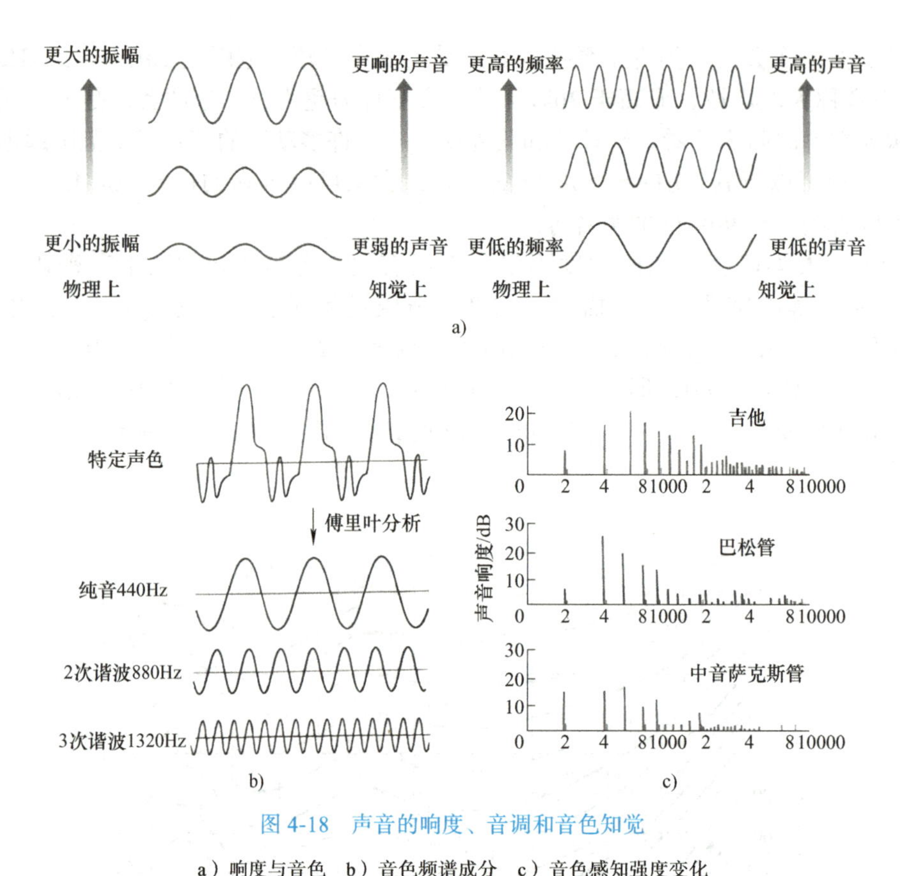

图 4-18　声音的响度、音调和音色知觉

a）响度与音色　b）音色频谱成分　c）音色感知强度变化

4.2.2　听觉系统的结构

声音在空气中以大约 340m/s 的速度传播。与眼睛通过光感受器将视觉信号转化为视神经信号的方式相似，耳朵则通过声音感受器将听觉信号转化为听神经信号。这些信号随后通过一系列神经途径投射到初级听觉皮层（A1 区）。

耳朵的结构如图 4-19 所示，主要由外耳、中耳和内耳三部分组成。外耳部分包括一个由皮肤覆盖的软骨形成的漏斗状耳廓，它的主要作用是集中声音。耳廓中的皱褶部位有助于声音的定位，尤其是一些动物（如猫、马等），可以通过肌肉控制耳廓的位置，使其朝声音传来的方向转动。耳道是声音的入口，它延伸至鼓膜（一个呈卵圆形、淡灰色、半透明的薄膜）。与鼓膜相连的是听小骨，听小骨又与卵圆窗相连。卵圆窗进一步与耳蜗相连，耳蜗内充满了液体。最终，耳蜗输出的是螺旋神经节的轴突，即听神经。

1. 外耳的功能

如图 4-19 所示，外耳由耳廓和耳道组成，其范围是耳廓至鼓膜的部分。外耳的主要作用是捕捉声音。中耳则是指鼓膜和听小骨部分，它的作用是放大声音。内耳由卵圆窗和耳蜗组成，其作用是感知与编码声音。声波通过耳道使鼓膜振动，这种振动随后传递给听小骨。听小骨的运动带动卵圆窗运动，卵圆窗的运动进一步推动耳蜗内的液体流动。耳蜗内液体的流动使得听感受器神经元产生反应，这种反应再传递给蜗轴内的螺旋神经节

（双极细胞）。螺旋神经节的轴突（即听神经）向脑干投射，并最终向丘脑的内侧膝状体核（MGN）投射，通过 MGN 投射到初级听觉皮层（A1 区）。

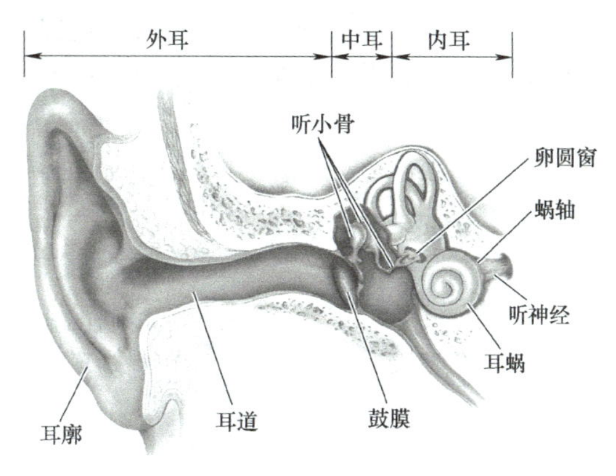

图 4-19 耳朵的结构

2. 中耳的功能

中耳由鼓膜和听小骨组成。鼓膜的作用是将空气压强或声压转化为机械能，然后通过听小骨的运动和耳蜗将这种机械能转化为神经信号。听小骨由锤骨（形状像锤子的骨头）、砧骨（砧是指用于锤或砸东西时，垫在底下的东西，如砧板）和镫骨（形状像马镫子的骨头）组成。与鼓膜直接相连的是锤骨，锤骨与砧骨刚性连接，砧骨与镫骨柔性连接。镫骨的末端是卵圆形的镫骨底板，镫骨底板与耳蜗的卵圆窗相接。值得注意的是，镫骨底板的表面积远远小于卵圆窗的表面积，这使得卵圆窗上的压力远大于鼓膜上的压力，如图 4-20 所示。

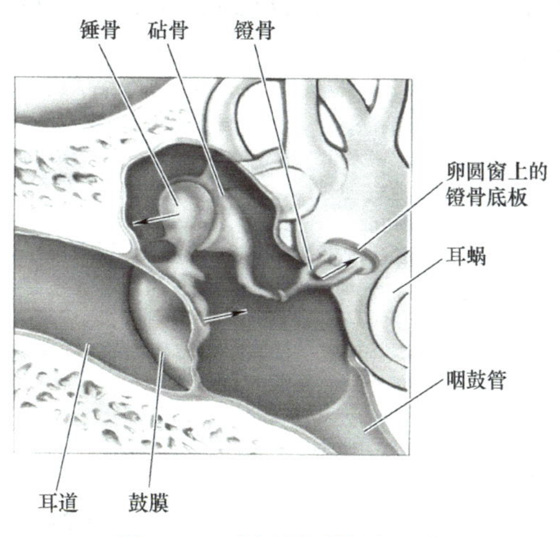

图 4-20 听小骨的结构与功能

听小骨的主要功能是将鼓膜振动产生的机械能放大：当声音的压强推动鼓膜并产生振动时，它会带动锤骨与砧骨向外运动，进而使得镫骨底板向耳蜗的卵圆窗推进。由于镫骨底板的表面积远小于卵圆窗的表面积，而卵圆窗的表面积又远小于鼓膜的表面积，这种结构使得卵圆窗上的压力远大于鼓膜上的压力，从而放大了鼓膜振动产生的机械能。这种放大的机械能使得耳蜗内产生振动，并通过听感受器转化为听神经信号。

3. 内耳的功能

内耳主要由耳蜗和前庭迷路两部分构成。其中，耳蜗扮演着将听觉信号转化为听神经信号的关键角色，是听觉系统中不可或缺的一环。而前庭迷路，则不属于听觉系统的范畴，它是前庭系统的重要组成部分，主要负责维持身体的平衡感，即平衡觉。内耳结构如图 4-21 所示。

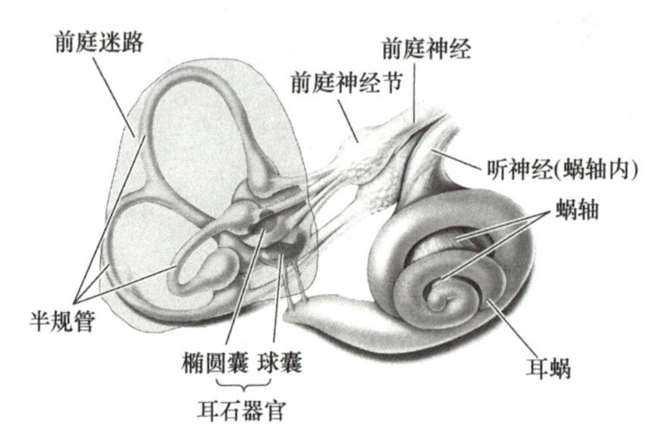

图 4-21　内耳结构

本书将重点介绍听觉系统的关键组成部分——耳蜗。耳蜗的形态宛如卷缩在壳中的蜗牛，其中心轴垂直于耳蜗本身，这一中心轴被称为蜗轴。蜗轴是一种圆锥形的骨性结构，其内部藏有螺旋神经节。这些神经节产生的大量轴突束汇聚而形成了听神经，即耳蜗的输出通道，负责将听觉信号传递给大脑进行进一步处理。

（1）耳蜗的结构　图 4-22 所示耳蜗在去掉蜗轴部分后的横切面结构，以及展平后的耳蜗基底膜形态。展平后，耳蜗空心管的长度约为 32mm，直径约为 2mm，整体卷起来的尺寸相当于一颗豌豆粒大小。

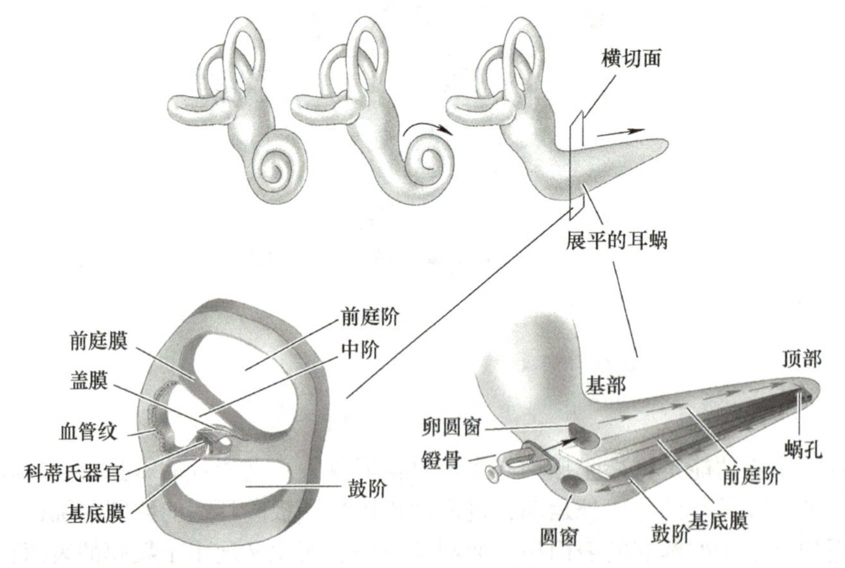

图 4-22　耳蜗的解剖结构

从耳蜗的横切面上可以看出，其中心管被巧妙地分成三个充满液体的小室：前庭阶、中阶和鼓阶。前庭阶和中阶之间由前庭膜分隔开，而中阶和鼓阶之间则由基底膜分隔。位于基底膜和盖膜之间的科蒂氏（Corti）器官，得名于首次发现它的意大利解剖学家阿方索柯替（Alfonso Corti，1822—1876 年）。

进一步观察展平图，可以发现中阶在蜗顶处是闭合的，而前庭阶和鼓阶则通过蜗顶的蜗孔相互连通。在耳蜗的底部（基部），卵圆窗与前庭阶紧密相连，圆窗则与鼓阶相接。此外，前庭阶、中阶和鼓阶内都充满了细胞外液——淋巴液，具体来说，前庭阶和鼓阶中充满了外淋巴液，而中阶内则充满了内淋巴液。

（2）耳蜗的工作原理　尽管耳蜗的结构相对复杂，但其工作原理却比较容易理解。当镫骨底板向卵圆窗推动时，前庭阶内的外淋巴液会沿着特定方向运动，通过顶部的蜗孔，进一步推动鼓阶内的外淋巴液向着圆窗方向运动。此时，圆窗处的膜因为阻力作用会向外鼓出。由于前庭膜和基底膜都具有一定的柔性，因此液体流动产生的阻力会使得中阶内的液体因压力差而流动。这种流动进而使得科蒂氏器官产生位移，从而触发神经信号，通过听神经传向大脑。

（3）科蒂氏器官及其听感受器　如图 4-23a 所示，科蒂氏器官主要由毛细胞、各类支持细胞和科蒂氏杆组成。其中，毛细胞作为听觉感受器，负责将机械能转化为神经信号。每个毛细胞的顶部都含有大约 100 个静纤毛，这些纤毛的弯曲运动是将声音信号转化为神经信号的关键。

科蒂氏器官的底部是基底膜，顶部是盖膜，而网状板则位于其中央，如图 4-23b 所示。毛细胞被紧紧夹在基底膜和网状板之间，而科蒂氏杆则为其提供了结构支撑。根据位置的不同，毛细胞可以分为两类：蜗轴与科蒂氏杆之间的称为内毛细胞，而科蒂氏杆外侧的则称为外毛细胞。这些毛细胞的纤毛会穿过网状板，进入中阶的内淋巴液中。其中，外毛细胞的纤毛终止于盖膜中，内毛细胞的纤毛终止于盖膜下。

毛细胞的轴突或细胞体会与蜗轴中的螺旋神经节中神经元的细胞体或树突形成突触连接。通过这种方式，毛细胞能够将声音信号转化为化学信号，并进一步通过螺旋神经节神经元转化为听神经电信号。螺旋神经节神经元细胞为双极性细胞，其树突会伸展进入基底膜，与毛细胞的轴突形成突触连接，而其轴突则构成听神经束，并向脑干中的耳蜗核团投射。

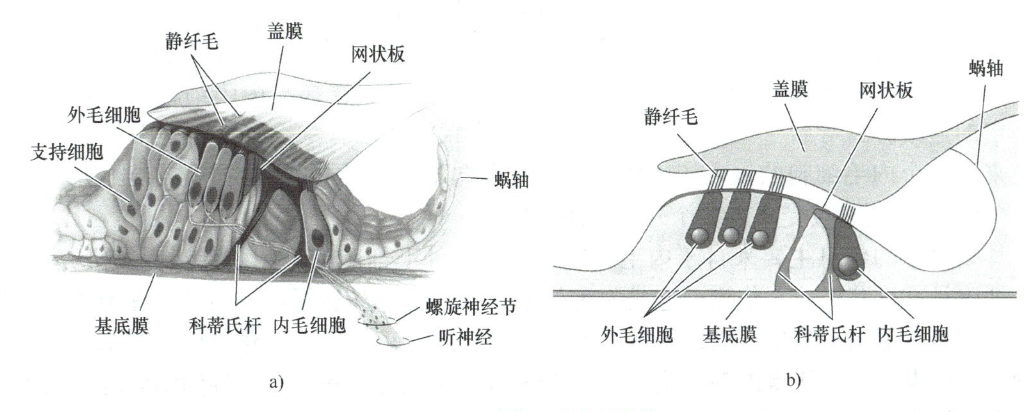

图 4-23　科蒂氏器官的结构

a）科蒂氏器官　b）科蒂氏器官简化结构

（4）毛细胞的信号传导　基底膜、科蒂氏杆、毛细胞和网状板是一体且刚性连接的。因此，当镫骨底板的运动引发液体流动时，这个刚性结构会呈现一体化运动，形成对盖膜的相对位移。这一过程如图 4-24 所示。

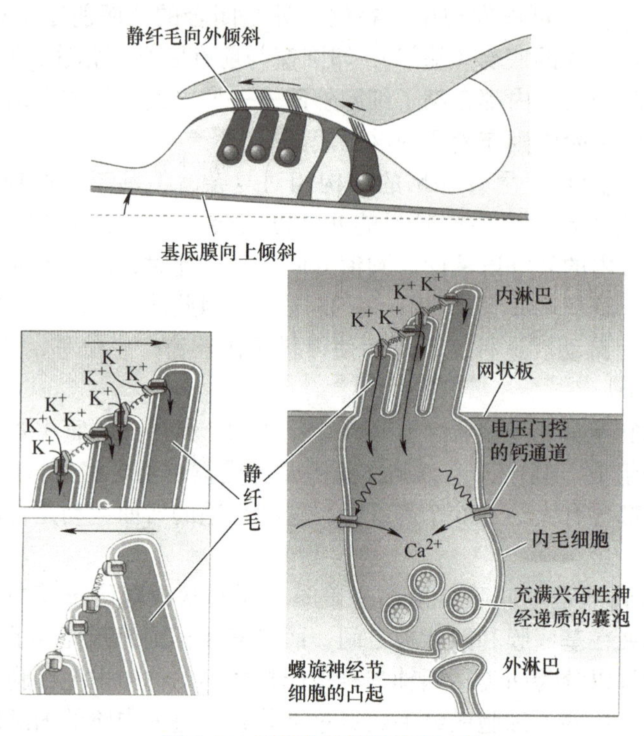

图 4-24　毛细胞的信号传导过程

毛细胞的静纤毛尖端都具有钾通道，并且这些相邻纤毛的钾通道尖端是相互连接的。当基底膜向上倾斜时，毛细胞的纤毛会随之向外倾斜。这时，机械门控钾通道会打开，允许钾离子流入，从而使膜细胞去极化。去极化进一步触发电压门控 Ca^{2+} 通道的打开，导致 Ca^{2+} 流入。这一流入过程促使神经递质从囊泡中释放，并通过向螺旋神经节传递，最终产生听觉电脉冲信号。

（5）内膜细胞与外膜细胞的作用　螺旋神经节内的螺旋神经元的轴突共同组成了听神经，负责传递所有送往大脑脑干的听觉信息。外膜细胞的数量远多于内膜细胞，达到了其数量的 3 倍。然而，在功能连接上，95% 的螺旋神经元选择与内膜细胞形成突触。这种特定的连接方式导致了一个有趣的现象：如图 4-25 所示，一个螺旋神经节神经元主要接受来自一个内毛细胞的输入（一个内毛细胞会向 10 个不同的螺旋神经节神经元提供输入），但它可以同时接受来自多个外毛细胞的输入。

耳蜗提供的信息主要来自于内毛细胞，那么，外毛细胞的作用是什么呢？研究表明，外毛细胞具有显著的放大作用。这是因为外毛细胞内含有马达蛋白，当外毛细胞受到兴奋刺激时，马达蛋白会发生收缩，导致外毛细胞的长度变短。这一变化进而使得基底膜向上的倾斜度增大，从而使得内毛细胞的静纤毛倾斜角度也随之增大。这种倾斜角度的增大增强了内毛细胞的去极化作用，进而使得突触向螺旋神经节神经元传递更大的神经脉冲信号，这就是外毛细胞的放大作用。因此，可以将外毛细胞的作用形象地比喻为耳蜗的放大器。

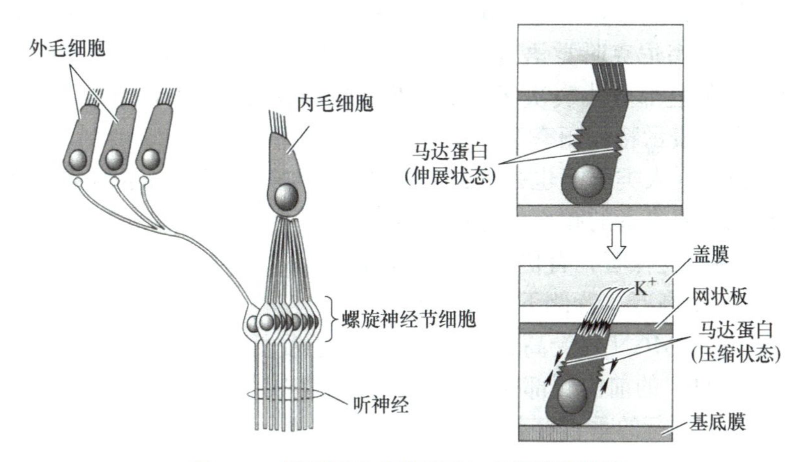

图 4-25 螺旋神经节神经元与毛细胞的连接

4.2.3 听觉传导与听觉中枢

耳蜗的输出，即听神经（由螺旋神经节的轴突束组成），被投射到脑干中脑的两个核团：耳蜗核和上橄榄核以及下丘。如图 4-26 所示，腹侧耳蜗核投射到脑干两侧的上橄榄核，背侧耳蜗核的传出纤维与腹侧耳蜗核的通路相似。这些纤维汇聚于下丘，下丘的神经元再向丘脑的内侧膝状体核（Medial Geniculate Nucleus，MGN）投射。丘脑在听觉信息传递中起着中继站的作用，负责从外周搜集信号，并将其传递到初级感觉皮质。对于听觉信息而言，丘脑的 MGN 输出会投射到位于颞叶的初级听觉皮层（A1 区，即 Primary Auditory Cortex）。

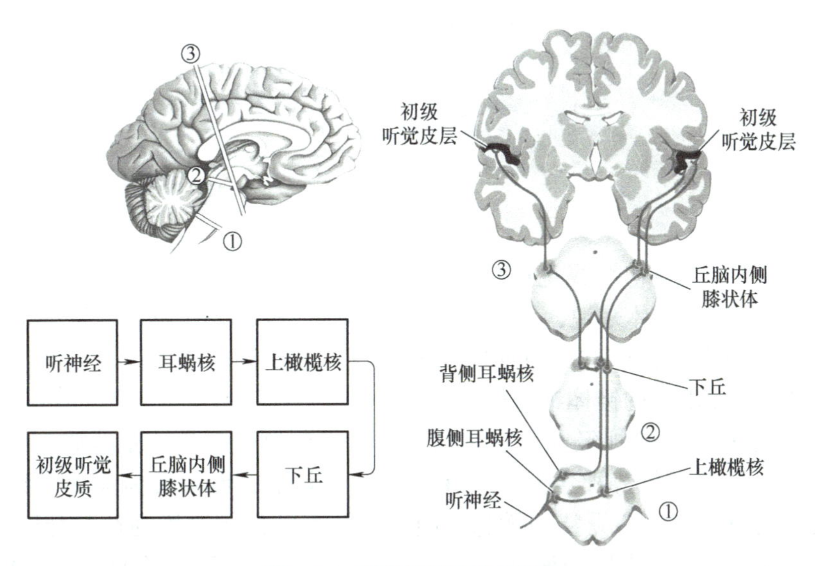

图 4-26 听觉传导通路示意图

听觉传导通路的设计使得一侧的声音信息可以传入大脑皮层的两个半球，实现了听觉中枢的两耳共享。听皮层位于颞叶上部，主要由 BA41、BA42 和 BA22 区组成。其中，初级听觉皮层 A1 与 BA41 区相对应，而 BA42 和 BA22 区则构成次级或高级听觉皮层，这一区域也称为韦尼克听觉语言区。如图 4-27 所示，紫色部分代表的是初级听觉皮层（A1，BA41），黄色部分代表次级听觉皮层（BA42/22）；图 4-27 右上是 A1 的音调拓扑结构，其中的数字表示特征频率。

一般来说，猴子（人类可能也是如此）的 A1 区神经元对声音的频率非常敏感。听觉各个核团的神经元按照声音的频率特性进行分布：

1）腹侧耳蜗核感受低音，背侧耳蜗核感受高音。

2）腹侧下丘感受高音，背侧下丘感受低音。

3）腹侧和中央的 MGN 感受高音，背侧 MGN 感受低音。

4）A1 区（BA41）的前内侧部感受低音，后外侧部感受高音。

电极对猴听皮层进行的垂直穿刺电生理实验结果显示，具有相似特征频率的细胞呈现出一种频率优势柱的结构。这种结构与初级视觉皮层 V1 中存在的眼优势柱和方位优势柱类似。换句话说，当垂直穿过 A1 区时，所遇到的神经元条带中的所有神经元都具有非常相似的频率特性。此外，低频声音（20 ～ 500Hz）的神经元呈现喙状分布于两侧，而高频声音（500Hz 以上）的神经元则呈现尾状分布于中间区域。

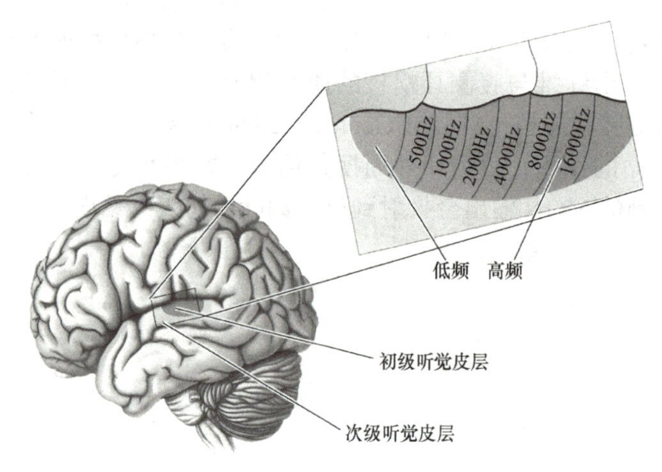

图 4-27　初级听觉皮层

初级听觉皮层 A1 与初级视觉皮层 V1（纹状皮层）有着相似的结构，同样由六层组成，如图 4-28a 所示。具体来说，第Ⅰ层中的细胞体数量较少，第Ⅱ、Ⅲ层主要包含小的锥体细胞，第Ⅳ层则富含密集排列的颗粒细胞，同时也是内侧膝状体轴突的终末位置，而第Ⅴ和第Ⅵ层则主要由大的锥体细胞构成。

EE 神经元是双耳优势神经元，它在双耳同时受到刺激时反应最为强烈（图 4-28b）；相反，EI 神经元是单耳优势神经元，它在单耳受到刺激时反应最为强烈（图 4-28c）。EI 神经元对双耳刺激强度的差异特别敏感，因为一侧耳朵的刺激增强往往伴随着另一侧耳朵的抑制。当电极垂直于皮层表面进行电刺激时，所遇到的细胞类型要么是 EE，要么是 EI，并且交替排列，共同构成了双耳和单耳优势柱。

声音定位：听觉系统除了能够感知响度、音调和音色外，还具有识别声音起源和方向的能力，这里仅简要介绍。听觉定位主要依赖于时间同步编码和信号强度编码，然后通过双耳对信息进行整合，从而感知声音的方位。时间同步编码涉及声音到达两个耳朵的时间差，即声音的先后顺序；信号强度编码则主要关注声音在两个耳朵产生的信号强度差。时间同步编码主要处理水平方向的信息，而信号强度编码则针对垂直方向的信息。二者整合起来，使人类能够感知声音的方位。声音定位的神经处理主要发生在脑干中，它仅仅负责识别“声音在哪里”的问题，而“声音是什么”等更高级的问题则需要在大脑皮质区域进行进一步的信息加工处理。

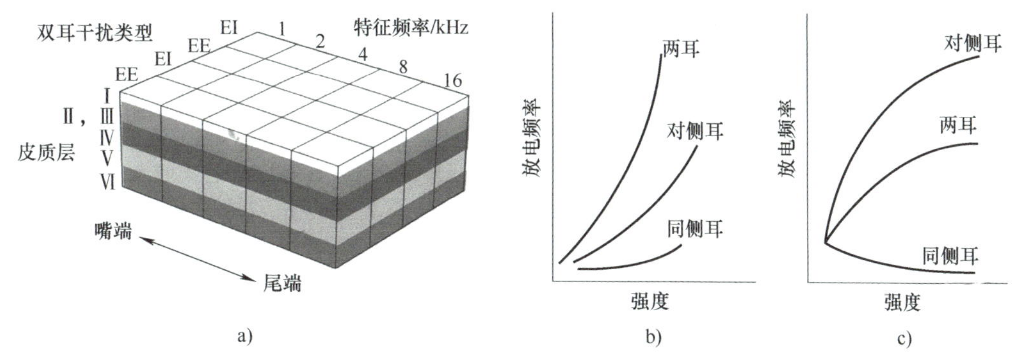

图 4-28 初级听觉皮层的“冰块”模型以及 EE、EI 神经元

a）听觉皮层的“冰块”模型 b）EE 神经元 c）EI 神经元

4.3 躯体感知觉的认知神经基础

躯体的基本感觉包括触觉、温度感觉、痛觉以及躯体位置感觉等。与视觉主要集中于眼睛、听觉主要集中于耳朵不同，躯体感觉的感受器广泛分布于整个机体。

4.3.1 躯体感觉感受器

躯体感觉感受器遍布全身，它们位于皮肤下的肌肉和骨骼之间的连接处，其结构如图 4-29 所示。皮肤由表皮和真皮组成，而触觉是由皮肤中的特殊受体——躯体感受器发出的。这些感受器包括迈斯纳小体（Meissner Corpuscle）、梅克尔小体（Merkel Corpuscle）、环层小体（Pacinian Corpuscle）和鲁菲尼小体（Ruffini Corpuscle）。

躯体感受器中的大多数是机械感受器，它们对弯曲、伸展等物理形变具有高度的敏感性。皮肤能够感知振动、刺激、压力等多种不同类型的机械刺激，并且能够轻松分辨出不同的感觉，这主要依赖于躯体机械感受器中的各种感受小体。

图 4-30 所示为躯体感觉感受器的感受野大小和它们的适应性变化。具体来说，迈斯纳小体和梅克尔小体主要位于表皮内，而环层小体和鲁菲尼小体则深藏于真皮之中。迈斯纳小体对触压刺激表现出极高的敏感性，其适应速度快，感受野小，因此能够探测到轻微的触压变化。梅克尔小体则对持续性触压刺激更为敏感，同样拥有较小的感受野，但其适应速度相对较慢。环层小体的主要功能是探测振动刺激，同时也能感知深层的触压刺激。其适应速度快，感受野大。鲁菲尼小体对牵拉刺激敏感，并且具有探测温度的能力。它适应速度慢，感受野大。特别地，即使在无外界刺激的情况下，鲁菲尼小体也常表现出无规则的点活动。

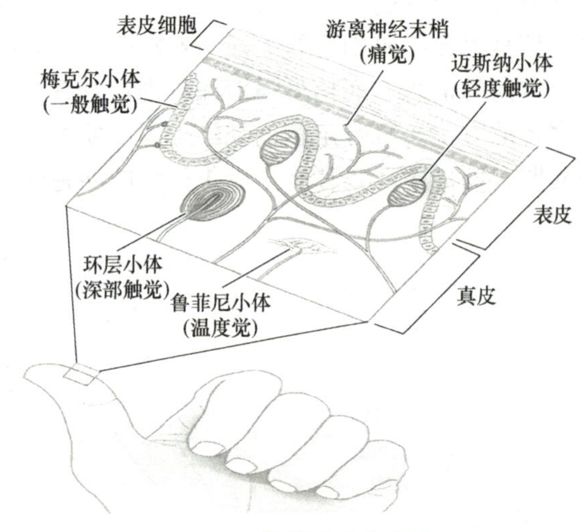

图 4-29　躯体感觉感受器

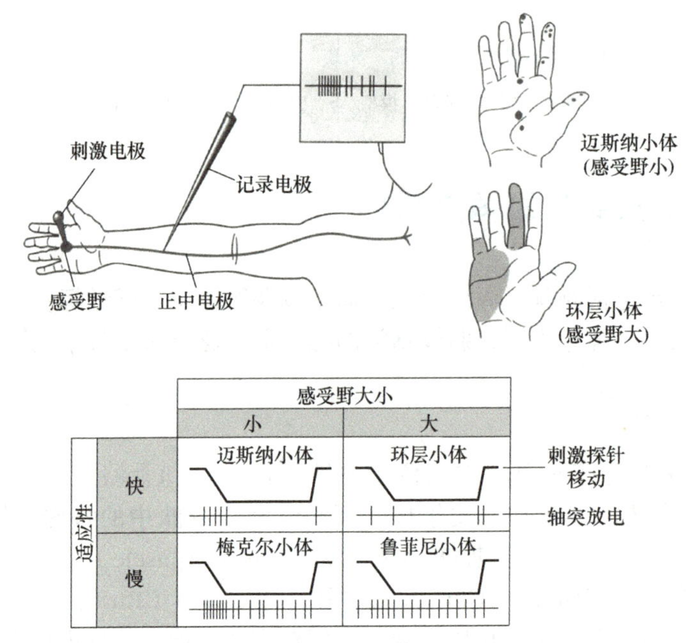

图 4-30　躯体感觉感受器的感受野大小和适应性快慢

躯体机械感受器对于长时间刺激的反应持续时间不同。具体来说，迈斯纳小体和环层小体在刺激开始时迅速做出反应，但随后，即使刺激持续存在，它们的神经放电也会停止。相反，梅克尔小体和鲁菲尼小体则会对长时间的刺激持续反应。在振动刺激方面，环层小体对 200 ~ 300Hz 的振动最为敏感（此时皮肤凹陷阈值最小），而迈斯纳小体则对 50Hz 左右的振动刺激最为敏感。这些特性如图 4-31 所示。

实际生活中，当用指尖划过一个粗糙的表面时，迈斯纳小体就会被激活，从而产生粗糙的感觉。同样地，当扬声器大声播放音乐时，如果用手掌放在扬声器上，环层小体就会被激活，会感觉到持续的音乐振动感。

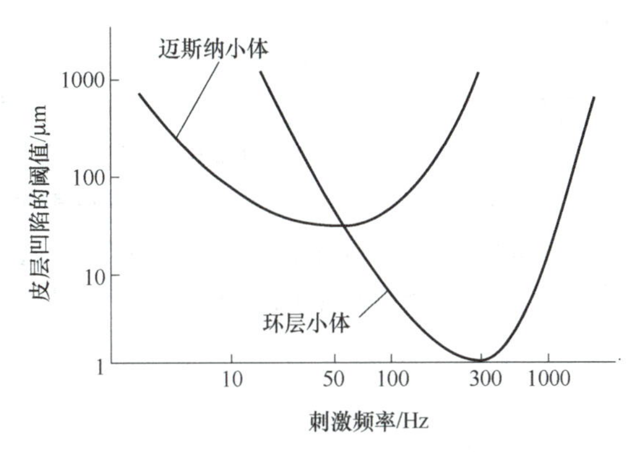

图 4-31　快适应感受器的频率敏感性

两点辨别觉：身体感觉的一个重要的特征是能够辨别躯体两点之间的距离。如图 4-32 所示，身体两点之间距离感觉的辨别能力相差近 20 倍。指尖最敏感，食指和大拇指具有最高的两点辨别能力，其次是嘴唇；两点辨别能力最差的是小腿，其次是背部和前臂。指尖具有高度敏感性的原因主要包括以下几点：

1）指尖皮肤内的机械感受器数量比机体其他部位要丰富得多。

2）指尖的机械感受器的感受野更小、更局部，使得对刺激的定位更加精确。

3）分配给指尖感觉信息加工的脑组织比其他机体部位的多。

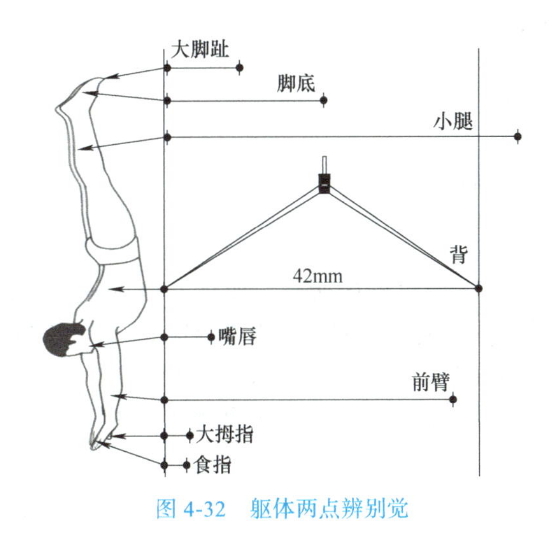

图 4-32　躯体两点辨别觉

4.3.2　触觉传导通路

触觉感受器在向大脑传递躯体感觉信息时，需要经过脑干和丘脑，并最终投射到初级躯体感觉区（S1，BA3/1/2），如图 4-33 所示。

神经系统对触觉信息的加工包括传导和反射两个过程。躯体感觉信息的上行传导通路至大脑皮层 S1（BA3/1/2），具体如下：皮肤等感觉传感器获得的触觉等感觉信息首先通过感觉神经纤维传导给背根神经节的感觉神经元（第一感觉神经元），随后，背根神经节中的感觉神经元将感觉信号传递给脊髓背角（后角）的第二感觉神经元。在这里，信号分为两条路径：一条是脊髓背角的第二感觉神经元通过背索（后索）– 背索核 – 内侧丘系的上行白质纤维将神经冲动发送给丘脑的腹后外侧核（VP 核，作为第三级感觉神经元），然后传递给大脑皮层的躯体感觉区（BA3/1/2）等进行加工处理，形成感觉，这条路径称为传导；另一条路径是脊髓背角感觉神经元的输出也同时直接传递给位于脊髓腹角（前角）的运动神经元，从而控制躯体的动作，这条路径称为反射。反射通常指的是非条件反射，是通过感觉器官感受到外界刺激信息后，除了传导至大脑外，还通过脊髓的运动神经元直接快速地控制躯体等做出的反应。而条件反射则是通过后天学习和训练形成的反射。

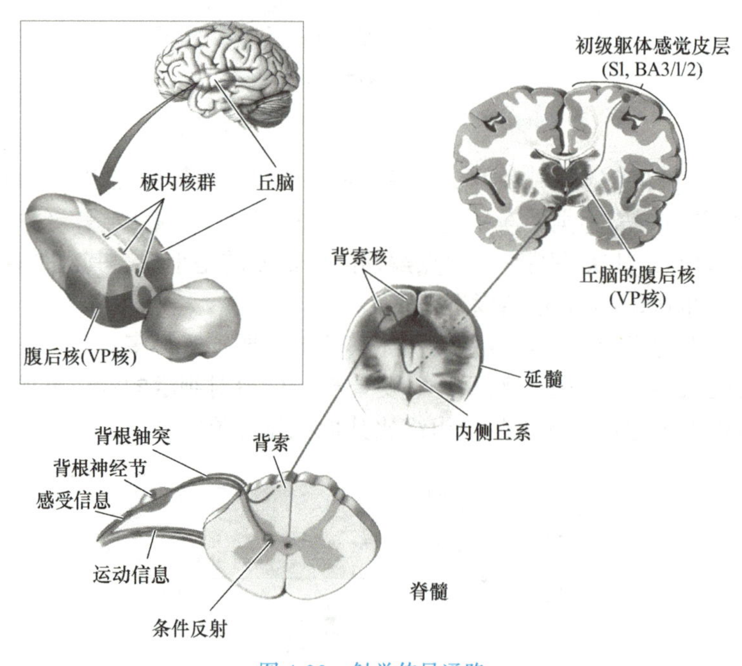

图 4-33　触觉传导通路

值得注意的是，如图 4-33 蓝色框内所示，躯体右侧的触觉信息首先投射到右侧的背角和右侧的背索核。随后，右侧背索核神经元的轴突在延髓内侧与来自左侧背索核的神经元轴突进行交叉，然后向着对侧的丘脑和第一躯体感觉区进行投射。因此，一侧脑的躯体感觉实际上反映的是对侧躯体的感觉，这一点在理解和分析躯体感觉时非常重要。

4.3.3　躯体感觉区

躯体感觉信息的处理主要发生在大脑皮层，具体位于中央沟后方的顶叶区域。这一区域包括第一躯体感觉区（S1）、第二躯体感觉区（S2）以及其他更高级的感觉处理皮层，如图 4-34 所示。

第一躯体感觉区（S1）位于顶叶的中央后回，是躯体感觉信息处理的初级区域。紧邻第一躯体感觉区侧面的是第二躯体感觉区（S2），它位于颞横回（即听皮层）上部的顶叶区域。由于第二躯体感觉区（S2）的位置相对较深，通常需要拨开颞叶才能观察到。

在第一躯体感觉区（S1）的后方，是由 BA5 区和 BA7 区组成的感觉信息处理的高级区域。这些区域负责进一步处理和整合来自躯体的感觉信息。

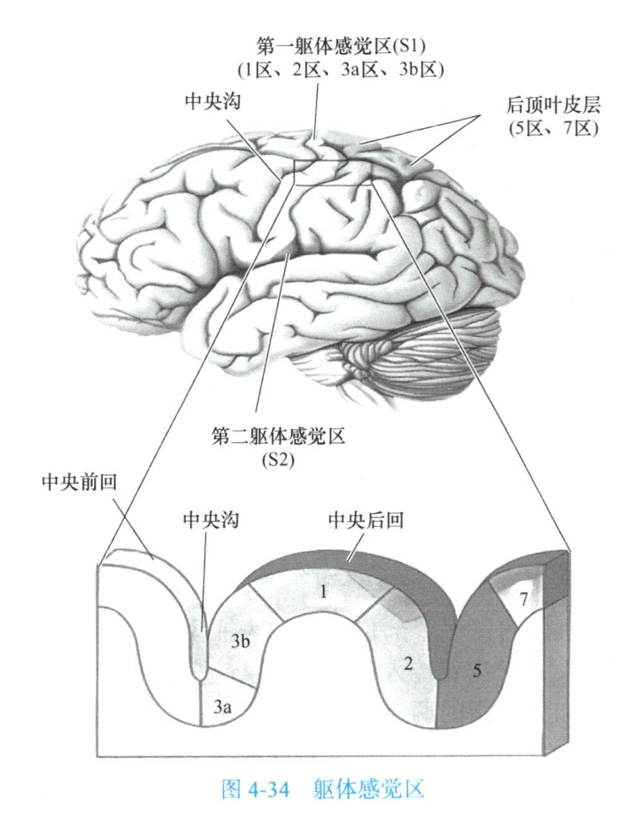

图 4-34 躯体感觉区

1. 第一躯体感觉区（S1）

第一躯体感觉区（S1）直接接受丘脑 VP 核的投射，并位于中央沟的后方。它由四个不同的皮层区域组成，从前往后依次是 BA3a、3b、1 和 2 区。其中，丘脑 VP 核的大多数纤维传递到 BA3 区域（包括 3a 和 3b 区），而 BA3 区的纤维则进一步投射到 1 区、2 区以及 S2 区。由于皮层内的联系具有双向性，因此 1 区、2 区以及 S2 区也投射到 BA3 区，形成了复杂的神经网络。

S1 的不同区域在功能上有所不同。具体而言，3b 区主要与物体的质地、形状和大小有关。它将质地信息传递给 1 区，将物体形状和大小信息传递给 2 区。这些区域的损伤会导致物体质地、大小和形状触觉的识别障碍，从而影响个体的感知能力。

第一躯体感觉区的躯体感觉定位图：1952 年，加拿大神经外科医生彭菲尔德和拉斯姆森（Penfield & Rasmussen）通过使用微电极刺激技术，成功地绘制了第一躯体感觉区的感觉定位图，如图 4-35 所示。这一研究成果为深入了解 S1 的功能和组织结构提供了重要的依据。

绘制皮层感觉定位图的另一种重要方法是记录法。这种方法通过记录单个神经元的活动，并据此确定其在躯体感觉区域的具体位置。值得注意的是，使用刺激法和记录法所获得的躯体感觉定位图在整体上呈现出相似性。躯体感觉定位图也被形象地称为“侏儒人”（在拉丁语中，homunculus 是“人”的爱称，意为“脑内小人”）。

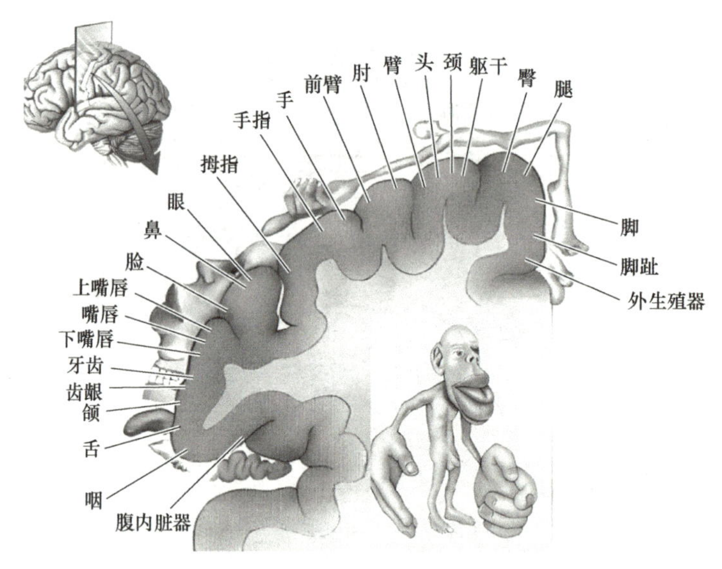

图 4-35 大脑皮层的第一躯体感觉区的感觉定位图

在“侏儒人”中，机体的每一个部位所占的表征大小实际上反映了躯体感觉信息的重要性。占据的面积越大，意味着传入的感觉信息越多，相应地，躯体处理该部位感觉的敏感性也就越高。例如，手指的两点辨别觉非常敏感，因此在“侏儒人”中占据的面积最大。同样地，嘴唇和舌头由于分布着丰富的神经，感觉也十分敏感，所以在“侏儒人”中的表征面积也相对较大。相比之下，虽然身体的躯干自身面积很大，但在“侏儒人”中的表征面积却很小，这表明躯干的感觉信息相对不敏感，其两点辨别觉的距离也较大。

2. 第二躯体感觉区（S2）

第二躯体感觉区负责建立更复杂的感觉表征。例如，S2 区的神经元能够编码从 S1 区传来的物体的纹理、大小等信息。每个大脑半球的 S2 区都同时接受来自同侧和对侧大脑半球传入的信息。这样，当使用双手操纵一个物体时，关于躯体感觉信息的整合表征就由第二躯体感觉区来建立。

躯体感觉定位图在不同物种之间存在较大的差异。对于每个物种来说，那些对触摸感觉最敏感、最重要的身体部位，在躯体感觉定位图中将占据最大面积的皮质表征。除了人类的重要感觉部位如手指、嘴唇、舌头等占据躯体感觉皮质最大的表征面积以外，蜘蛛猴由于使用尾巴探索食物、攀住树枝等，因此其皮质表征中有很大一部分是负责表征尾巴的。同样地，鼠类使用胡须探索世界，所以，其皮质感觉定位图中有很大一部分都表征从胡须传入的感觉信息。

3. 躯体感觉区的结构

与大脑的其他皮质区域一样，第一躯体感觉区也具有六层结构。从丘脑的 VP 核传入的信息主要终止于第Ⅳ层，而第Ⅳ层的纤维又进一步投射到其他层。皮质柱是贯穿于皮质各亚层的基本功能单位，由垂直的纤维束组成。位于相同皮质柱内的神经元具有相同或相近的感受野和神经反应特性。图 4-36 所示为凯斯（Kass）等绘制的 3b 区的一个包括三个手指的皮质柱状结构。每一个手指都由两个皮质柱来表征：慢适应皮质柱和快适应皮质柱。这一结构揭示了躯体感觉皮质在处理来自不同手指的感觉信息时的精细组织方式。

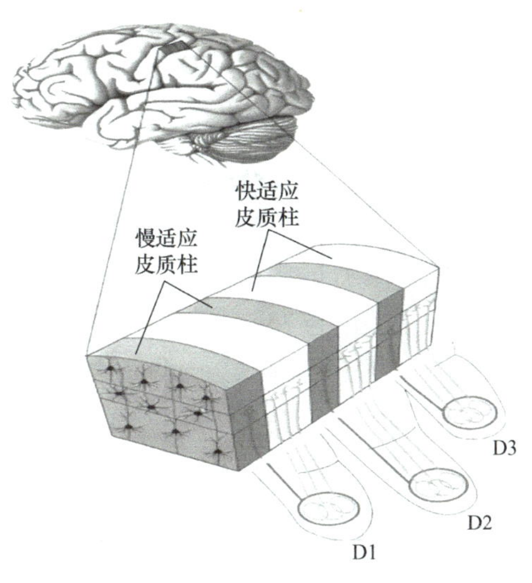

图 4-36　大脑皮层的第一躯体感觉区 3b 区柱状结构示意图

4.3.4　痛觉和温觉

1. 痛觉感受器

痛觉感受器是指那些游离的、分支的神经末梢，它们专门负责感知疼痛。感知疼痛对人类至关重要，因为它能够提醒人类避开或远离有害事物，从而保护人类的机体不受侵害。大多数痛觉感受器都能对机械、温度、化学刺激产生反应。实际上，许多痛觉感受器对于不同刺激的反应具有高度的选择性：机械性痛觉感受器主要对沉重的压力产生选择性反应；温度痛觉感受器则对烫或冻刺激产生选择性反应；而化学性痛觉感受器则对组胺和其他化学物质产生选择性反应。

图 4-37 所示为各种感觉的传导纤维（轴突）。皮肤机械感受器是由较粗的 Aβ 纤维传导的，其传导速度高达 75m/s。而 Aδ 和 C 纤维都负责传导痛觉和温觉。其中，C 纤维是一种无髓纤维，它的直径最细，传导速度也最慢。最细的 C 纤维甚至能选择性地对组胺产生反应，从而介导痒的感觉。

痛觉感受器广泛存在于人类的机体组织中，包括皮肤、骨骼、肌肉以及大多数内脏器官、血管和心脏等。然而，除了脑膜以外，脑本身并没有痛觉感受器。

由于 Aδ 和 C 纤维的传导速度存在差异，中枢神经系统接收到疼痛信息的速度也会有所不同。因此，这两种疼痛感受器的兴奋会导致两种不同的疼痛感觉：一种是由 Aδ 纤维兴奋引起的快速的、尖锐的第一痛，如图 4-38a 所示；另一种则是由 C 纤维兴奋引起的迟钝的、持久的第二痛，如图 4-38b 所示。

2. 温度感受器

温度感受器是指那些对温度异常敏感的神经元。尽管人们很少了解温度感受器神经末梢的具体结构，但人们知道各处皮肤的温度敏感性是不同的。温度感受器主要分为冷感受器和温感受器两类。它们在人类的机体中起着重要的作用，帮助人类感知和适应不同的温度环境。

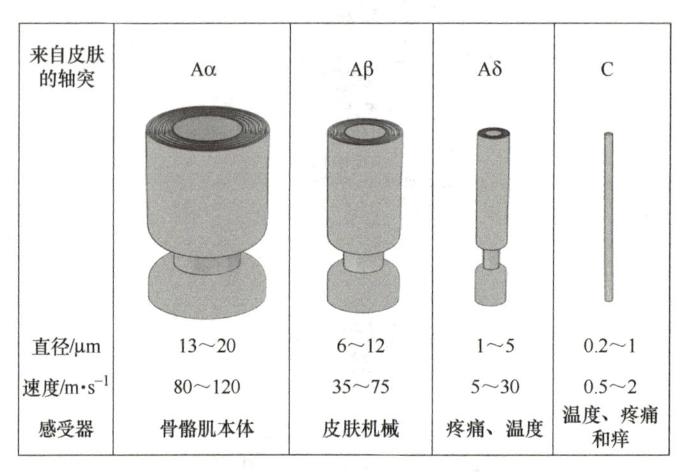

来自皮肤的轴突	Aα	Aβ	Aδ	C
直径/μm	13～20	6～12	1～5	0.2～1
速度/m·s^{-1}	80～120	35～75	5～30	0.5～2
感受器	骨骼肌本体	皮肤机械	疼痛、温度	温度、疼痛和痒

图 4-37　各种直径的第一级感觉传导纤维

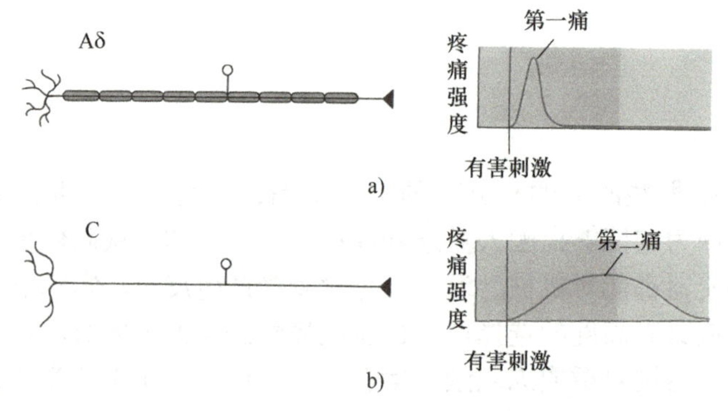

图 4-38　各种感受器的传导纤维

a）Aδ 纤维兴奋引起的第一痛　b）C 纤维兴奋引起的第二痛

图 4-39 所示为冷感受器和温感受器与温度变化之间的关系。如图 4-39a 所示，可以观察到，当温度降至 10℃以下时，冷感受器因兴奋被抑制而停止放电，此时冷感觉如同一种有效的麻醉剂。在 10 ～ 35℃的温度范围内，冷感受器的放电频率较快。特别地，有些冷感受器在皮肤温度超过 45℃时又会开始放电，此时皮肤会感受到疼痛的感觉。相对地，温感受器在皮肤温度达到 30℃时开始兴奋并产生神经冲动，其放电频率在 30 ～ 45℃较快。值得注意的是，45℃大约是痛觉感受器开始放电的阈值，也是热感觉开始转变为烫感觉，皮肤组织可能开始灼伤的临界点。

温度感受器与皮肤机械感受器一样，在长久刺激时会产生适应现象，如图 4-39b 所示。当皮肤温度从 38℃急剧下降到 32℃时，冷感受器会快速放电，而温感受器则停止放电。然而，这种反应只会持续几秒钟，之后冷感受器的放电频率会逐渐减慢，进入适应状态。相反地，当皮肤温度从 32℃急剧上升到 38℃时，温感受器会快速放电，而冷感受器则停止放电。同样地，这种反应也只会持续几秒钟，之后温感受器的放电频率会逐渐减慢，进入适应状态。这一现象证实了当温度变化时，温感受器与冷感受器反应频率的变化通常反映了人类对于温度的感觉。

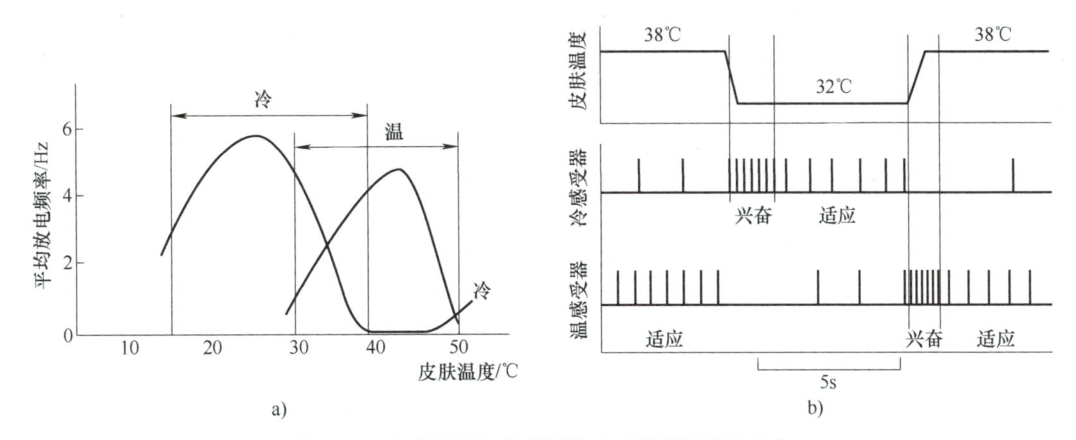

图 4-39　冷感受器与温感受器对于不同温度的反应

a）皮肤温度的感知：动作电位放电频率　b）皮肤温度感知变化：兴奋与适应

3. 痛温觉传导路径

如图 4-40 所示，皮肤痛觉纤维和内脏痛觉纤维传入脊髓的路径是相同的。在脊髓内部，这两种痛觉纤维会发生混合，从而导致了牵涉痛的发生。牵涉痛是一种特殊的疼痛感知现象，即内脏痛觉感受器的活动被错误地感知为皮肤痛。例如，心绞痛是一种典型的牵涉痛，它在心脏缺氧时发生，但患者却往往在胸壁上方和左臂有感觉。

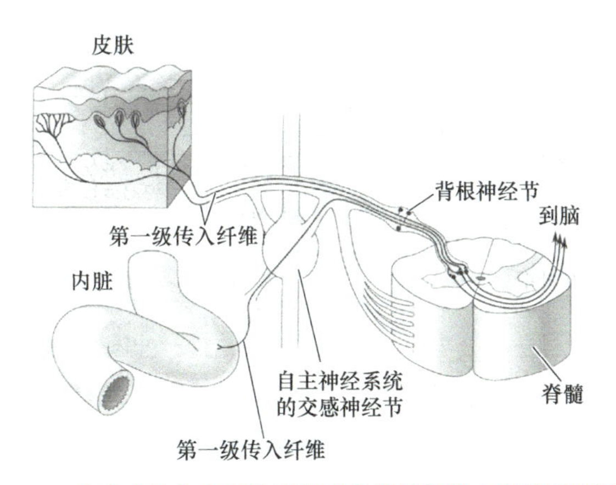

图 4-40　来自皮肤和内脏的痛觉感受器纤维传入脊髓后的汇聚

（1）痛觉与温度觉的上行通路　机体关于疼痛和温度的信息通过脊髓 - 丘脑通路，从脊髓传递至大脑的第一躯体感觉区 S1。与触觉和本体感觉的传递路径相比，痛觉与温度觉的传递路径有其独特之处。具体而言，脊髓 - 丘脑通路的第二级神经元纤维在脊髓内会立即进行左右交叉，随后，这些纤维在对侧的脊髓丘脑束中集结，并直接穿过延髓和脑桥，最终将信息传递至丘脑的特定核群。在这一传递过程中，直到到达丘脑之前，该路径上并没有突触连接，突触联系是在丘脑内部形成的。

图 4-41 所示为疼痛和温度信息传递到大脑第一感觉区的脊髓 – 丘脑通路；而图 4-42 所示为概括总结触觉信息与痛觉（包括温度觉）传导至大脑皮层路径的差异。

从图 4-42 中可以观察到，温度觉信号的传导路径与痛觉信号的传导路径在脊髓以上部分是相同的。冷感受器通过 Aδ 纤维和 C 纤维进行传导，而温感受器则主要通过无髓鞘的 C 纤维进行传导。

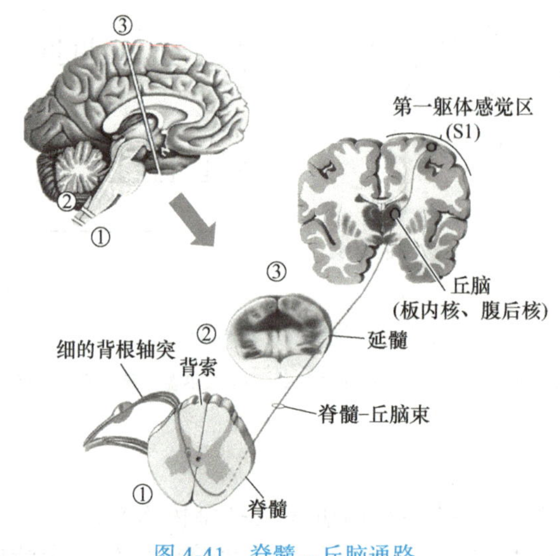

图 4-41　脊髓 – 丘脑通路

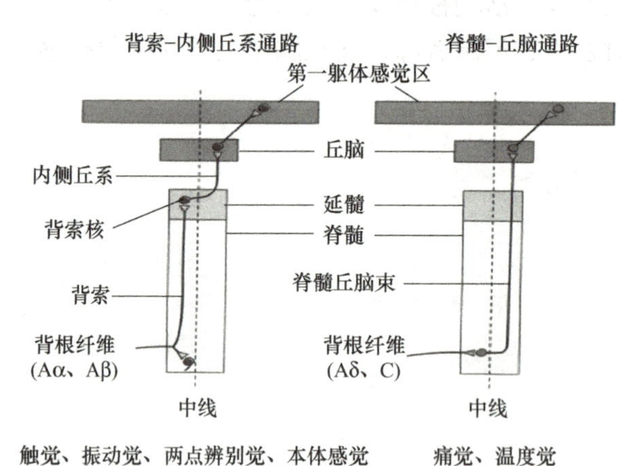

图 4-42　背索 – 内侧丘系和脊髓 – 丘脑

（2）痛觉的下行通路　众所周知，强烈的情感和高度的克制力能够有效地抑制疼痛感受。如图 4-43 所示，某些脑区的神经元与疼痛的抑制功能密切相关。其中，位于中脑的导水管周围灰质（PAG）是一个重要的情感信息传递区域。电刺激导水管周围灰质能产生疼痛抑制效应，这一发现已应用于临床疼痛缓解治疗。

导水管周围灰质的神经元纤维向下投射，进入延髓的中缝核群。这一区域富含神经递质——5—羟色胺（5—HT），它是一种具有抑制作用的神经递质，能够抑制疼痛并减轻痛苦。延髓中缝核群的神经元轴突进一步向下投射到脊髓的背角，从而有效地抑制痛觉神经元的活动。

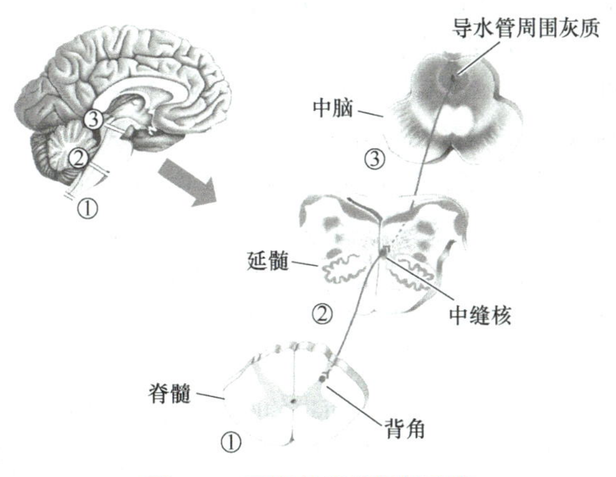

图 4-43　下行的痛觉调制通路

4. 成瘾机制与内啡肽

鸦片及其类似物吗啡和海洛因等物质中的活性成分能够使人产生兴奋感，因此常被滥用。大脑内存在鸦片受体，这些鸦片样物质通过与鸦片受体特异性结合而发挥作用。大脑本身也能合成一种内源性的吗啡样物质，即内啡肽。内啡肽是一种小分子蛋白或肽类物质。

内啡肽及其受体在中枢神经系统内广泛分布，特别是在处理或调制痛觉信息的脑区。研究和临床实践表明，在中脑的导水管周围灰质、延髓的中缝核或脊髓背角内微量注射吗啡或内啡肽，即可产生痛觉抑制效果。在细胞水平上，研究发现内啡肽能够抑制突触前神经元末梢释放谷氨酸，导致突触后神经元的突触后膜超极化，从而抑制该疼痛神经元的放电活动。因此，在中脑、延髓和脊髓中含有内啡肽的神经元能够阻断痛觉信号在脊髓背角的有效传递。

4.4　嗅觉与味觉的认知神经基础

嗅觉与味觉系统对化合物分子具有敏感性，它们常相互伴随，共同感受食物的美味，但同时也是相互独立的系统。嗅觉感知的刺激源主要是有机的、可挥发的气体，这些气体与嗅觉感受器之间存在一定的距离。而味觉感知的刺激物则是液态或固态的、有机或无机的可溶性分子，这些刺激物直接与味觉感受器相接触。嗅觉和味觉的信息以并行的方式进行处理，最终在大脑皮层进行融合感知。

4.4.1　嗅觉的认知神经基础

1. 嗅觉感受器

（1）嗅觉　嗅觉所携带的气味信息既有令人愉快的，也有令人厌恶的。愉快的气味信息往往与味觉感知的美味食物相协调，能够提升人们的快乐情绪。而厌恶的气味，尤其是刺鼻的气味，则提醒人们警惕和远离有害物质或场所。婴幼儿就能通过气味辨别母亲，而成年人的嗅觉辨别能力也可以通过学习和实践得到提高。经过训练的职业香水和威士忌鉴赏者甚至能够识别高达 10 万种不同的气味。

鼻子是感受气味的传感器，它不仅能够感知气味，还能影响人们的情绪、记忆等认知行为。图 4-44 所示为嗅觉感受器的组成结构。

鼻子的鼻腔上部覆盖着一层薄薄的嗅上皮，其中包含了三种细胞：嗅觉感受器细胞、基底细胞和支持细胞。嗅觉感受器细胞与味觉感受器不同，它们是真正的神经元。这些嗅觉感受器细胞具有周期性的生长、凋亡和再生特点，其周期为 4 ～ 8 周。基底细胞是嗅觉感受器细胞的来源，而支持细胞则类似于胶质细胞，它们的作用是帮助产生黏液。

人类的嗅上皮表面积大约只有 10cm^2，而狗的嗅上皮表面积则大约达到了 170cm^2。同时，狗的 1cm^2 嗅上皮中的嗅觉感受器细胞数量是人类的 100 倍，因此，狗的嗅觉特别灵敏。

当气体被吸入鼻腔时，其中一部分会上行到达嗅上皮。嗅上皮会渗出薄薄的黏液进入黏液层，这些黏液层中的黏液会不停地流动，并且每过 10min 就会被替换一次。黏液中含有各种蛋白成分，包括抗体、酶、盐以及嗅觉受体等。嗅觉受体是纤毛的组成部分，抗体的作用是抵抗气味中的病毒和细菌通过嗅觉感受器细胞进入大脑。气体中含有一种重要的气体分子传输媒介——嗅质，这些嗅质会融化在黏液中。气味结合蛋白则有助于将嗅质集中于黏液中，以便嗅质与嗅觉受体结合并传递嗅觉信息。

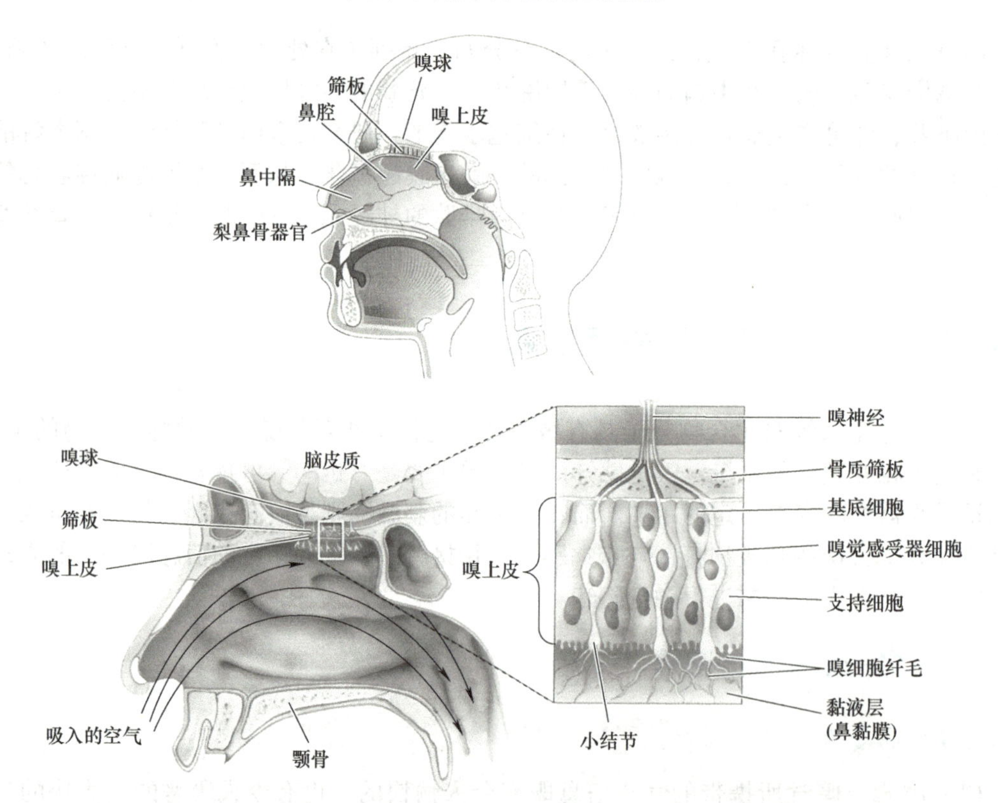

图 4-44　嗅觉感受器

（2）嗅觉感受器神经元的特点　嗅觉感受器细胞是一种特殊的双极性神经元。其单个细小的树突末端终止于嗅上皮表层，具体位于黏液层中的一个小结节上。这个小结节上生长着一些纤毛，这些纤毛被称为嗅细胞纤毛。溶解在黏液中的嗅质与这些纤毛结合，从而实现嗅觉信号的感知。嗅觉感受器的轴突是一种无髓鞘纤维，它穿过一层被称为筛板的结构（该结构具有骨质特性）后，进入嗅球。

嗅觉感受器神经元的嗅觉神经电脉冲信号的产生过程如图 4-45 所示。具体来说，黏液中的嗅质与纤毛结合后，在纤毛上产生一个超过兴奋阈值的电位。这个电位通过树突传递到细胞体，进而在细胞体产生一个动作电位。动作电位随后沿着轴突传播，进入嗅球。在嗅球中，这个动作电位进一步转化为嗅神经信号，并传递给大脑皮质进行感知处理。

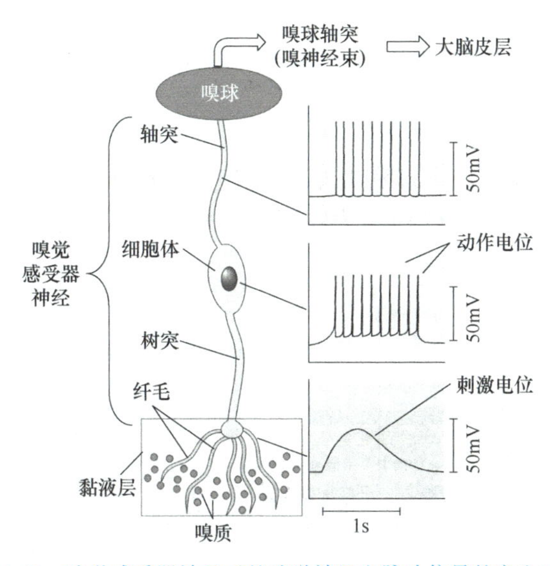

图 4-45　嗅觉感受器神经元的嗅觉神经电脉冲信号的产生过程

1991 年，哥伦比亚大学的巴克和阿克瑟尔（Buck & Axel）发现了 1000 种嗅质感受器基因，每种感受器细胞似乎均表达一种特定的感受器基因，这样就拥有了 1000 种不同类型的嗅觉感受器神经元。那么，这 1000 种感受器细胞是如何对几万种不同的气味进行识别的呢？

嗅觉具有一种独特的群体编码特性。每种气味都由不同且相似的嗅质组成，只要不同气味的嗅质组合不同，感受器结合蛋白与嗅质的结合方式就会不同。同时，不同气味之间相似的嗅质会使得同一个感受器与这些嗅质的结合具有相似性。同样地，一种嗅质也可以与多个感受器细胞结合。这样，每个感受器细胞都能对多种气味产生兴奋反应。图 4-46 所示为嗅觉感受器与气味之间的关系：绿色细胞对柑橘类气味有强烈的反应，同时对花类和薄荷类气味也有一定反应；蓝色细胞对花类气味有强烈的反应，但对柑橘类气味的反应较弱；红色细胞则对薄荷和杏仁类气味有强烈的反应。

一般来说，各个感受器细胞的反应具有相当的广谱性。这样，每个嗅质都会激活多种感受器细胞，它们共同产生群体编码信号。很显然，气味的浓度越高，包含的嗅质含量就越多，所产生的反应也就越强。

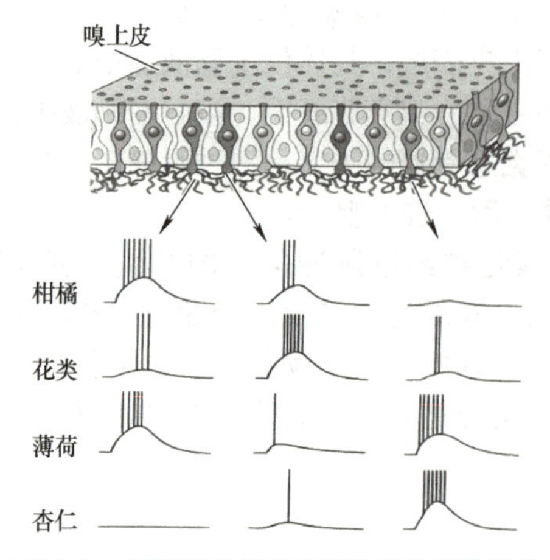

图 4-46　嗅觉感受器的广谱效应和群体编码

2. 嗅觉传导通路

（1）嗅球的结构　大脑左半球和右半球各有一个嗅球，嗅觉感受器神经元将它们的轴突投射至这两个嗅球。图 4-47 所示为嗅球的结构以及嗅觉感受器与第二级嗅觉神经元的连接方式。

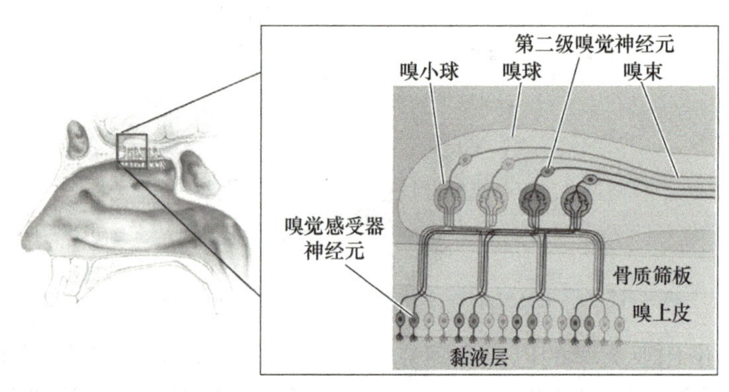

图 4-47　嗅球的结构以及嗅觉感受器与第二级嗅觉神经元的连接方式

嗅觉感受器神经元的轴突与嗅球内的第二级嗅觉神经元的树突通过突触连接，从而将嗅觉信号传递给第二级嗅觉神经元。所有第二级嗅觉神经元的轴突汇聚成嗅神经束，这个嗅神经束不经过丘脑的中继，而是直接向大脑的初级嗅皮层投射。

每个第二级嗅觉神经元大约有 100 个树突，这些树突与来自 2500 个嗅觉感受器神经元的 2500 个轴突形成突触连接，共同构成一个小球状的嗅小体。每个嗅球内大约有 2000 个这样的嗅小体结构。每个嗅小体似乎只接收一种特定感受器神经元的输入。这意味着在嗅球内，嗅小体的排列是嗅上皮层感受器基因表达的有序投射，或者更简单地说，是嗅觉信息的有序投射。因此，每个味道都是由大量神经元的活动所共同表征的。

（2）嗅觉传导路径　嗅觉传导路径如图 4-48 所示。来自嗅球的嗅束向大脑皮层区域的投射分为多条并行通路，这些不同的传导通路可能分别介导不同的嗅功能。其中一条路径直接投射到嗅脑，包括初级嗅皮层（该区域位于颞叶的梨状区）、杏仁核、海马旁回、扣带回等颞叶相关结构。嗅脑可能主要介导气味的甄别、情绪反应以及记忆形成等功能。另一条路径是新皮层通路，它通过嗅结节向丘脑的背内侧核投射，而背内侧核又进一步向眶额皮层（即次级嗅觉皮层）投射。这条通路主要介导气味的清醒感知过程。由于嗅觉与边缘系统（特别是参与情绪调控的杏仁核和与记忆相关的海马）联系密切，因此嗅觉对于情感和记忆功能的影响显得尤为明显。

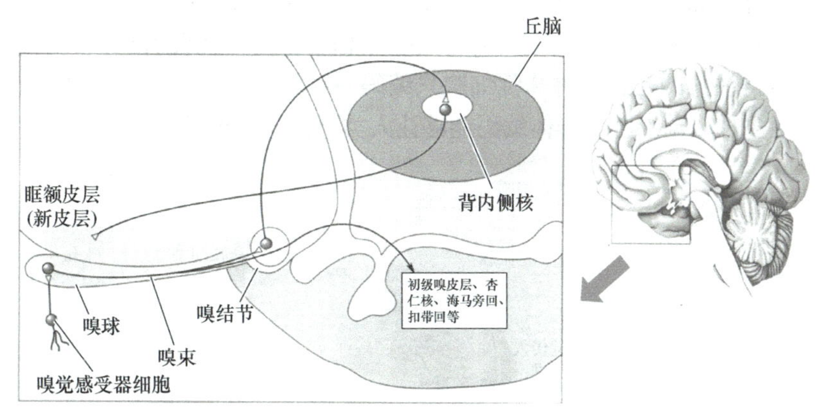

图 4-48　嗅觉传导路径

4.4.2　味觉的认知神经基础

1. 味觉感受器

（1）味觉概述　味觉和嗅觉一样，都是化学感觉，它们的产生都源于化学分子的刺激，且二者在感知过程中常常相互影响、相互配合。

尽管味道千变万化，但人类只能辨别出五种基本的味觉，即酸、甜、苦、咸和鲜。就像颜色可以由红、绿、蓝三种基本颜色混合而成一样，复杂的味道也是由这五种基本味觉组合而成的。其中，鲜味是由谷氨酸刺激所产生的感觉。

辨别除基本味觉之外的味道，是依靠基本味觉的组合来实现的。味觉感受器由五种对应基本味觉的感受器组成，它们的群体编码可以识别诸如巧克力、草莓、葡萄酒等复杂味道。在品尝多数食物时，会同时激活味觉和嗅觉系统。舌头、口腔、咽部等感觉器官感知食物的味道和气味，其中气味通过咽部进入鼻腔激活嗅觉感受器。味觉和嗅觉系统独立处理信息后，在大脑高级皮质进行融合处理，从而让人类品尝到食物的整体味道。

（2）味觉感受器的结构

图 4-49a 所示为舌的乳突及味蕾。在舌头表面，分布着三种凸起的乳突状物质，分别是菌状乳突、叶状乳突和杯状乳突。小的乳突——菌状乳突和叶状乳突主要分布于舌尖和两侧，而大的乳突则主要分布于舌根部位。

每个乳突都包含有上百个甚至几百个味蕾。味蕾非常小，只能在显微镜下才能观察到。人类的味蕾数量为 2000 ～ 5000 个。每个味蕾由味觉细胞（也称味觉感受器）、基底细胞、味觉传入纤维末梢和支持细胞等组成。味觉细胞具有固定的生长、死亡和再生周期，一般是两周左右，这与嗅觉感受器相似。基底细胞是味觉细胞再生的来源。

味觉细胞是一种特殊的细胞，它没有轴突，而是与其周围分布着的味觉传入纤维末梢形成突触连接。这样，味觉信号就可以通过味觉传入纤维投射至大脑皮层的味觉中枢，从而让人类感知到味觉。

味觉细胞（图 4-49b）的顶部有一个开口的小区域，称为味孔，其位置接近于舌头表面。这使得味觉细胞能够暴露于口腔中的食物环境中。味孔上长有微绒毛，称为味毛，它们像细长的双极形状一样从味孔一直延伸到味蕾的基部。味觉受体位于味毛上。当舌头表面的水溶性物质通过味孔进入味蕾，并与味毛上的特定受体相结合时，就会引起味觉细胞的兴奋并产生动作电位。值得注意的是，一种味觉细胞只编码一种味觉受体并感受一种基本味觉。就像嗅觉细胞一样，多种味觉细胞的群体编码能够让人类感受到多种复杂的味觉。

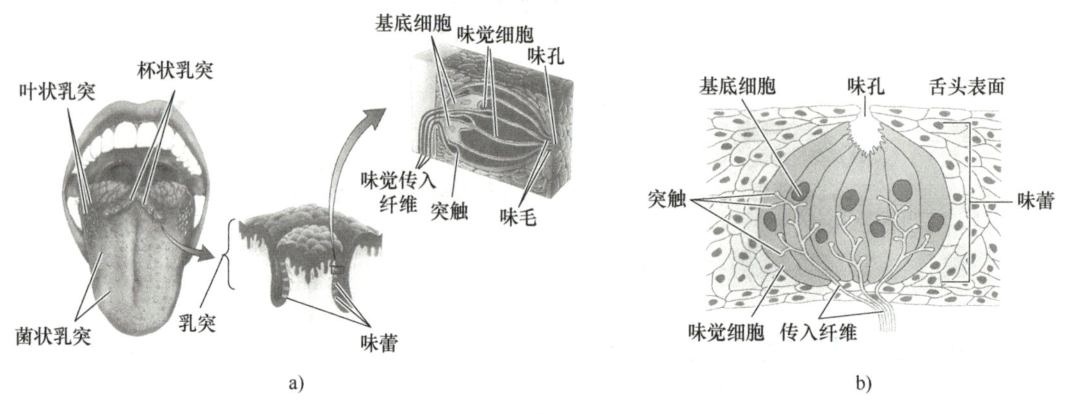

图 4-49　味觉感受器的结构

a）舌的乳突及味蕾　b）味觉细胞的结构

需要再次强调的是，与嗅觉感受器不同，根据组织学标准，味觉细胞或味觉感受器并不是神经元。但是，它们能够与位于味蕾基底部附近的味觉传入神经元形成突触连接并传递味觉信号。

2. 味觉传导通路

味觉传导通路如图 4-50 所示。来自舌头、口腔等不同部位的味觉信息，首先传递到延髓，并与延髓中的味觉核（孤束核的一部分）形成突触连接。随后，从味觉核发出的神经纤维进一步与丘脑的腹后内侧核（Ventral Posterior Medial Nucleus，VPM）形成突触。VPM 神经元的神经纤维则投射到大脑皮层的初级味觉皮层（BA43），即脑岛的上部区域。之后，这些信号再继续投射到次级味觉皮层——眶额区，以及其他高级脑皮质区域进行进一步的处理和感知。

群体编码：味觉感受器与嗅觉感受器在功能上具有相似之处，即单个感受器对刺激具有广谱效应。在味觉系统中，一个味觉感受器的输入会汇聚于传入神经纤维，并且每个感受器都与传入纤维形成突触连接。传入纤维还会接收来自其他舌乳突的数个感受器的输入。这就意味着，一个传入纤维可能综合并传递来自多个乳突的味觉信号。因此，在味觉系统中，大量具有广谱反应特性的神经元通过群体编码的方式，共同对特定的味道进行辨识。

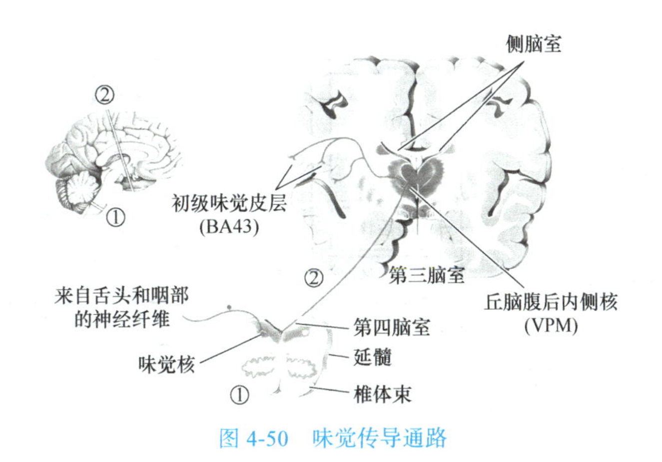

图 4-50　味觉传导通路

群体编码不仅存在于味觉系统，还在大脑的感觉系统和运动系统中普遍存在。对于味觉来说，只有大量的具有不同反应模式的味觉细胞共同作用，大脑才能识别并区分不同的味道。以嗅觉感受器的感受器放电模式为例（图 4-46），当第一种食物产生刺激时，它会激活一组神经元，使其中一部分神经元强烈放电，一部分神经元中等强度放电，而另一部分神经元则不放电。而当另一种食物产生刺激时，可能使得第一种食物强烈放电的感受器中等放电，中等放电的感受器不放电、不放电的感受器强烈放电，同时也激活其他感受器进行强烈或中等强度的放电。这样，味觉感受器对于两种不同食物的群体放电模式就会明显不同。当然，相应的群体感受器可能还包括嗅觉感受器、温感受器、质地感受器等的激活放电。通过这种方式，人类就能将巧克力冰激凌和巧克力蛋糕的味道区别开来。

4.5　运动与控制的神经基础

感觉与运动涵盖了躯体和内脏两个方面。内脏的感觉与运动主要由自主神经系统支配，这一过程不受主观意志的直接控制。感觉信号的传导通路是上行传导通路，负责将身体各部分的信息传导至大脑皮质；而运动控制信号的传导通路则是下行传导通路，主要由大脑皮质向身体的各个部分发送指令。

在本章的前四节中，已经探讨了感知觉的脑机制，本节进行简要回顾。感觉包括视觉、听觉、触觉、痛觉、温觉、嗅觉和味觉等。如图 4-51 所示，视觉信号向上传导至丘脑的外侧膝状体核（LGN），随后 LGN 的纤维投射到初级视觉皮层 V1（位于布罗德曼区 BA17）；听觉信号则向上传导至丘脑的内侧膝状体核（MGN），之后 MGN 的纤维投射到初级听觉皮层 A1（位于 BA41）；触觉信号向上传导至丘脑的腹后核（VP），VP 的纤维进一步投射到躯体初级感觉皮层 S1（位于 BA3/1/2）；痛觉和温觉信号向上传导至丘脑的板内核群，这些核群再将信号投射到躯体初级感觉皮层 S1（同样位于 BA3/1/2）；味觉信号向上传导至丘脑的腹后内侧核（VPM），VPM 的纤维再投射到位于脑岛皮质上部的初级味觉皮层（位于 BA43）。嗅觉信号的向上传导涉及多条并行通路：一条来自嗅球的嗅觉信号直接投射到颞叶的一些结构，包括初级嗅觉皮层的梨状皮质、杏仁核、海马等；另一条则通过嗅结节投射到丘脑的背内侧核，该核的纤维再投射到眶额皮层。

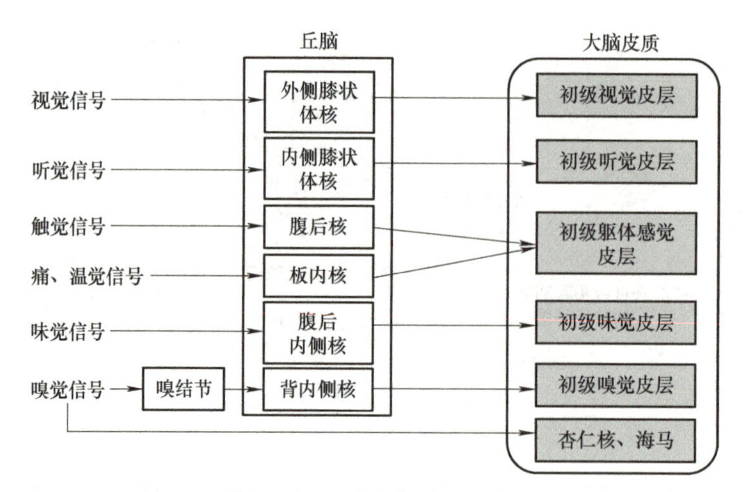

图 4-51　感觉上行传导通路

4.5.1　运动的传导通路

感觉与运动包括身体感觉与运动以及内脏感觉与运动两大方面。内脏的感觉与运动神经通常不受意识的控制和支配，它们主要负责内脏、血管和腺体的新陈代谢活动，由于不直接关联骨骼肌，因此被称为植物神经。身体感觉与运动则包括面部、眼睛以及躯体的感觉与运动功能。面部和眼睛的运动主要受脑神经控制，通过皮质－皮质束这一运动传导纤维实现。而躯体的感觉与运动则需通过脊髓及脊髓内的运动神经元来具体执行。

运动可分为两大类：一类是受大脑皮质控制的随意运动，另一类是不受大脑直接控制的反射运动。

1. 脊髓与运动神经元

来自大脑的躯体运动指令（主要源自运动皮质和脑干）需要通过脊髓来控制躯体的运动。这些运动包括控制手臂、手指、脚部等远端肌肉的随意运动，控制头部和背部的姿势，以及增强肢体力量和抗重力作用，以便维持躯体站立等姿势。

脊髓接收来自大脑的运动控制投射的通路主要包括脊髓外侧通路和脊髓腹内侧通路，如图 4-52 所示。

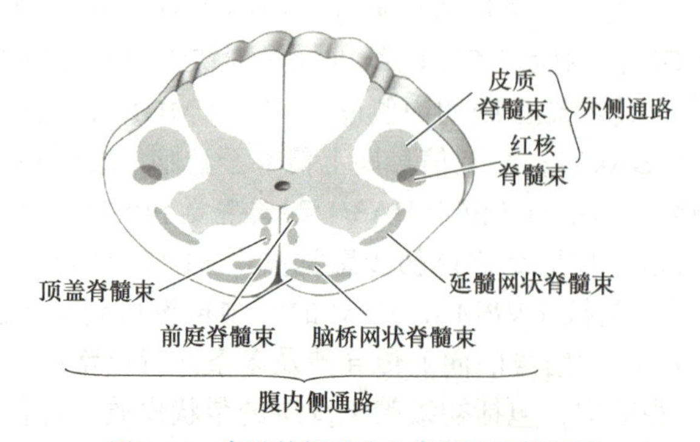

图 4-52　脊髓外侧通路和脊髓腹内侧通路

身体中可以产生运动的部分称为效应器。远离身体中线的远端效应器，如手、手臂、腿和脚等，负责执行精细和大幅度的动作。而靠近身体中线的效应器，如头、颈和腰，则主要负责维持身体的平衡和姿势。所有这些运动效应器的运动都源于肌肉状态的变化，如伸展和收缩。肌肉是由能够改变长度和张力的弹性纤维组成的纤维组织。这些肌肉纤维组织与骨骼在关节处紧密相连，共同协作以实现身体的各种运动。

神经系统通过 α 运动神经元来控制效应器的运动。α 运动神经元起源于脊髓的腹角，其纤维末端与肌肉纤维相连。当 α 运动神经元产生动作电位时，会释放神经递质——乙酰胆碱，从而引发肌肉的运动，即改变肌肉纤维的张力和长度。因此，α 运动神经元在将神经信号转化为机械运动的过程中发挥着关键作用。

α 运动神经元的输入主要来自两个下行通路：一个是来自脑皮质和皮质下结构的下行纤维传导通路，它是随意运动的基础；另一个则是来自感觉纤维传递的反射运动信号。如图 4-53 所示的膝跳反射就是一个典型的例子。当敲打膝盖时，四头肌的伸展会刺激肌肉中的纺锤体感受器产生兴奋并放电，产生的感觉动作电位一方面会上传至大脑皮质进行处理，另一方面则会传递到脊髓腹角并激活 α 运动神经元，使股四头肌产生收缩反应。

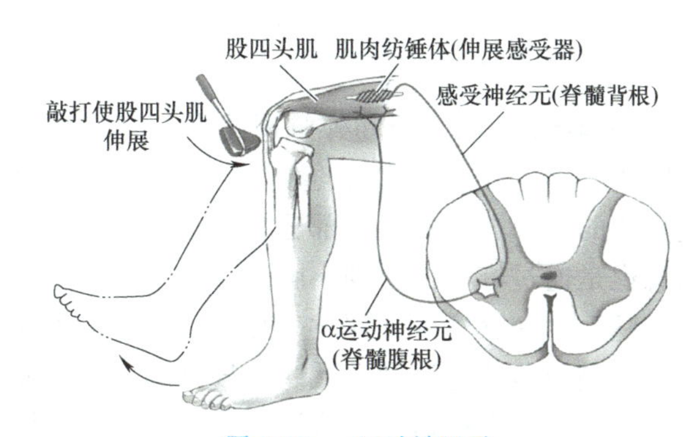

图 4-53　α 运动神经元

2. 脊髓外侧传导通路

脊髓外侧通路主要包括皮质脊髓束和红核脊髓束。其中，皮质脊髓束起源于大脑皮层的运动皮层 BA4 和 BA6 脑区，而红核脊髓束则起源于中脑的红核。

（1）皮质脊髓束　皮质脊髓束的横断面呈倒三角形，因此也称之为锥体束或锥体系，是外侧通路的主要组成部分。如图 4-54 所示，皮质脊髓束起始于运动皮质，穿越内囊，经过中脑的大脑脚基底部，并沿着延髓的腹侧面继续下行。在到达脊髓之前，于脊髓与延髓的交界处，左侧和右侧的锥体束会发生交叉，然后抵达脊髓的外侧柱，形成皮质脊髓束。最终，皮质脊髓束终止于脊髓腹角的运动神经元（即 α 运动神经元），负责控制远端肌肉的运动。

内囊是一个位于丘脑和基底神经节之间的白质区，由上行的感觉纤维束和下行的运动纤维束组成，是大脑皮层与脑干、脊髓之间神经纤维的必经之地。

大脑脚基底部作为中脑的一部分，位于中脑的腹侧部，主要由从大脑皮质通往小脑、延髓和脊髓的下行纤维组成。

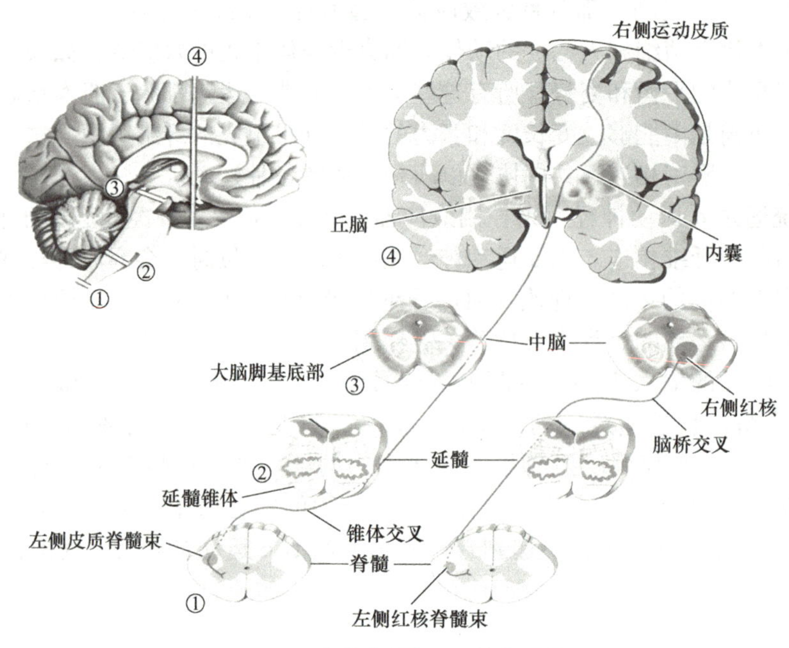

图 4-54 皮质脊髓束和红核脊髓束

（2）红核脊髓束 如图 4-54 所示，脊髓外侧通路中还有一小部分起源于脑干的中脑被盖区的红核（红核、黑核的命名源于其切面的颜色）的红核脊髓束。红核的传入纤维主要来自小脑和大脑运动皮质的一部分，其中一部分止于红核，另一部分则上行到丘脑。此外，来自大脑的运动信息也是通过红核传递到小脑。

自红核发出的红核脊髓束，在脑桥处立即发生交叉，然后汇入穿行的对侧脊髓外侧柱的皮质脊髓束，最终止于脊髓腹角的运动神经元。红核脊髓束一方面将小脑等的冲动传递到脊髓前角运动神经元，以控制和维持运动的协调；另一方面，红核也接收运动皮质的一些输入。因此，当皮质脊髓束受损后，红核脊髓束可能在某些自主运动功能方面发挥备份作用。

无论是皮质脊髓束还是红核脊髓束，都通过交叉投射到对侧脊髓腹角的运动神经元，这就意味着右侧脑皮质控制左侧肢体的运动，同时左侧脑皮质控制右侧肢体的运动。

1968 年，劳伦斯（Lawrence）和库佩斯（Kuypers）通过实验证明了脊髓外侧通路在运动中的作用。他们人为地损坏了猴子的皮质脊髓束和红核脊髓束，结果发现猴子虽然能够坐直、站立，但却不能随意地、独立地进行手指、手臂、肘部、肩部的运动。例如，猴子只能用所有的手指去抓住物体，但不能独立地运用手指去抓住物体。而且，猴子的随意运动也变得迟缓和不准确。

单独损坏皮质脊髓束会导致远端肌肉的屈肌无力和手指不能独立运动，但只要红核脊髓束正常，不久后，红核脊髓通路就会部分代偿皮质脊髓束的功能。然而，如果红核脊髓束也发生继发性的损伤，那么这种功能将彻底不能恢复。

3. 脊髓腹内侧传导通路

部分大脑运动皮质的神经元终止于脑干区域，如中脑的红核与上丘、脑桥的网状结构、延髓的前庭核和网状结构等。同时，脑干也接收来自其他皮质下神经元的神经纤维传入。因此，脑干是运动系统许多结构的重要所在地。脑干中包含 12 对脑神经，它们负责控制关键的反射活动，如进食（涉及喉部运动，由第Ⅸ、Ⅹ和Ⅺ对脑神经控制）、舌的运动（由第Ⅻ对脑神经控制）、眼的运动（由第Ⅲ、Ⅳ和Ⅴ对脑神经控制）以及面部运动（由第Ⅵ和Ⅶ对脑神经控制）。此外，脑干中的许多核团都有直接的神经纤维投射到脊髓，这些神经束称为锥体外束或锥体外系。

锥体外系主要包括前庭脊髓束、顶盖脊髓束、脑桥网状脊髓束和延髓网状脊髓束。腹内侧通路主要是利用平衡、体位和视觉环境等感觉信息，通过反射性机制来维持身体的平衡和姿势。

（1）前庭脊髓束与顶盖脊髓束　前庭脊髓束在身体运动时起着保持头部和背部姿势与平衡的重要作用。它起源于延髓的前庭核，该核接收来自内耳前庭迷路的感觉信息传入。如图 4-55 所示，前庭脊髓束的一部分纤维双侧性地投射到颈部脊髓，控制颈部从而指挥头部运动；而另一部分纤维则同侧地继续向下投射到腰部脊髓，负责控制身体的直立和平衡姿势。

顶盖脊髓束起源于中脑的上丘，它直接接收视网膜的投射，同时也间接接收视皮层、听觉信息和躯体感觉信息的投射。基于这些信息，上丘构建了人类周围世界的图像，并引导头部和眼睛的运动朝向，以确保感知的事物能够成像在视网膜的中央凹上。例如，当一个物体从左侧向右侧移动时，为了观察该物体，上丘会被激活，使人类的头部随着物体的运动而运动，从而使眼睛能够盯住物体。这个运动的控制主要由顶盖脊髓束完成。由于上丘也称为视顶盖，因此从上丘到脊髓的投射通路通常称为顶盖脊髓束。

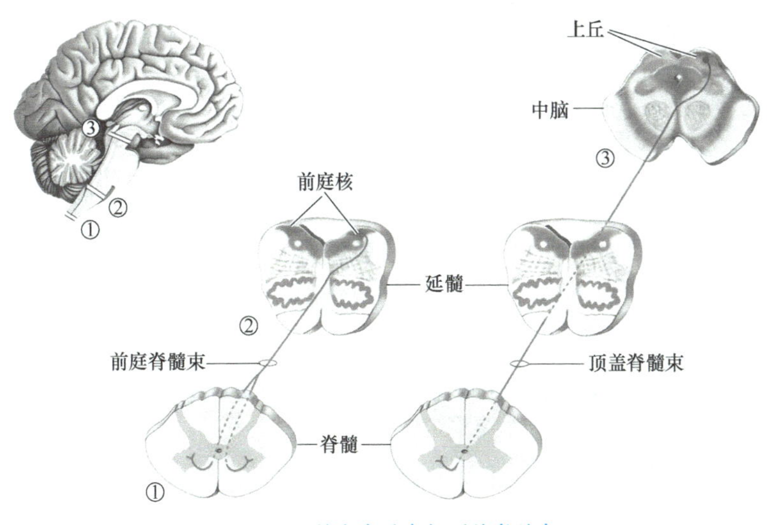

图 4-55　前庭脊髓束与顶盖脊髓束

（2）脑桥网状脊髓束与延髓网状脊髓束　网状结构是一个神经元及其神经纤维相互交织的复杂区域，位于中脑导水管和第四脑室的下方。这个结构接收来自多个来源的输入，如运动皮质、小脑等。根据起源的不同，网状结构发出的神经纤维可以分为起源于脑桥的脑桥网状脊髓束和起源于延髓的延髓网状脊髓束。

如图 4-56 所示，脑桥网状脊髓束和延髓网状脊髓束这两个传导通路是平行的。脑桥网状脊髓束在内侧向下穿行，并投射到同侧脊髓腹角的中间神经元；而延髓网状脊髓束则在外侧向下穿行，同样投射到同侧脊髓腹角的中间神经元。这两条通路在脊髓腹角共同发挥作用，参与调控身体的运动和姿势。

脑桥网状脊髓束的主要作用是增强肌肉的重力反射控制，从而增强下肢伸肌的力量，帮助身体对抗重力的作用，以维持站立姿势。相反，延髓网状脊髓束的作用是解除抗重力肌肉的反射控制，使肌肉处于放松状态。

在运动过程中，锥体束（即脊髓外侧通路）负责将运动皮层的信号直接传递给脊髓运动神经元，从而激活这些神经元并引发运动。同时，锥体外系（即脊髓腹内侧通路）的核团与脊髓运动神经元进行信息交流，将其从反射控制中解放出来，实现更灵活的运动调节。起源于脑干的一些脑区也主要参与姿势的维持和一些反射运动。

总之，脑控制与调节效应器运动主要通过以下方式实现：通过锥体系的脊髓外侧通路传递皮质运动区域的运动信号到脊髓，控制效应器的运动；通过锥体外系传递脑干发出的运动信号，调节运动过程；通过小脑、基底神经节与运动皮质之间的相互联系与交流，实现运动的精细调节。因此，与运动密切相关的脑区主要包括大脑的运动皮质、小脑和基底神经节等。

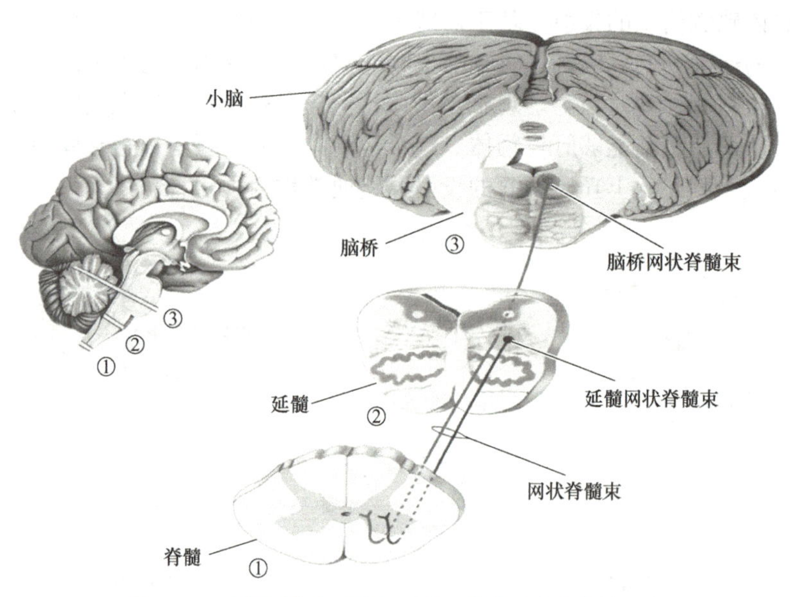

图 4-56　脑桥网状脊髓束与延髓网状脊髓束的传导通路

4.5.2　大脑皮层与运动

1. 大脑运动皮层

将大脑前额皮层的 BA4 和 BA6 称为运动皮层。这是因为感觉与运动紧密相连，运动需要制订目标和计划，并需要记忆这些计划。如果将脑功能按照 100% 进行划分，可以说感觉信息处理和运动处理各占相当重要的比例。事实上，几乎所有的大脑皮层都参与了随意运动的过程。

运动皮层位于大脑的额叶，具体如图 4-57 所示。皮质脊髓束主要起源于中央沟前部的初级运动皮层 M1（Primary Motor Cortex）或 BA4 区。BA4 区的功能是向效应器发出运动命令，是控制和支配对侧躯体运动的重要中枢。位于 BA4 区前部的是次级运动区 BA6 区，它可以进一步分为位于外侧部的运动前区 PMA（PreMotor Area）和位于内侧区域的辅助运动区 SMA（Supplementary Motor Area）。BA6 区与运动计划、联合运动和姿势调节紧密相关，是锥体外系的皮质区。它发出的神经纤维到达丘脑、基底神经节和红核等区域。PMA 主要与网状脊髓束神经元相联系，从而支配近端肌肉。而 SMA 的轴突是皮质脊髓束的组成部分，其神经元在运动计划中起重要作用，并直接支配远端肌肉。

除了运动皮质 BA4 区和 BA6 区以外，大脑皮质中还有许多其他与运动功能相关联的脑区域。例如，与语言运动有关的 Broca 区，控制眼睛运动的额叶眼区 BA8 区，以及在空间运动中参与运动计划与控制的后顶叶区等。

1980 年，丹麦神经内科医生罗兰德（Roland）等使用 PET 技术研究了执行随意运动时大脑皮层的活动模式。他们发现，在凭记忆执行一系列手指运动时，除了运动皮层 BA4 区和 BA6 区被激活以外，部分 BA8 区、躯体感觉 BA3/1/2 区、后顶叶皮层 BA5 区和 BA7 区的血流量也增加了。这说明这些区域在运动意图和运动计划中发挥着重要的作用。有趣的是，当被试被要求用脑想象进行手指运动而实际并不运动时，BA6 区被激活而 BA4 区没有被激活，这可能暗示着 BA6 区与运动意图有关。

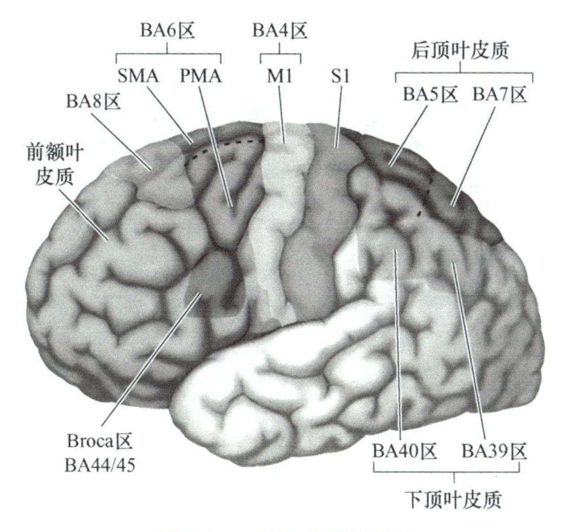

图 4-57　大脑皮质运动区

1994 年，詹金斯（Jenkins）等探索了运动技能的学习过程。他们让被试学习一个包含有八个元素的动作序列，并通过按键进行不停的循环练习。如果按键正确，会有一个提示音；如果按键错误，则没有提示音。当一个动作序列学会之后，再以相同的程序学习新的动作序列。在测试时，他们使用已经学会的动作序列（习得的）和学习一个新的动作序列，并使用 PET 扫描大脑的代谢变化，实验结果如图 4-58 所示。

实验结果显示，与执行已熟练的动作序列相比，外侧面的运动前区 PMA 在执行新的动作序列时展现出更强的活动，并且后顶叶皮质和小脑的代谢活动也有所增加。相反，与执行新的动作序列相比，内侧面的辅助运动区 SMA 在执行已习得的、熟练的动作序列时，其代谢活动更为显著，同时伴随着颞叶皮质和边缘系统代谢的增强。

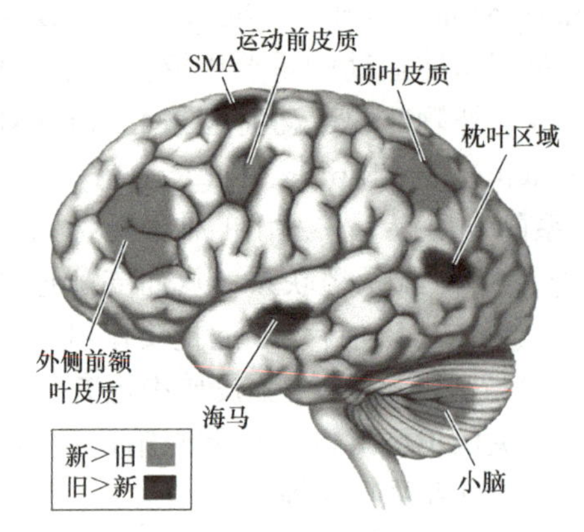

图 4-58　前运动区 PMA 参与外部刺激的运动选择

总体而言，如图 4-59 所示，可能存在两条并行的通路共同参与运动的计划过程：一条通路包括外侧运动前区、后顶叶和小脑，这条通路在运动习得的早期阶段占据主导地位；另一条通路则涉及内侧面的辅助运动区 SMA、基底神经节，并可能包含颞叶结构，当动作技能已经习得且由动作内部表征驱动时，这条通路占据主导地位。这两条通路最终汇聚于运动皮质，共同在躯体运动计划中发挥着重要作用。

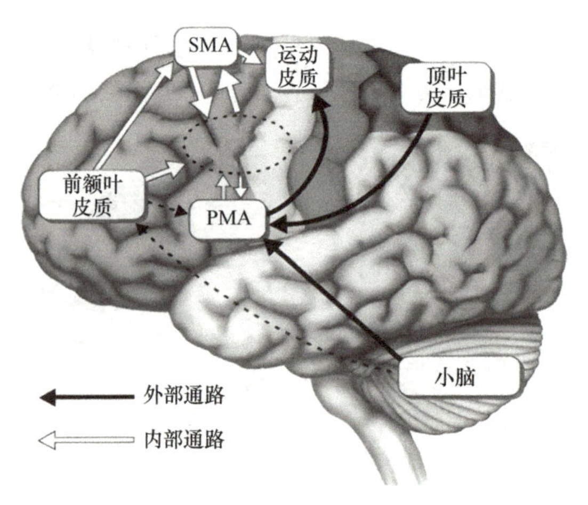

图 4-59　外部通路和内部通路

2. 运动皮质的组织形式

在本书的 4.3 节中，已经介绍了第一躯体感觉区 S1（BA3/1/2）的组织形式，即躯体感觉定位图，它也被形象地称为脑内感觉小人或“侏儒人”。

现在来关注运动皮质。图 4-60 所示为中央前回 BA4（初级运动皮质 M1）的躯体运动定位图。事实上，不仅在运动皮质，而且在前运动皮质（BA4/6）中，都存在着这样有序且组织良好的躯体特定区的运动表征。从图中可以看出，效应器的表征与其在实际身体中的大小并不完全一致。在运动皮质区域，一个效应器的表征区域越大，通常意味着该效应器在运动中扮演着更为重要的角色，并且其控制水平也相应更高。例如，手指和嘴唇在运动皮质中的表征所占的皮质区域面积相对较大，这表明它们的运动控制非常精细。

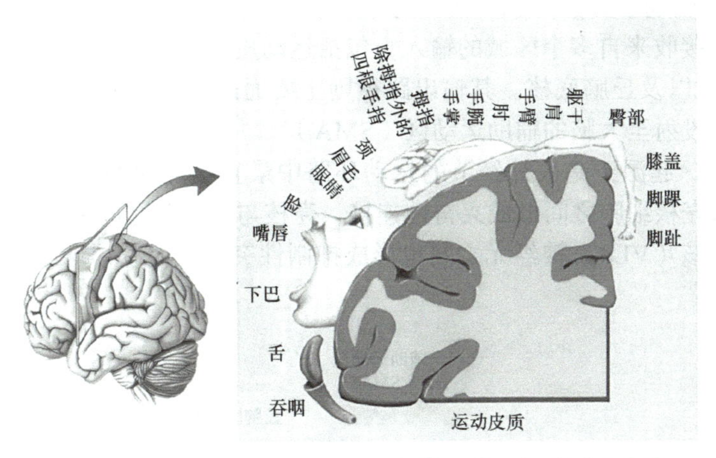

图 4-60　大脑皮质中央前回 M1 的躯体皮质运动区效应器定位

4.5.3　基底神经节与运动

基底神经节和小脑是皮质下运动通路的两个核心组成部分。如图 4-61 所示，基底神经节主要由尾状核、壳核、苍白球以及屏状核等结构构成。其中，壳核与苍白球共同组成了豆状核。黑质位于中脑与间脑的连接部位，因其神经元内含有黑色素而呈现黑色，故而得名。黑质与随意运动紧密相关，是调节运动的重要中枢，同时也是合成多巴胺的主要核团。丘脑底核（也称为底丘脑或腹侧丘脑）同样位于中脑与间脑之间，它在锥体外系（负责协调躯体运动的脑部结构的总称）的反馈通路中扮演着重要的中继站角色，主要与肢体的运动功能相关。丘脑底核的损伤会导致对侧肢体出现不自主运动。由于黑质和丘脑底核在功能上与基底神经节相似，都参与了运动的调节，因此，从功能角度来看，它们也被归类于基底神经节系统。

基底神经节的主要功能是运动调节，涉及自主运动的稳定性、肌肉张力的控制、冲动信息的处理以及参与精细动作的形成等多个方面。

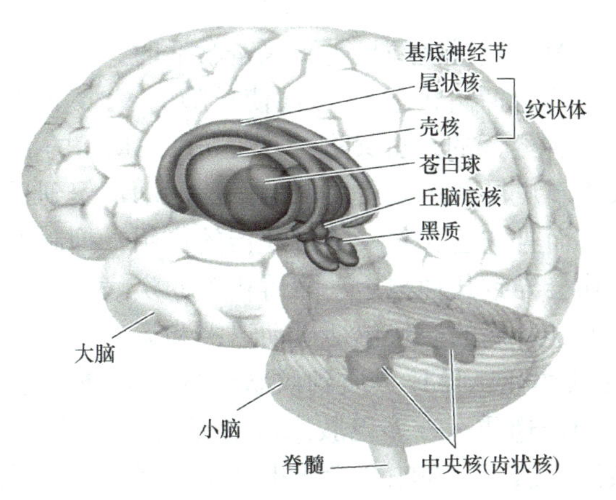

图 4-61　基底神经节系统

图 4-62 所示为从皮质到辅助运动区（SMA）的运动环路：前额皮质→纹状体→苍白球→丘脑 VLo →辅助运动区（SMA）。

基底神经节接收来自多个区域的输入，包括运动皮层、小脑（特别是其中央核，即齿状核）、中脑黑质以及丘脑底核。其输出路径则主要通过苍白球的一部分投射至丘脑，丘脑进而发出纤维投射至大脑的辅助运动区（SMA）。

更具体地说，起源于基底神经节的运动环路中最直接的通路涉及以下结构：前额皮质、中脑黑质与壳核细胞之间形成兴奋性连接，壳核与苍白球之间形成抑制性突触，苍白球与丘脑腹外侧核（VLo）神经元之间也形成抑制性突触，而苍白球与 SMA 之间的连接则是兴奋性的。

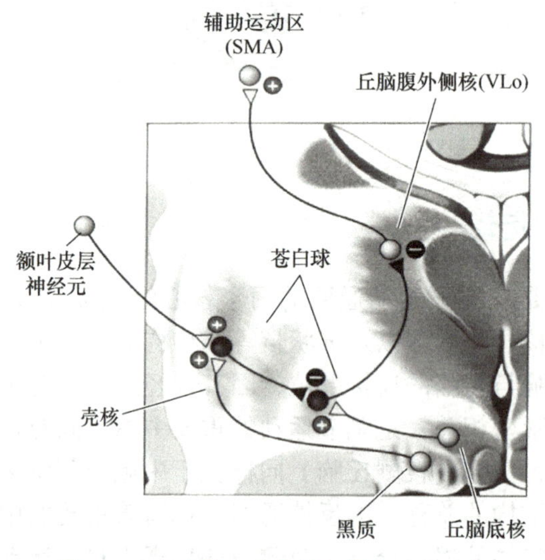

图 4-62　基底神经节的静息状态运动环路

该活动过程的机制如下：

在静息状态下，当没有外部输入信号时，苍白球神经元处于抑制状态并自发放电，从而抑制了丘脑腹外侧核（VLo）神经元。因 VLo 没有产生动作电位，因此不会向运动皮质发送信号。

然而，当额叶皮层、黑质或丘脑底核受到兴奋激活时，它们会抑制苍白球神经元的活动（即苍白球由兴奋状态转为抑制状态），从而使丘脑的 VLo 从苍白球神经元的抑制中解脱出来，开始兴奋。VLo 神经元的兴奋又进一步促进了 SMA 的活动。

这个运动回路不仅将新皮层和皮质下区域的广泛活动汇聚到丘脑，然后投射到运动皮层，参与调节运动过程；而且它还起着一种过滤器的作用，抑制不适当的运动表达。研究表明，基底神经节的损伤会导致几种与运动障碍相关的疾病。

其一是帕金森病。帕金森病的症状包括运动迟缓和运动障碍，其起因是中脑黑质中约 80% 的多巴胺能神经元的坏死，导致黑质到纹状体的传入通路退变。在正常情况下，黑质到纹状体的输入通过神经递质——多巴胺来激活壳核神经元，进而抑制苍白球的活动，使 VLo 和 SMA 通路激活。然而，在帕金森病患者中，多巴胺的耗竭导致无法通过壳核的活动来抑制苍白球的兴奋，从而使 VLo 受到抑制，也阻断了 VLo 到 SMA 的通路。

其二是亨廷顿病。此病的症状与帕金森病截然相反，表现为运动机能增强和异常运动，如舞蹈症，患者会无法控制地进行无目的、无规则的运动，并伴有身体各部位的抽动。亨廷顿病具有较强的遗传性，但其症状通常在成年后才显现出来。该病的起因是基底神经节的病变，这会导致尾状核、壳核以及苍白球的神经元死亡。特别是苍白球神经元的死亡，使得在静息状态下，苍白球无法兴奋并产生放电活动，从而无法抑制 VLo 和 SMA 的活动。这导致即使在没有主观意识产生运动的情况下，身体也会产生非意识支配的运动，进而引发运动失调。同时，基底神经节的蜕变还会引发其他皮质的蜕变，导致痴呆和性格障碍等症状。

其三是颤抽症。颤抽症的典型症状是肢体末端出现剧烈的抽动，就像投球手无法控制地挥动胳膊投球一样。其病因通常是由于脑中风导致血液供应中断，进而引起丘脑底核的损伤。丘脑底核的主要功能是兴奋苍白球神经元，以达到抑制运动通路的目的。然而，当丘脑底核神经元受损时，它无法有效地兴奋苍白球，使得在静息状态下苍白球受到抑制，从而使得 VLo 到 SMA 的通路处于持续兴奋状态，最终导致颤抽症的发生。

4.5.4　小脑与运动

小脑同样由灰质和白质构成，其结构如图 4-63 所示，其中图 4-63a 所示为小脑背面观，图 4-63b 所示为小脑的正中切面，图 4-63c 所示为小脑横切面。它的外表面覆盖着一层薄薄的、经过反复折叠的皮层，而背面则呈现出浅薄的脊状结构，这些脊状结构称为叶片。通过横切面，可以清晰地观察到小脑皮层以及深部的核团结构。尽管小脑仅占全脑体积的约 1/10，但其神经元总数却惊人地超过了整个中枢神经系统神经元总数的 50%。小脑的深部核团，如齿状核等，深藏于小脑的白质之中。与其他小脑皮质不同，它们并不直接将信息输入到大脑的其他部分，而是先将这些信息投射到小脑的深部核团进行处理。实际上，所有的小脑输出信号都是通过这些深部核团进行传递的。

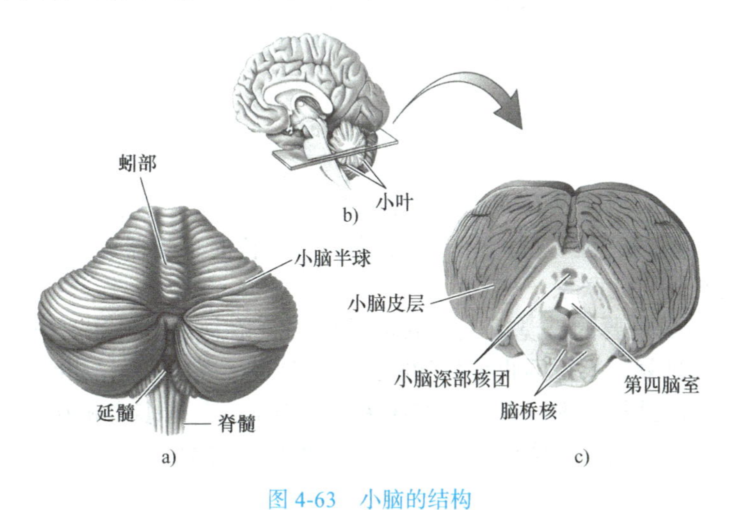

图 4-63　小脑的结构

a）小脑背面观　b）小脑正中切面　c）小脑横切面

图 4-64 所示为小脑的运动环路。运动皮层（BA4/6）、感觉皮层（BA3/1/2）以及后顶叶皮层（BA5/7）的第Ⅴ层的锥体细胞层中的锥体细胞共同形成了庞大的神经纤维束——

皮质脑桥小脑束。这一束纤维投射到脑桥核，进而投射到小脑的外侧部。皮质脑桥小脑束包含大约2000万根轴突，其数量是锥体束的20倍之多。随后，信息通过小脑深部核团投射到丘脑腹外侧核（VLc），再由VLc投射到运动皮层（BA4）。

小脑在接收到大脑皮层传递的运动意图后，便承担起运动的精细控制任务，包括运动的方向、定时以及定量的肌肉活动等。同时，小脑还会及时地将运动状态反馈给运动皮层。此外，小脑还具备学习运动的能力，它能够通过比较运动意图和运动结果，及时地对运动进行修正和补偿。研究表明，如果小脑受到损伤，其运动控制和运动能力将会受损，导致运动变得不协调和不准确。

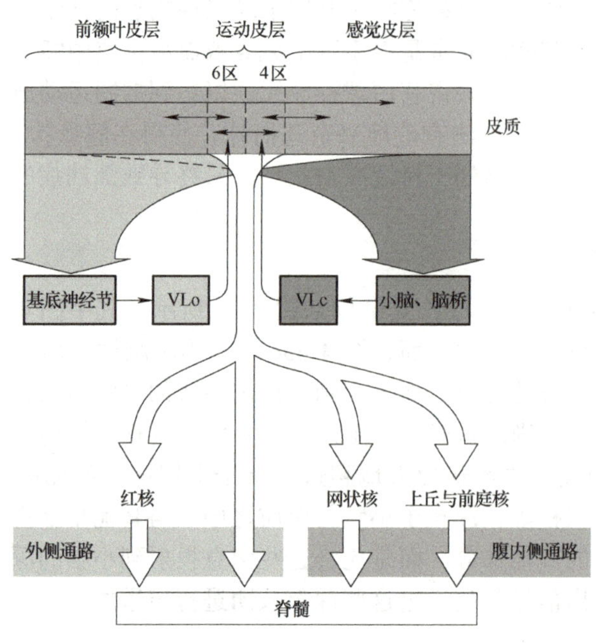

图4-64 小脑的运动环路

本章小结

本章详细阐述了人类通过五种基本感觉系统：视觉、听觉、躯体感觉、嗅觉和味觉来认识和了解周围环境的过程。每种感觉系统都具备独特的感受器、传导通路和加工机制，共同维系着人类与外界的联系。

视觉被强调为最重要的感觉，人类获取的大部分信息都来源于视觉。眼睛作为光线的重要传感器，通过复杂的视网膜结构和神经传导通路，将光信号转化为神经信号，并传递到大脑的纹状皮层进行处理。纹状皮层作为视觉中枢，包含多个相互关联的脑区，负责不同的视觉认知任务，例如，物体空间位置和运动认知，颜色、形状、大小等视觉信号的识别。

听觉方面，耳朵作为听觉传感器，通过耳蜗将听觉信号转化为听神经信号，并传递到大脑的听觉皮质进行处理。听觉传导通路使得声音信息可以传入大脑皮层的两个半球，实现听觉中枢的两耳共享。

躯体感觉包括触觉、温觉、痛觉以及躯体位置觉等，感受器分布于整个机体。触觉感受器在向大脑传递躯体感觉信息时，需要经过脑干和丘脑，然后投射到初级躯体感觉皮层进行处理。痛觉感受器则对不同类型的刺激具有选择性反应，而温度感受器则对温度异常敏感。机体有关疼痛和温度的信息通过脊髓 – 丘脑通路传递到大脑进行处理。

嗅觉与味觉系统对于化合物分子具有敏感性，它们常常共同工作，感受食物的美味。嗅觉感受器将气味信息传递给大脑皮层进行处理，而味觉感受器则将味觉转化为神经信号，通过延髓的味觉核投射到大脑皮层的初级味觉皮层进行处理。

最后，本章还介绍了运动控制系统，包括躯体运动和内脏运动。大脑运动皮层负责执行制订运动目标和运动计划，而基底神经节和小脑则参与运动的精细控制和调节。小脑还具有运动学习功能，能够根据运动意图和运动结果进行比较，及时对运动进行修正和补偿。小脑损伤后，运动将会变得不协调和不准确。

思考题与习题

一、判断题

1. 人类可以感知到次声波或超声波。（　）
2. 声音的音调是由声音的频率决定的。（　）
3. 相同频率声波的振幅越大，知觉的声音响度越大。（　）
4. 声音的响度单位是分贝（dB）。（　）
5. 音色是由复合音中的谐波构成的。（　）
6. 躯体感觉不包括振动感觉。（　）
7. 躯体触觉感觉器为机械感受器。（　）
8. 皮肤中的环层小体是一种快适应触觉感受器。（　）
9. 触压信号通过脊髓、延髓传递给丘脑的腹后核群。（　）
10. 温感受器纤维是一种无髓鞘 C 纤维。（　）
11. 嗅觉和味觉是一种化学感觉。（　）
12. 嗅觉感受器细胞是神经元细胞。（　）
13. 味觉感受器细胞是一种双极性神经元细胞。（　）
14. 一个嗅觉感受器只能编码一种气味信息。（　）
15. 多个味觉感受器编码一种味觉信息。（　）
16. 运动包括随意运动和反射运动。（　）
17. 运动信号的传导是通过下行传导通路实现的。（　）
18. α 运动神经元是感觉与运动神经元。（　）
19. 运动的计划和执行都是由脊髓控制的。（　）
20. 红核脊髓束起源于脑干的延髓。（　）

二、单项选择题

1. 从视网膜投射到右侧外侧膝状体的信息来源是（　）。

A. 右眼颞侧和左眼鼻侧　　B. 右眼颞侧和右眼鼻侧
C. 左眼鼻侧和左眼颞侧　　D. 左眼颞侧和右眼鼻侧

2. 人类具有运动分析和感知的脑区主要是（　　）。
A. V2 区　　B. V3 区　　C. V4 区　　D. V5 区

3. 人类具有颜色感知的脑区主要是（　　）。
A. V2 区　　B. V3 区　　C. V4 区　　D. V5 区

4. 腹侧通路中，枕叶与颞下回交界处的外侧纺锤回的 FFA 的功能是（　　）识别。
A. 手　　B. 面孔　　C. 房子　　D. 场景

5. 腹侧通路中，颞叶内侧后部的海马旁回区域的功能是（　　）识别。
A. 手　　B. 面孔　　C. 房子　　D. 场景

6. 面孔识别的 ERP 电位是（　　）。
A. N170　　B. N200　　C. N400　　D. P600

7. 将声压转化为机械能的是（　　）。
A. 耳廓　　B. 鼓膜　　C. 听小骨　　D. 耳蜗

8. 将机械能放大的是（　　）。
A. 耳廓　　B. 鼓膜　　C. 听小骨　　D. 耳蜗

9. 将声音信号转化为神经电脉冲信号的是（　　）。
A. 耳廓　　B. 鼓膜　　C. 听小骨　　D. 耳蜗

10. 螺旋神经节位于（　　）中。
A. 前庭阶　　B. 鼓阶　　C. 中阶　　D. 蜗轴

11. 疼痛感受器是（　　）。
A. 迈斯纳小体　　B. 游离神经末梢　　C. 环层小体　　D. 鲁菲尼小体

12. 温度感受器是（　　）。
A. 迈斯纳小体　　B. 游离神经末梢　　C. 环层小体　　D. 鲁菲尼小体

13. 大脑第一躯体感觉区直接接受（　　）投射。
A. 丘脑腹后核　　B. 丘脑内侧膝状体核
C. 丘脑外侧膝状体核　　D. 都不是

14. 两点辨别觉最敏感的是（　　）。
A. 手指　　B. 脚趾　　C. 手臂　　D. 小腿

15. 周而复始地生长、凋亡和再生的细胞是（　　）。
A. 听觉感受器　　B. 触觉感受器　　C. 嗅觉感受器　　D. 都不是

16. 不通过丘脑传递的是（　　）。
A. 触觉　　B. 听觉　　C. 视觉　　D. 嗅觉

17. 大脑初级嗅觉皮层直接接受（　　）投射。
A. 丘脑背内侧核　　B. 丘脑内侧膝状体核
C. 丘脑外侧膝状体核　　D. 嗅球

18. α 运动神经元位于（　　）。
A. 大脑皮质　　B. 小脑　　C. 中脑　　D. 脊髓

19. 前庭脊髓束起源于（　　）。

A. 大脑皮质　B. 中脑　C. 延髓　D. 小脑

20. 皮质脊髓束起源于（　　）。

A. 大脑皮质　B. 中脑　C. 延髓　D. 小脑

三、多项选择题

1. 纹外皮层脑区包括（　　）。

A. V1　B. V2　C. V3　D. V4

2. 视网膜感光细胞包括（　　）。

A. 视锥细胞　B. 视杆细胞　C. 发光细胞　D. 不发光细胞

3. 视网膜神经细胞包括（　　）。

A. M 型神经细胞　B. P 型神经细胞

C. 非 M—非 P 型神经细胞　D. 都不是

4. 从视网膜到纹状皮层的投射包括（　　）。

A. 大细胞通路　B. 小细胞通路　C. 颗粒细胞通路　D. 都不是

5. 听神经向初级听觉皮层 A1 传递的通路包括（　　）。

A. 脑干　B. 上丘　C. 下丘　D. 内侧膝状体核

6. 听小骨包括（　　）。

A. 鼓膜　B. 锤骨　C. 砧骨　D. 镫骨

7. 科蒂氏器官的细胞包括（　　）。

A. 内毛细胞　B. 外毛细胞　C. 其他支持细胞　D. 螺旋神经元细胞

8. 听觉皮层位于颞叶上部，包括（　　）。

A. 初级听觉皮层　B. 次级听觉皮层　C. 视听皮层　D. 都不是

9. 声音方位的感知依靠的是（　　）。

A. 声音到达双耳的时间差　B. 声音到达双耳的强度差

C. 声音到达单耳的时间　D. 声音到达单耳的强度

10. 大脑第一躯体感觉区接受的感觉信息包括（　　）。

A. 本体感觉　B. 手的触觉　C. 听觉　D. 视觉

11. 具有纤毛的感受器细胞包括（　　）。

A. 听觉感受器　B. 触觉感受器　C. 嗅觉感受器　D. 味觉感受器

12. 嗅觉系统的嗅上皮细胞包括（　　）。

A. 嗅觉感受器细胞　B. 基底细胞　C. 支持细胞　D. 味觉感受器细胞

13. 味觉系统的味蕾包括（　　）。

A. 嗅觉感受器细胞　B. 基底细胞　C. 支持细胞　D. 味觉感受器细胞

14. 网状脊髓束包括（　　）。

A. 红核网状脊髓束　B. 脑桥网状脊髓束

C. 延髓网状脊髓束　D. 前庭网状脊髓束

15. 基底神经节参与运动的调节，主要接收的输入来源包括（　　）。

A. 额叶皮层　B. 中脑黑质　C. 小脑　D. 丘脑底核

四、填空题

1. 视觉感知通路包括________和________两条并行通路。
2. 视觉识别的腹侧通路起始于枕叶的________，最后到达________。
3. 视觉识别的背侧通路起始于枕叶的________，最后到达________。
4. 视网膜神经细胞包括三种类型，分别是________、________和________。
5. 外侧膝状体 LGN 分为六个细胞层，各个细胞层的腹侧都包含有________细胞。
6. 人类的声音知觉包括声音的________、________和________。
7. 声音在空气中的传播速度为________。
8. 耳朵是一种声音传感器，包括________、________和________三部分。
9. 听小骨由________、________和________三部分组成。
10. 耳蜗声音感受器是毛细胞，分为________和________两种。
11. 躯体感觉包括________、________和________等。
12. 触压刺激产生的疼痛信号将通过两条通路传递到丘脑的________和________。
13. 神经系统对于触觉刺激的加工处理包括________和________。
14. 躯体感觉信号首先传递到大脑皮层的________。
15. 疼痛信号通过脊髓、延髓传递给丘脑的________。
16. 鼻腔的嗅上皮细胞除了嗅觉感受器细胞外，还包括________、________。
17. 脊髓外侧传导通路包括________和________。
18. 网状脊髓束包括________和________。
19. 大脑初级运动皮层是指 Brodmann 分区的________。
20. BA6 的两个亚区分别是________和辅助运动区。

五、论述题

1. 简述视觉的物体识别机制。物体运动、物体形状和物体颜色识别主要是由哪个脑区负责的？
2. 简述人类是如何感知声音的。
3. 简述人类是如何感知用手摸一个物体时的温度的。
4. 简述嗅觉的传导机制。
5. 简述基底神经节是如何参与运动的。

第 5 章 记忆与认知过程的神经基础

导读

学习是获得新知识的过程，本质上学习的过程就是记忆的形成过程。记忆包括陈述性记忆、非陈述性记忆和工作记忆等，这些记忆的编码和提取涉及前额叶、颞叶和基底神经节等多个脑区域。人脑的资源是有限的，在学习和记忆中，需要对认知对象进行选择和保持等，这就是注意。控制注意的脑资源分布也很广泛，包括顶叶皮质、额叶皮质、颞叶皮质以及皮质下结构。语言在认知神经科学中的研究是独特的，因为只有人类才有语言交流。语言的优势半球是左脑，语言的理解和产生脑区域主要是围绕外侧裂周围。注意和语言是学习、记忆与认知的重要组成部分。学习和理解记忆、注意和语言等脑神经系统的结构与功能，对于学习和理解人类意识和思维是十分必要的。

本章知识点

- 短时记忆、工作记忆及其神经基础
- 陈述性记忆的神经基础
- 程序性记忆的神经基础
- 警觉性注意的神经机制
- 定向注意的神经机制
- 执行注意的神经机制
- 语言中枢模型
- 记忆－整合－控制语言模型
- 语义和句法加工的神经机制
- 语篇加工的神经机制

5.1 学习与记忆过程的神经基础

5.1.1 短时记忆容量及其神经基础

学习与记忆的关系非常密切。学习是获得新知识和新信息的过程，其结果便是记忆的形成。换言之，学习的过程本质上就是记忆的形成过程。学习与记忆过程可以分为三个主要阶段：编码、存储和提取。编码是对外界输入的信息进行组织、转换和加工的过程，编码方式与学习和记忆的信息形态密切相关，包括语义编码、视觉编码、声音编码、空间编码和感觉编码等。语义编码是将学习的单词、概念等按照意义转化为符号记忆；视觉编码是将图像、场景等信息转化为图像特征记忆；声音编码是将语言、声音等转化为音频形式的记忆；空间编码是将信息与特定的位置相关联的记忆；感觉编码则是基于感官体验转化为记忆，例如，嗅觉、味觉等都属于感觉编码形式的记忆。

存储是将信息编码的结果储存在记忆网络中，形成不同时长的信息记录。提取则是从记忆系统中提取出信息加工所需要的相关信息，是运用记忆内容的过程。信息编码、存储和提取三者密切相关。例如，在记忆 11 位的手机号码时，可以将其分为 4 位 +4 位 +3 位进行记忆，提取时也是按照这个顺序进行。如果改变提取的顺序，例如，按照 3 位 +3 位 +5 位的顺序，则可能无法成功提取。

记忆可以分为感觉记忆、短时记忆、工作记忆和长时记忆，如图 5-1 所示。通过感官获得的外界信息的记忆都属于感觉记忆，例如，看到的、听到的、触摸到的、尝到的和闻到的等感觉信息的记忆，即视觉、听觉、触觉、味觉和嗅觉信息的记忆。被注意选择的事件将进入短时记忆，如果事件被复述，则将进入长时记忆。感觉记忆的维持时间是毫秒级或秒级，短时记忆的维持时间是几秒或几分钟，长时记忆则可以维持数天、数年或更长时间。工作记忆也是一种短时记忆，但与短时记忆的区别在于它需要不断复述以保持信息不被快速遗忘。例如，当别人告诉你一个电话号码时，你在拨打之前为了不忘记而需要不断复述，直至打完电话为止。如果需要长期记住，则要通过复述而使其进入长时记忆。

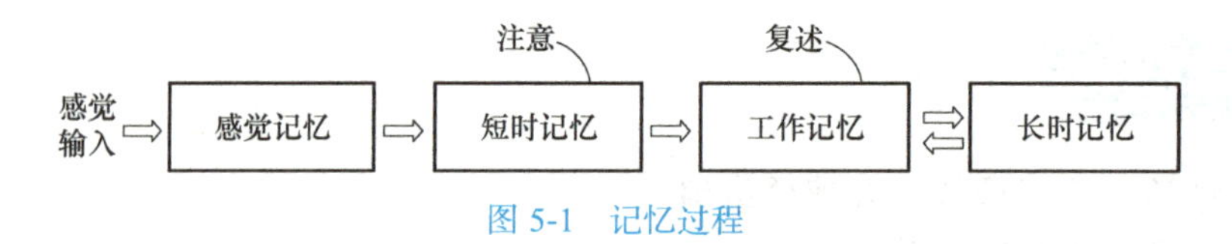

图 5-1　记忆过程

1956 年，Miller 进行了关于人的短时记忆能力的测量，他使用由数字、字母或词语等组成的一系列大小不等的组块作为测试材料。测试结果表明，人可以暂时记住大约 7 ± 2 个组块的信息，这就是所谓的短时记忆容量。例如，记住 10 个字母组成的“cerebellum”这个词很困难，但将其作为一个整体组块来记忆却相对容易，而且人们通常能轻松地记住这样的 7 个组块。短时记忆容量也被称为短时记忆广度，在记忆数字组块时，称为数字广度。

1969 年，英国神经心理学家沙利斯（Shallice）和沃灵顿（Warrington）报告了一例病例，患者 K.F. 的左脑外侧裂周边区域受损，其短时记忆容量特别是数字广度明显低于正常人，只能记住大约两个数字组块。然而，K.F. 仍然保留了形成新的长时记忆的能力，这表明短时记忆对于形成长时记忆并非必要条件。

1999 年，马克维奇（Markowitsch）等人报告了另一例病例，患者 E.E. 的左脑角回中部长有肿瘤，该区域也可视为外侧裂周边的皮质。当 E.E. 的肿瘤被切除后，与 K.F. 相似，他表现出了短时记忆能力的障碍，但长时记忆能力仍然保留。

相比之下，双侧内侧颞叶皮质切除的患者 H.M. 的短时记忆能力正常，但却丧失了形成新的长时记忆的能力。

这些研究共同提供了信息在短时记忆和长时记忆之间存在双分离现象的证据。

5.1.2 工作记忆模型及其神经基础

1. 工作记忆模型

工作记忆是 1974 年英国心理学家巴德利（Baddeley）和海塔池（Hitch）在短时记忆的基础上提出来的一种短时间内维持保存信息，并对这些信息进行心理操作的容量有限的系统。在语言理解、学习、推理等的复杂认知过程中，工作记忆用于信息的暂时存储与加工操作。工作记忆的加工操作可能表现为信息的复述，例如，在记住一个电话号码时需要不断复述。此外，它也可能表现为其他操作，例如，在房间中寻找“丢失”的手机时，为了防止重复找过的地方，你必须不断地更新你找过的地方的信息，这种更新处理就是对工作记忆内容的操作。

工作记忆的内容可以来源于感觉记忆的感觉输入，也可以来源于从长时记忆中提取的信息。工作记忆主要由中央执行系统和两个针对不同类型信息的复述子系统构成，这两个复述子系统分别为语音环路和视空间模板，如图 5-2 所示。

图 5-2 Baddeley-Hitch 提出的工作记忆模型

（1）语音环路　语音环路负责以声音为基础的信息保存和复述。它主要包含两个成分：一是对直接输入的声音信息或视觉项目的声学信息进行短时存储；二是通过默读复述在短时间内记住这些信息。支持工作记忆语音环路的证据是当要求被试立即回忆一系列词时，语义相关且发音相似的词的回忆成绩要比不相似的词的回忆成绩差。这说明了一种非语义编码方式被应用于工作记忆中。这是由于发音相似的词之间相互干扰导致的，从而证明了工作记忆中存在一种声学编码方式，即语音环路。

（2）视空间模板　视空间模板是一种平行于语音环路的工作记忆子系统，它负责以纯视觉（视觉客体）或视觉空间的编码方式存储信息。研究已经证明，语音环路子系统和视空间模板子系统是分离的、互不干扰的。

中央执行系统是工作记忆的核心部分，它负责各子系统之间以及与长时记忆的联系，同时负责注意资源的协调和策略的选择等。

2. 工作记忆的认知神经基础

语言加工的优势半球是左脑。语音环路工作记忆主要涉及听觉 - 言语的数字、字母和词等信息，其神经基础也位于左半球，具体包括左脑的缘上回（BA40）和左脑的外侧额叶——运动前区（BA44）。左脑 BA40 损伤的病人会表现出听觉 - 言语记忆广度低于正常人的症状，而左脑 BA44 则参与了语音环路的复述过程。值得注意的是，语音环路的工作记忆脑区的损伤并未发现与语言感知和产生有直接关系。对于左侧下顶叶，语言感知主要与角回（BA39）有关，而语言产生则与左脑的额下回（BA44/45，即 Broca 区）有关。

因此，可以认为语言感知觉与语言工作记忆的脑功能网络是分离的。

双侧顶枕脑区的损伤会引起视空间模板的功能障碍，尤其是大脑右半球的损伤会导致更严重的视空间工作记忆缺陷。这一发现进一步支持了工作记忆的理论。

脑成像的研究为工作记忆的研究提供了有力的证据。这里总结了以健康被试为主的语音环路工作记忆、视觉客体（即物体的形状、面孔等不含词语信息和空间信息的视觉信息）和视觉空间工作记忆，以及中央执行系统的神经基础，如图 5-3 所示。

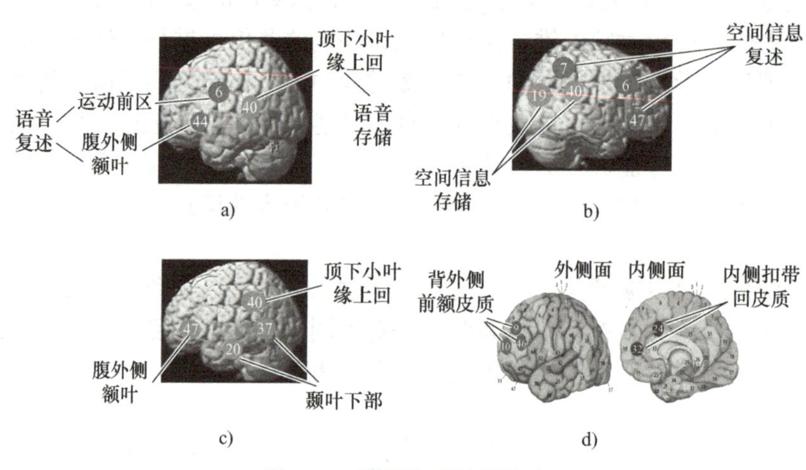

图 5-3　工作记忆的神经基础

a）语音环路工作记忆脑区　b）视空间工作记忆脑区　c）视觉客体工作记忆脑区　d）中央执行系统

从图 5-3 可以看出，语音环路工作记忆的优势脑区位于左半球（图 5-3a），包括左半球的顶下小叶缘上回（BA40）以及腹外侧额叶的 BA6 区和 BA44 区。其中，BA40 区主要负责语音的短时存储，而 BA6 区和 BA44 区则共同负责语音的复述过程。

视空间工作记忆脑区的优势半球是右半球（图 5-3b），包括顶枕区域（BA19/BA7/BA40）以及腹外侧额叶（BA6/BA47）。在这些区域中，顶枕区域的 BA19 区和 BA40 区主要负责视空间的存储功能，而顶上小叶的 BA7 区以及腹外侧额叶的 BA6 区和 BA47 区则负责视空间的复述过程。客体工作记忆则主要定位于大脑左半球（图 5-3c），包括顶下小叶的缘上回（BA40）、腹外侧额叶（BA47）以及枕叶下部（枕下回）的 BA20 区与 BA37 区。目前，尚未有关于客体信息存储与复述功能分离的研究报道。

执行控制是工作记忆系统的核心（图 5-3d）。大量研究已经证实：工作记忆的执行控制功能与背外侧前额皮质（BA46/9/10）以及内侧扣带回皮质（BA32/24）存在密切关系。其中，背外侧前额皮质主要负责工作记忆信息的监控、注意与抑制、计划与任务管理等高级认知功能；而内侧扣带回皮质则主要负责冲突信息的监控、注意与加工等过程。

5.1.3　陈述性记忆与颞叶皮层

相对于短时记忆，长时记忆能够将信息记住几天、几年、几十年甚至终生。长时记忆按照学习记忆方式分为陈述性记忆和非陈述性记忆。陈述性记忆是指有意识提取信息的记忆，例如，学习到的一些“事实”，如“北京是中国的首都”“西藏是高海拔地区”“郁金香是荷兰的国花”等；还有一些对于“事件”的记忆，例如，“今天早饭是和妈妈一起吃的，有包子、小米粥和咸菜”“小的时候和伙伴因为爬树摔下来过，还好没有大碍，只是腿部擦破了皮”等。通常所说的记忆就是指这类陈述性记忆。除了陈述性记忆以外，还记住了其他东西，把它们归结为非陈述性记忆。因此，陈述性记忆又细分为与事实有关的语义记忆和与事件有关的情节记忆。

非陈述性记忆是一种基于先前经验而形成的记忆形式，它不需要经过有意识的提取过程。这类记忆通常涉及一些技能的学习，例如，学会骑自行车、开汽车、打乒乓球等。此外，非陈述性记忆还包括经典条件反射，例如，在训练狗时，当摇铃与食物建立起关联后，即使不给予食物，狗听到摇铃声也会流口水。非联想学习，如习惯化（刺激的重复出现导致对刺激的反应降低）和敏感化（刺激的重复出现导致对刺激的反应增强），也属于非陈述性记忆的范畴。

陈述性记忆是一种外显记忆，它涉及有意识的主动记忆与回忆过程，可以直接报告出记忆的内容。相比之下，非陈述性记忆是一种内隐记忆，它是对以前经验的自动记忆，不需要主动回忆。非陈述性经验和知识一旦学会，通常难以忘记，例如，人类习得的各种技能、习惯和条件反射等，它们往往会在需要时自动浮现出来，而不需要有意识地去回忆。

2004 年，斯库艾（Squire）总结并提出了长时记忆系统模型，如图 5-4 所示。

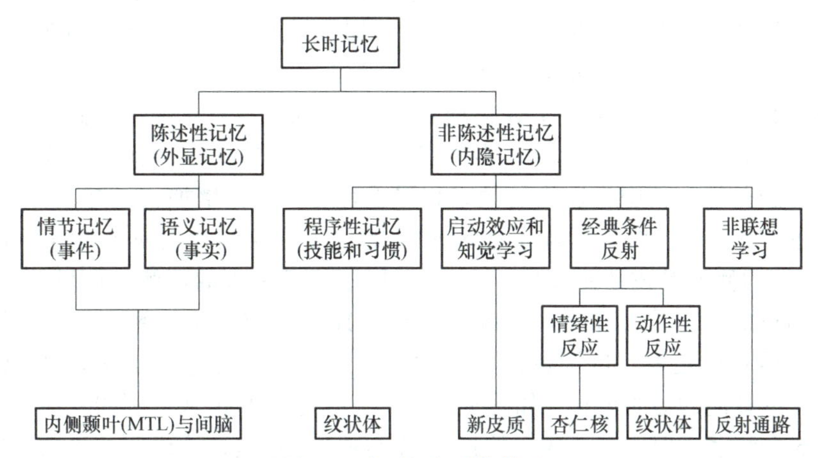

图 5-4 长时记忆系统模型

记忆与遗忘是相辅相成的两个方面。对于长时记忆而言，遗忘主要分为逆行性遗忘和顺行性遗忘两种类型。逆行性遗忘是指个体在脑损伤后无法回忆起脑损伤之前的记忆内容。相反，顺行性遗忘则是指脑损伤后个体无法形成新的长时记忆，但能够保留对脑损伤前事件的记忆。此外，还有一种短期的遗忘现象，即瞬时性脑遗忘，它表现为突发的、持续几分钟或几天的顺行性遗忘，以及短时间的逆行性遗忘。短暂的脑缺血或车祸等导致的脑部重击都可能引发这种瞬时性脑遗忘。

很多研究证据表明，颞叶在记忆往事方面起着至关重要的作用。其中，颞叶新皮层（外侧颞叶）是长时记忆的主要存储部位，而内侧颞叶（Medial Temporal Lobe，MTL）则是陈述性记忆形成的关键区域。内侧颞叶的结构如图 5-5 所示。在内侧颞叶中，有一组相互联系的皮层结构在陈述性记忆的形成过程中发挥着核心作用，这些结构包括海马（位于侧脑室内侧的折叠结构）、内嗅皮层（位于嗅沟内侧顶部）、嗅周皮层（位于嗅沟侧面顶部）

以及海马旁回（位于嗅沟的外侧）。其中，内嗅皮层和嗅周皮层通常被统称为嗅皮层。

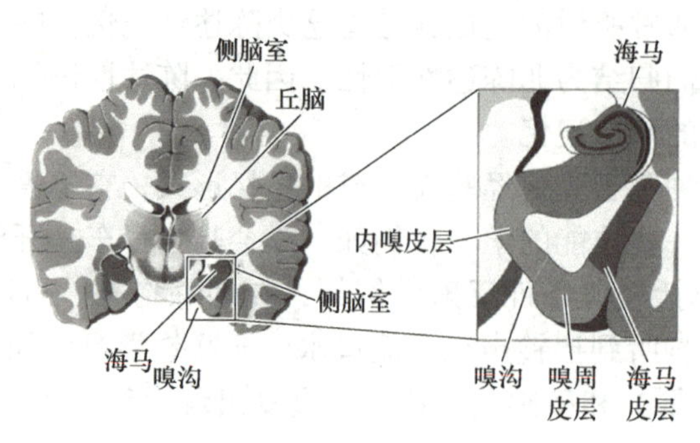

图 5-5　与陈述性记忆密切相关的内侧颞叶皮层结构

1939 年，克鲁佛（Klüver）与布塞（Bucy）观察到，当恒河猴的双侧颞叶（包括外侧和内侧）被切除后，它们无法识别普通物品。除了捡起可食用的东西外，它们也会捡起眼前的钉子、玻璃和小鼠等不可食用的东西放入嘴中进行检查。如果不能食用，它们就会吐出来；如果可以食用，就会吃掉。而正常的猴子会直接走向食物，不会理会那些不能食用的物品。这说明，颞叶切除后，猴子丧失了过往记忆，无法识别在颞叶切除前已熟悉的物品并理解其意义，即失去了以往的长时记忆。那么，过去的记忆是存储在外侧颞叶还是内侧颞叶呢？下面的癫痫病人 H.M. 的案例给出了答案。

一个著名的病例，患者名为 H.M.，他在 10 岁时因从自行车上摔下而患上癫痫病。发作时，他会出现痉挛、咬舌头、意识丧失等症状。高中毕业后，他找了份工作，尽管服用了大量抗癫痫药物，其癫痫发作的频率和严重程度却日益增加，最终不得不放弃工作。1953 年，当他 27 岁时，医生切除了他 8cm 长的双侧内侧颞叶皮质（如图 5-6a 所示为患者 H.M. 的双侧内侧颞叶皮质示意图，图 5-6b 所示为正常人的双侧内侧颞叶），以达到抑制癫痫发作的目的。切除大部分内侧颞叶皮质的 H.M.，其知觉、智力和性格等都没有受到影响。他记得自己是谁，也记得自己的童年经历，没有任何心理或精神上的异常。但是，手术后，尽管他的短时记忆（如感觉记忆和工作记忆）正常，例如，通过反复练习可以记住一串 6 个数字，但他在形成新的长时记忆时表现很差，这说明他失去了形成新的陈述性记忆的能力。尽管 H.M. 的程序性记忆完好无损，例如，可以教会他看着自己的手画画，但他却不记得是谁教会了他这项技能（即学习的陈述性记忆部分丧失了）。

患者 H.M. 的遗忘症特征表明：内侧颞叶损伤导致的是顺行性遗忘，而不是逆行性遗忘；陈述性记忆与程序性记忆以及长时记忆与短时记忆的神经机制和神经解剖学部位是不同的。通过比较恒河猴遗忘症与 H.M. 的遗忘症特征，可以推断外侧颞叶皮质是长时记忆的部位，而内侧颞叶皮质区域则是形成新的陈述性记忆的部位。这也说明了内侧颞叶皮质并不是“存储”记忆信息本身的地方，而是形成能够长时陈述性记忆的表征的地方。如果想将短时的陈述性记忆转化为长时记忆存储起来，需要通过内侧颞叶皮质将短时记忆进行“巩固”。

内侧颞叶皮质（MTL）包括海马组织和内侧皮层组织（海马旁回和嗅皮层）。1987 年，斯库艾研究发现，在内侧颞叶皮质中，只有两侧海马损伤而海马旁回和嗅皮质保存完好的病人 R.B.，在形成新的记忆时也有障碍。但是与两侧 MTL 大部分切除的病人 H.M. 相比，他的顺行性遗忘并不严重。这说明 MTL 的皮质区域（海马旁回和嗅皮质）是记忆巩固的重要区域。由此推测记忆可能暂时存储在内侧颞叶的皮层区域，最后再转入新皮层以便于长期保存。

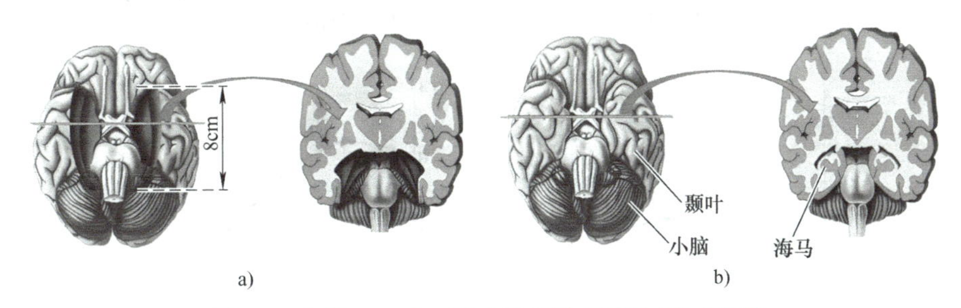

图 5-6　患者 H.M. 与正常人的双侧内侧颞叶的对比图

a）患者 H.M. 双侧内侧颞叶（MTL）切除 8cm　b）正常人的双侧内侧颞叶

MTL 的不同部分在长时记忆中所起的作用是不同的。2004 年，兰加纳森（Ranganath）等通过情节记忆和熟悉性记忆（即是否记得该项目以及对其的熟悉程度，这属于语义记忆的一种）的编码研究发现，情节记忆的编码激活了海马后部和海马旁回后部（图 5-7a），而熟悉性记忆的编码则激活了内嗅皮质，并没有激活海马组织（图 5-7b）。

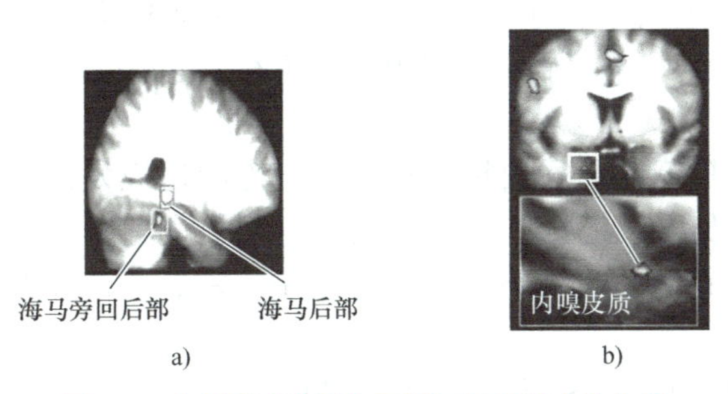

图 5-7　内侧颞叶皮质在不同记忆编码中的作用

a）情节记忆编码　b）项目熟悉性记忆编码的分离

2006 年，蒙塔尔迪（Montaldi）等研究了 MTL 在陈述性记忆提取中的作用。他们的方法是给被试呈现一些场景图片，两天后，再让被试辨认这些图片，区分哪些是看过的，哪些是没有看过的，并要求被试回答是否见过该场景以及对其的熟悉程度。同时，他们还分析了对应 MTL 的活动强度，结果如图 5-8 所示。图中，CR：正确拒绝（正确地被确认新项目）；M：错误拒绝（曾经看过的，却回答没有见过）；F1：熟悉性低；F2：熟悉性中；F3：熟悉性高；R：回想。只有当被试回想起曾经看过的场景图片时，海马才会被激活，如图 5-8a 所示。而海马外的内侧颞叶皮质（包括内嗅皮层和海马旁回前部）则与场景的熟悉程度相关，如图 5-8b 所示。由于研究已经证明了海马含有空间位置细胞，因此可以推断，海马对于情节的回想是必要的。

总而言之，大量证据都证明了这样一个事实：内侧颞叶支持不同形式的陈述性记忆。其中，海马参与可回想的情节记忆的编码和提取过程，而海马外的内侧颞叶区域，尤其是内嗅皮层，则参与不需要情节回想、基于熟悉性的记忆编码和提取过程。

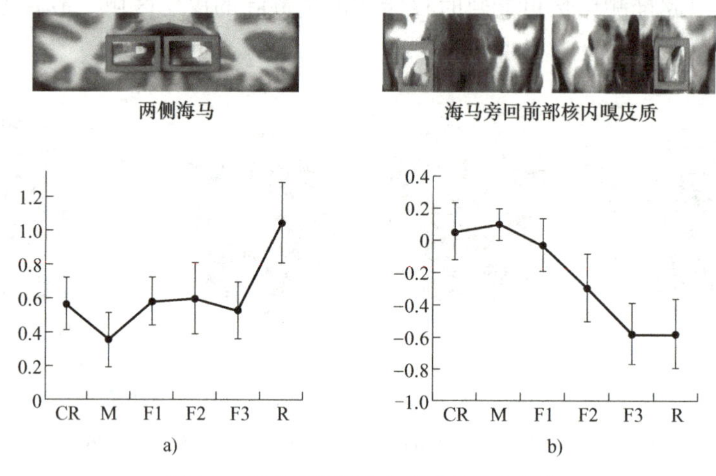

图 5-8　情节记忆提取和熟悉性记忆提取

a）海马区域的 MTL 在陈述性记忆提取中的作用　b）海马外的内侧颞叶皮质的 MTL 在陈述性记忆提取中的作用

5.1.4　陈述性记忆与额叶皮层

大量研究表明，大脑额叶参与了短时记忆、工作记忆和长时记忆的记忆过程。左侧额叶和右侧额叶在陈述性记忆的编码和提取中都扮演着关键角色，但其具体功能分工尚存在不一致性。

托尔文（Tulving）等以及尼伯格（Nyberg）等的研究发现，左侧前额叶通常参与情节记忆的编码，以及语义记忆的编码和提取，而右侧前额叶则通常参与情节记忆的提取。这意味着在情节记忆的编码和提取过程中，左、右前额叶发生了功能分离，如图 5-9 所示。

凯利（Kelley）、巴克纳（Buckner）等人则认为，单侧额叶的活动更多地与刺激材料有关，而非编码与提取的差别。当使用词语作为材料时，左侧额叶会被更多地激活；而当以面孔和图片作为材料时，右侧额叶则会被更多地激活。当编码可命名的物体时，两侧额叶都会被激活，如图 5-10 所示，图 5-10a 所示为词语记忆激活左侧前额叶；图 5-10b 所示为可命名物体记忆激活两侧前额叶；图 5-10c 所示为面孔或图片记忆激活右侧前额叶皮质。

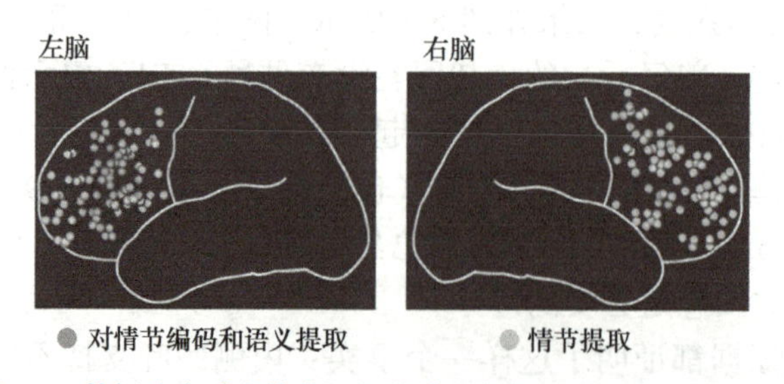

图 5-9　前额叶皮质在情节记忆的编码与提取过程中功能的分离

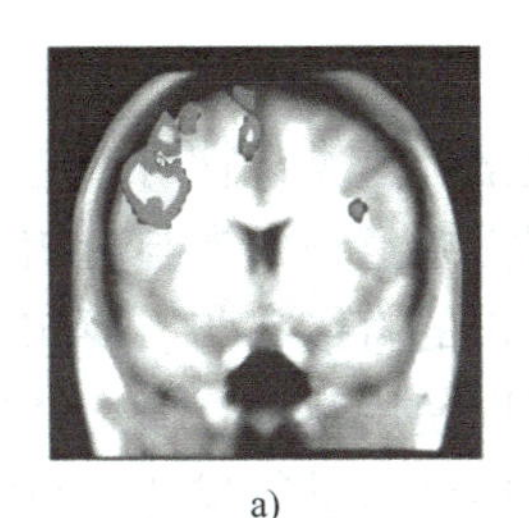
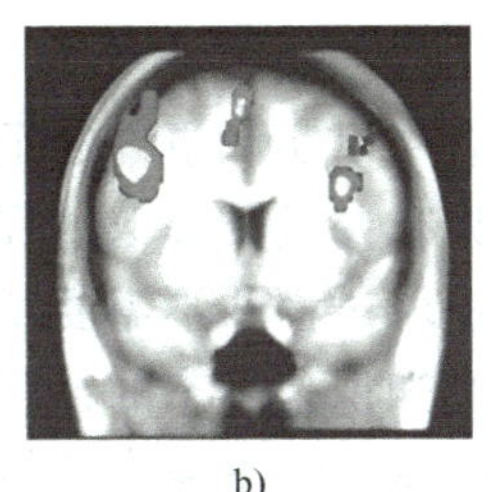
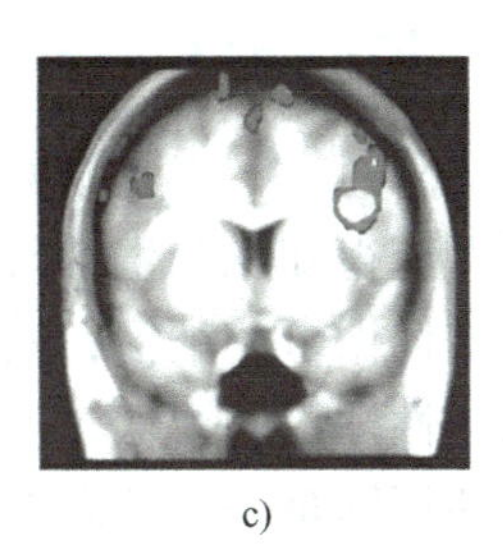

a)　　b)　　c)

图 5-10　前额叶皮质的记忆活动与材料有关

a）词语记忆激活左侧前额叶　b）可命名物体记忆激活两侧前额叶　c）面孔或图片记忆激活右侧前额叶皮质

5.1.5　陈述性记忆与间脑

如图 5-11 所示，间脑位于两侧大脑半球之间，是脑干与大脑半球连接的中继站。它主要包括丘脑和下丘脑。其中，丘脑被誉为“皮质的入口”，因为除了嗅觉信息外，其他所有感觉信息都要通过丘脑才能到达初级感觉皮质。

间脑是与陈述性记忆密切相关的脑区之一，仅次于颞叶。在间脑中，与陈述性记忆最为密切的部分是丘脑前核、背内侧核以及下丘脑的乳头体。海马的主要输出是通过穹窿（一束轴突）投射到下丘脑的乳头体，而乳头体的神经元又进一步投射到丘脑前核。同时，丘脑的背内侧核也接受来自颞叶结构（包括杏仁核和颞叶下部的新皮层）的信息传入。

1959 年，一位年仅 21 岁的病人 N.A. 因为意外导致左脑丘脑背内侧核损伤，进而出现了遗忘症状。N.A. 的遗忘症状与双侧 MTL 切除的病人 H.M. 相似，但程度较轻。他表现为短时记忆和智力正常，但存在大约两年的逆行性遗忘和严重的顺行性遗忘，很难形成新的陈述性记忆。还有其他一些病例与 N.A. 相似，其损伤部位包括丘脑和下丘脑的乳头体，也都出现了顺行性遗忘的症状。

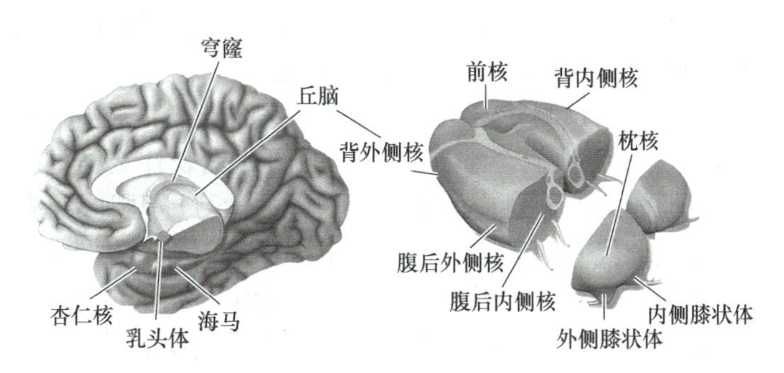

图 5-11　间脑与陈述性记忆

科萨科夫（Korsakoff）综合征是一种由慢性酒精中毒引起的遗忘综合征。其临床特点主要包括严重的记忆损伤、学习新知识困难、虚构（即编造经历和情节以填补记忆空白）、情感和行为反应迟钝，以及感觉运动失调等。

科萨科夫综合征的脑损伤通常涉及丘脑背内侧核和下丘脑的乳头体，有时还可能包括小脑、脑干和新皮层的损伤。该综合征的记忆障碍相较于 N.A. 和 H.M. 更为严重，患者不仅无法形成新的陈述性记忆（顺行性遗忘），还会出现严重的逆行性遗忘。

5.1.6 程序性记忆与纹状体

如前所述，陈述性记忆是指对有关事实和事件的记忆。这类记忆可以通过阅读书籍和课堂语言传授而获得知识和生活常识，并且其提取过程需要意识的参与。相对而言，程序性记忆则是指如何做事的记忆，其提取过程并不需要意识的直接参与。换句话说，陈述性记忆是关于陈述性知识的记忆，这类知识是静态的，可以使用字词、概念、事件等进行描述。而程序性知识则是一类动态的知识，它不能直接使用语言进行描述，只能通过一系列的动作或操作来表现和记忆。例如，“开车”的一系列动作是无法用语言直接描述的，只能通过实际的动作或操作来学习。但是，关于“开车”的规则和方式方法却是可以用语言直接描述的。因此，通过实际“开车”动作的练习，人们可以形成开车技能，这种技能存储在大脑中并形成程序性记忆。而关于“开车”的方法和规则则在大脑中形成陈述性记忆。由此可见，程序性知识的学习离不开陈述性知识，陈述性知识为程序性知识的学习提供了必要的帮助信息，促进了程序性知识的学习。因此，可以说陈述性知识是程序性知识的基础。

尽管陈述性记忆与程序性记忆之间密切相关，但二者涉及的脑区却并不相同。前面学习到，陈述性知识的记忆主要涉及内侧颞叶（MTL）和间脑。然而，研究表明，纹状体在形成习惯和程序性记忆中起着关键作用。

以内侧颞叶切除的病人 H.M. 为例，尽管他不能形成新的陈述性记忆，但仍然能够学习全新的习惯。在遗忘症的猴子模型中，内侧颞叶的嗅皮层的微小损伤就能破坏新的陈述性记忆的形成，但对程序性记忆几乎没有影响。此外，有研究表明，当损伤啮齿类动物的纹状体时，将破坏其程序性记忆。

患有亨廷顿氏舞蹈症的患者，其主要损伤部位是基底神经节的纹状体。这些患者难以学习运动技能，并且会产生运动障碍。诺尔顿（Knowlton）等人设计了两种实验任务：一种是程序性学习任务，另一种是陈述性学习任务（图 5-12a 和图 5-12b）。在程序性学习过程中，例如，让被试看一系列由两张图片组成的对应天气状况的组合，一种图片组合表示“晴天”，另一种图片组合表示“下雨”。事先不告诉被试图片组合代表什么天气，让他们自己学习。当他们自己预测并给出图片组合代表的天气时，向他们提供反馈是否正确。通过这种试错过程，最后他们会掌握什么样的图片代表什么样的天气。这种实验可以形成刺激与反应的习惯能力。而对应的陈述性知识的学习过程则为：在学习过程中，被试被明确告知哪种图片组合代表晴天，哪种图片组合代表下雨。被试只需要调动情节记忆将图片组合与表示的天气连接起来。因此，在这个实验中，两个任务使用的学习材料完全相同，实验达到的学习记忆效果也相同。不同的是，尝试错误的学习过程调动了程序性记忆，而另一种学习过程则调动了陈述性记忆。

图 5-12c 和图 5-12d 所示为通过这种学习方法测试帕金森病人（纹状体损伤）、遗忘症病人和正常人的学习记忆成绩。其中，图 5-12c 所示为程序性记忆成绩，图 5-12d 所示为陈述性记忆成绩。从图 5-12c 可以看出，纹状体保持完好的遗忘症病人和对照组，随着程序性知识学习次数的增加，其程序性记忆的能力也相应提高；而帕金森病人则表现出学习困难。从图 5-12d 可以看出，对照组和帕金森病人，随着陈述性知识学习次数的增加，其陈述性记忆的能力也提高；而遗忘症病人的陈述性记忆则表现不佳。

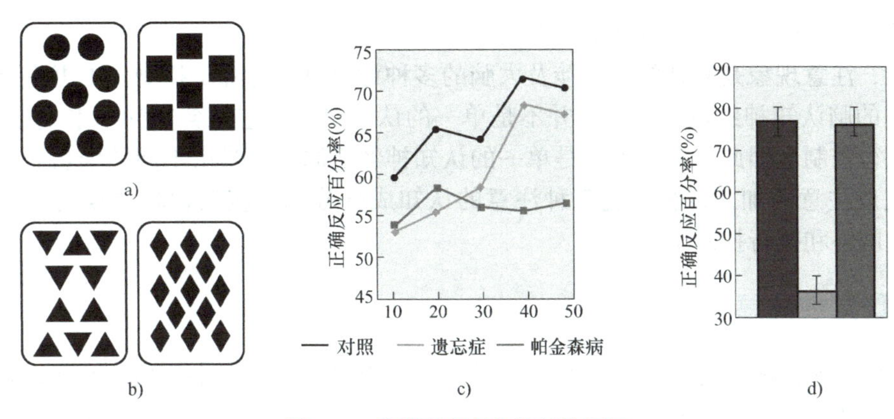

图 5-12　程序性记忆与陈述性记忆

a）晴天　b）下雨　c）程序性记忆成绩　d）陈述性记忆成绩

波德瑞克等人（Poldrack）通过类似于图 5-12a 和图 5-12b 所示的陈述性知识学习和程序性知识学习的方法，成功地分离了内侧颞叶和纹状体在陈述性记忆和程序性记忆中的功能。他们发现，陈述性记忆伴随着明显的内侧颞叶活动，而程序性记忆则伴随着明显的纹状体活动。

通过前面的学习可以了解到，大脑存在着多重记忆系统。其中，前额叶在工作记忆中扮演着关键角色；内侧颞叶（MTL）在陈述性记忆的形成方面起着关键作用；程序性记忆依赖于基底神经节的纹状体，启动学习与记忆依赖于新皮质，情绪性记忆依赖于杏仁核，而非联结性学习则依赖于反射通路来实现。值得一提的是，启动学习效应是内隐学习的重要组成部分。启动学习是很常见的现象，例如，“字不离母”的规律就是一种启动学习。例如，从汉字“生”可以推测出“茥”这个字也读“生”，这就是启动效应的一个例子。其他非陈述性记忆在这里不再赘述。

5.2　注意的认知神经基础

人脑的资源是有限的，无法同时处理所有信息，只能选择并处理那些我们感兴趣的信息。注意，就是人们将知觉集中于某一事件或刺激，同时忽略其他不相关事件或刺激的能力。在处理信息时，经常需要视觉、听觉等多种感知觉的共同参与，这就要求注意的参与和协调。从众多信息中选择出感兴趣的信息，这个过程就是选择性注意。显然，选择性注意贯穿于注意的各个阶段，无论是信息加工的早期还是晚期。因此，从认知神经科学的视角来看，不再单独讨论注意的过滤器模型（早期选择模型）、衰减模型（中期选择模型）和反应选择模型（晚期选择模型）等不同注意阶段的心理学模型。大脑在加工信息、控制加工过程等方面都离不开注意的参与，这涉及额叶、顶叶、颞叶、枕叶等广泛的皮质区域以及皮质下的结构。

将注意分为有意注意（也叫随意注意）和无意注意（也叫不随意注意、反射性注意）两大类。有意注意是一种有预定目的、目标驱动的、自上而下的注意。也就是说，有意注意是事先知道注意目标，有意识地注意一些事物的能力。无意注意是一种没有预定目的、受刺激驱动的、自下而上的注意。也就是说，无意注意的引发是由外部事件刺激引起的，一般维持的时间较短，具有返回抑制的现象。

总之，注意现象是复杂的，它涉及大脑的多种计算过程与加工机制。本书主要探讨与注意相关的脑认知神经机制。注意并不是单一的认知机制，它包含三种基本成分：警觉、选择和执行控制。因此，注意也不是单一的认知神经机制，而是由不同的脑功能网络相互协调来完成注意的加工过程。这三种注意的认知成分分别对应三种脑注意网络：警觉网络、定向网络和执行控制网络。

5.2.1 警觉性注意的神经机制

警觉性注意也称为觉醒状态，是一种持续性的高唤醒状态的注意警觉。它代表着对即将出现的刺激进行反应的准备状态，是有意注意的一个重要成分。警觉脑网络主要由脑干、丘脑以及大脑右侧额叶等组成，负责维持这种高唤醒状态。此外，神经递质也在调节警觉性注意中发挥着重要作用。有研究发现，当去甲肾上腺素释放减少时，警觉信号会相应减弱。

图 5-13 所示为警觉性注意的脑波成分：关联负变（Contingent Negative Variation，CNV）。CNV 是在 1964 年由沃尔特（Walter）等人发现的，并发表在 *Nature*（203，380–384）上。他们发现 CNV 在中央 Cz 点的活动最为强烈。然而，由于早期的头皮记录点较少，通常只有几个，因此无法解决 CNV 的源定位问题。

关于 CNV 的实验分为四个部分。在 A、B、C 三个实验中，被试只需要听或看，无论出现声音（如“喀”声）或者视觉刺激（如闪光），都不需要做出任何反应。因此，这些实验中没有主动注意的参与，也不会产生注意的觉醒状态。而在第四个实验中，要求被试在听到“喀”声或看到“闪光”后，在出现下一个“闪光”或听到“喀”声时立即按键。两个信号之间的时间间隔并不固定。这样，警觉性注意脑网络在第一次听到“喀”声或看到“闪光”时就被激活了。实验结果发现，在两个信号之间，被试的脑电出现了负向偏转（即负变）。这个脑电负变形成的类似高原的波形就是 CNV。在被试完成按键反应后，CNV 就消失了，因为警觉性注意的任务已经完成了。CNV 主要分布在额中央区 Cz，其幅度约为 18μV。

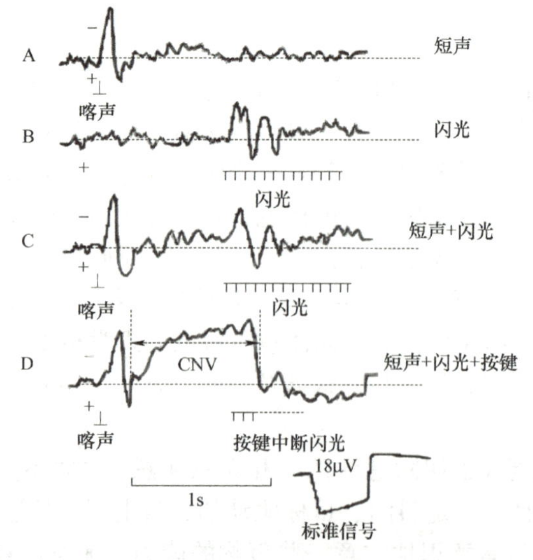

图 5-13 警觉性注意的脑波成分：关联负变（CNV）

5.2.2　定向注意的神经机制

定向注意也称为注意转移或选择性注意，是指从众多的信息中选择出与当前认知活动相关的对象或信息，并将注意从当前的对象上转移到新的对象上的过程。它体现了注意的选择功能。定向注意的脑网络主要包括顶上皮层、丘脑枕核、中脑的上丘、颞顶联合区以及额叶眼动区等。关于恒河猴的研究发现，顶上皮层存在“定向神经元”，这些神经元对于注意转移非常敏感，并且能够追踪有效的线索。中脑的上丘则能够将“注意指针”转向目标所在的区域，如果上丘及其周围区域受到损伤，将会影响视觉的定位功能。丘脑枕核则参与对指向区域的信息输入实施限制，也就是对注意对象进行选择。同时，研究还发现神经递质乙酰胆碱也负责注意的定向功能。

1. 听觉定向注意的神经机制

关于以人类为对象的听觉选择性注意的神经电生理研究始于 20 世纪 60 年代晚期和 70 年代早期。研究者们使用 ERP 技术（事件相关电位）来研究被试在有意注意和忽视时感觉系统的活动。他们发现，在相同的刺激条件下，注意刺激和忽视刺激所引发的 ERP 反应是不同的。

1973 年，希尔亚德（Hillyard）等人使用双耳分听实验对听觉定向注意的脑加工机制进行了研究，并将研究成果发表在 *Science* 上（182，177–180），如图 5-14a 所示。

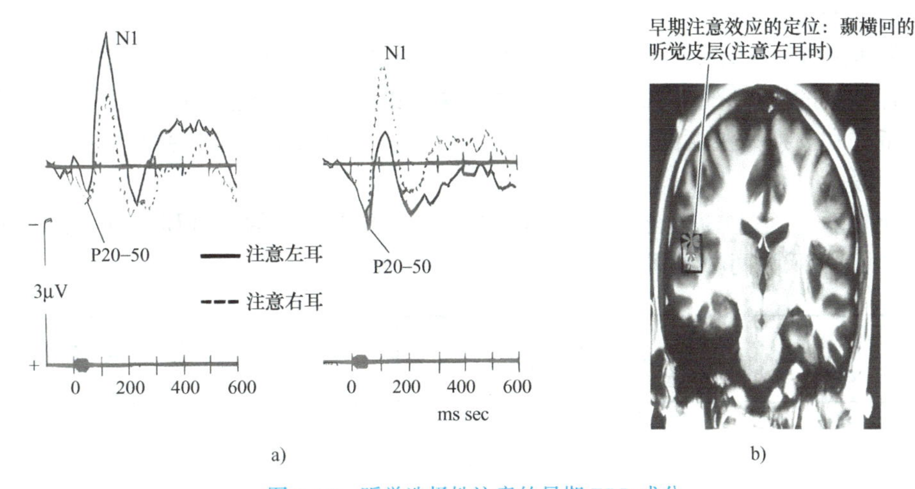

图 5-14　听觉选择性注意的早期 ERP 成分

a）双耳分听实验　b）早期听觉注意 ERP 信号的脑内定位

双耳分听实验的过程为：让被试头戴耳机，然后同时向双耳呈现不同音调的声音刺激。在一种条件下，要求被试注意左耳的声音而忽视右耳的声音（此时左耳是注意通道，右耳是非注意通道）；在另一种条件下，则要求被试注意右耳的声音而忽视左耳的声音（此时右耳是注意通道，左耳是非注意通道）。

关于双耳分听的选择性听觉注意的研究发现，无论选择左耳通道还是右耳通道作为注意通道，与被忽视的另一个通道相比，都产生了一个幅度更大的负波 N1，其峰值出现在刺激后的 90ms 以内。这个结果支持了注意的早期选择理论。

1991 年，伍德沃弗（Woldorff）等人重复进行了双耳分听实验，不仅重现了注意耳通道的声音信号的 N1 效应，而且还发现了一个更早的效应：在声音刺激后的 20 ～ 50ms 之间产生了一个正波，他们将其命名为 P20–50。这是一个选择性听觉注意带来的更早的效应，为早期选择理论提供了更有力的证据。

1993 年，伍德沃弗等人利用 MEG（脑磁图）技术研究了 P20–50 和 N1 这两个早期听觉注意 ERP 信号的脑内定位。他们使用偶极子分析技术来探究这些注意作用的神经起源，并发现它们都定位于初级听觉皮层——颞横回，如图 5-14b 所示。这说明它们都来源于听觉皮层，只是与潜伏期较短的 P20–50 相比，N1 源于听觉信息注意加工的较晚阶段。

2. 视觉定向注意的神经机制

视觉定向注意也称为选择性注意，主要包括空间定向注意、客体定向注意和特征选择性注意等多种形式。当注意选择的是空间中的某一位置时，它会促进出现在该位置上的物体的加工，这种现象被称为基于空间的选择性注意。当注意选择的是某一客体时，这种选择就脱离了空间位置的限制，注意会促进被选择客体的所有性质的同时加工，这被称为基于客体的选择性注意。而当注意仅选择客体的某一个特征（如颜色、形状或大小等）时，它会促进被选择客体该特征的加工，这被称为基于特征的选择性注意。注意易化即注意容易化，是指线索化后对执行某一注意任务具有促进作用，使得注意加工时间变短。与注意易化相反的概念是返回抑制，它指的是线索化后对执行某一注意任务具有阻碍作用，导致注意加工时间变长。

（1）视觉空间选择性注意　研究注意在信息加工过程中的效应，通常是通过检测注意对于目标刺激的反应来实现的。一般来说，常用的经典实验范式包括有意注意的中央线索化实验范式和反射型注意的外周实验范式。这些实验范式提供了研究视觉空间选择性注意的有效手段。

线索化实验范式是 1980 年由波斯纳（Posner）等人提出的一种研究视觉注意的实验方法。图 5-15 所示为两种空间选择性注意的实验范式。

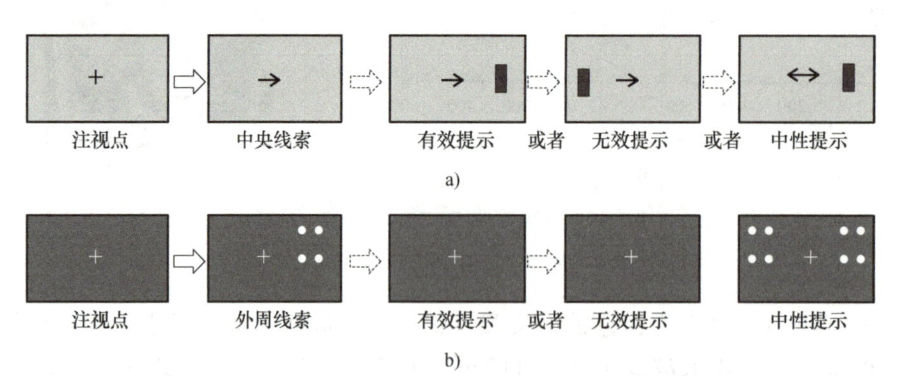

图 5-15　视觉空间选择性注意的实验范式

a）有意注意的空间线索实验范式　b）反射注意的空间线索实验范式

有意注意的空间线索实验范式如图 5-15a 所示。在这个范式中，被试首先被指示注视屏幕中央的注视点“+”。随后，在视野中央会呈现一个线索化箭头“→”，被试被告知目标最有可能出现在箭头所指向的空间位置。这种中央线索也被称为“内源性线索”，因为它对于注意的定向来源于被试自身要完成的目标任务，反映的是大脑内在的主动控制的注意机制。实验的控制条件设置如下：在 60% 的条件下，靶目标会出现在箭头所指的位置（有效提示）；在 20% 的条件下，靶目标会出现在箭头所指的相反位置（无效提示）；在另外 20% 的条件下，双向箭头线索根本不能提供位置信息（中性提示）。

反射注意的空间线索实验范式如图 5-15b 所示。在这个范式中，被试同样首先被指示注视屏幕中央的注视点“+”。然后，在视野左侧或右侧会呈现一个短暂的高亮度或某种颜色的线索化刺激，或者一个闪光。被试被告知目标最有可能出现在线索化的位置。这种外周线索也被称为“外源性线索”，因为它对于注意的定向来源于外在的感觉刺激引起的注意机制，而不是大脑内在的主动控制。实验的控制条件设置如下：在 60% 的条件下，靶目标会出现在线索化所在的位置（有效提示）；在 20% 的条件下，靶目标会出现在线索化的相反位置（无效提示）；在另外 20% 的条件下，左右视野都线索化，因此根本不能提供位置信息（中性提示）。

波斯纳（Posner）认为，注意就像聚光灯一样，可以在视野内移动。在聚光灯的覆盖范围内，注意的检测和加工会被易化，从而在行为上表现为反应加快和准确率提高。

如图 5-16a 所示，对于中央线索（内源性线索），当线索正确地预测了目标位置时，即有效线索，即使被试的视线并未随着线索落在目标位置上，被试也会快速做出反应。这是因为目标出现在了被试预期的位置上。相反，如果目标未出现在预期的位置上（无效线索），被试的反应则会相应变慢。对于中性线索，被试的反应速度介于有效线索和无效线索之间。

对于中央线索的空间选择性注意（图 5-16b），如果线索有效，则注意作用会被易化。然而，对于外周线索（外源性线索），注意是由外在刺激控制的，而非内源性的有意控制。因此，有效线索是否产生注意的易化作用，与线索提示和靶目标出现的时间间隔（Inter-Stimulus Intervals，ISI）有关。当注意聚光灯被反射性地吸引到一个外周线索化位置时，其有效性非常短暂，可持续 50 ～ 200ms。在这个时间范围内，被试对有效提示位置的反应比较快，即产生注意的易化作用。但是，当有效外周线索与靶目标出现的时间间隔变长时（大约 300ms），注意的聚光灯就会离开有效线索位置，导致反应变慢。而其他非线索提示位置的反应反而会变快。这种对于提示位置上的目标刺激反应变慢的现象被称为返回抑制。返回抑制机制是为了防止注意在放射性定向后在那个位置被占据过长时间（几百毫秒），从而影响对其他位置刺激的注意。

返回抑制说明：对于外源性注意，随着时间的流逝，最近被反射性注意过的位置会被阻碍，而没有注意过的位置会相对地被易化，这导致对出现在那个位置的刺激做出反应的速度变慢。

反射性注意现象是一种非常合理的注意机制。因为如果环境中的感觉事件导致的反射性注意时间过长，就会干扰人们正常地处理身边的其他事件。因此，对于外源性注意，注意的聚光灯会不断地改变注意位置。这与内源性的、有目的的主观控制的注意不同。内源性注意可以一直注意需要处理的目标，直至加工完成。但是，这并不意味着反射性吸引人们注意的事物无法被持续性地注意。如果被反射性注意的事件是重要的，人们就会转换注意机制，调动有意注意机制，以便将注意维持更长时间。

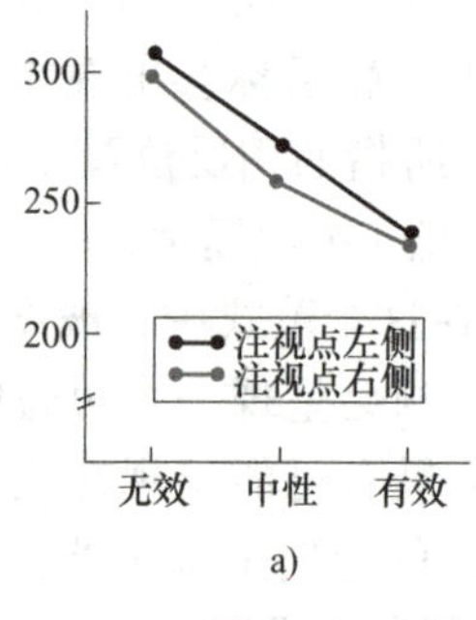

a)

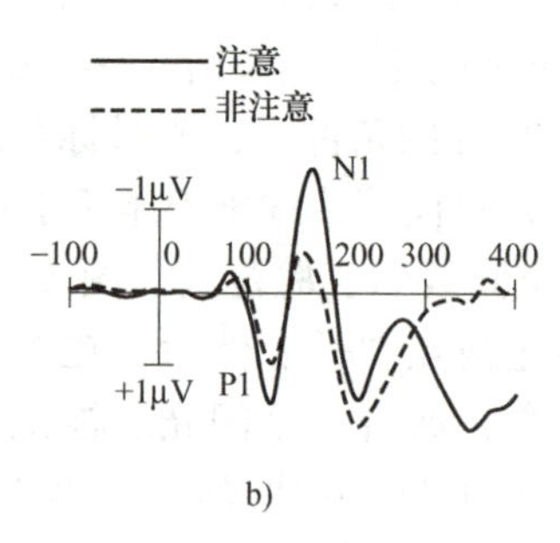

b)

图 5-16　空间选择性注意的行为与神经机制研究

a）中央线索（内源性线索）的实验范式　b）空间选择性注意的 ERP

为了深入研究空间选择性注意的神经机制，研究者们采用了多种形式的视觉空间选择性实验范式。例如，1984 年，希尔亚德和姆恩特（Hillyard & Muente）为了探究持续空间注意，借鉴了听觉实验的方法，研究了初期视觉空间选择的大脑神经活动。在实验过程中，要求被试注视屏幕中央的注视点“+”，并且视线不得离开。为了防止被试移动注意点，条形刺激仅呈现 32ms。实验分为两个条件：实验条件一要求被试对呈现在左侧视野的条形刺激进行反应，而忽略右侧的条形刺激；实验条件二则与实验条件一相反。通过这样的设计，可以记录并分析左侧视野或右侧视野内的刺激在注意和非注意条件下诱发的 ERP（事件相关电位）。

为了进一步研究瞬态变化的视觉空间选择性注意，1991 年，曼根与希尔亚德（Mangun & Hillyard）采用了中央线索实验范式（图 5-16a），研究了注意和非注意条件下的 ERP。1998 年，霍普芬格和曼根（Hopfinger & Mangun）则采用了外周线索实验范式（图 5-16b）来探究反射性注意的神经机制。这些研究都观察到了相似的 ERP 成分。在左视野或右视野的空间定向实验条件中，对侧枕区的电极都记录到了一个负波（C1），其潜伏期约为 60ms，随后是一个最大幅度的正波（P1），其潜伏期为 70 ～ 90ms。尽管实验条件存在差异，但共同的发现是 C1 的幅度不受空间注意的影响，无论是注意还是非注意状态下都没有显著区别；同时，当刺激出现在注意的位置上时，P1 的幅度会增大，而出现在非注意位置上的 P1 幅度则会减小。然而，这些 ERP 成分的潜伏期与注意和非注意状态无关。通过比较视觉和听觉选择性注意的 ERP 成分，研究者们发现听觉定向的早期 ERP 成分 P20–50 发生得较早，而视觉空间定向的早期成分则发生得较晚（如 C1 大约为 60ms）。

1996 年，克拉克与希尔亚德（Clark & Hillyard）对空间选择性注意的 ERP 早期成分 C1 和 P1 的脑定位进行了研究。他们获取了被试的 MR 结构像，并使用偶极子模型来模拟 ERP 数据。通过结合 MR 结构像，他们确定了偶极子在大脑中的位置（图 5-17）。研究表明：纹状皮层 V1 的偶极子 1 可以模拟 C1 的源，而 P1 的源则可以使用位于大脑两半球纹外皮质（BA19）的偶极子 2 和 3 来模拟。

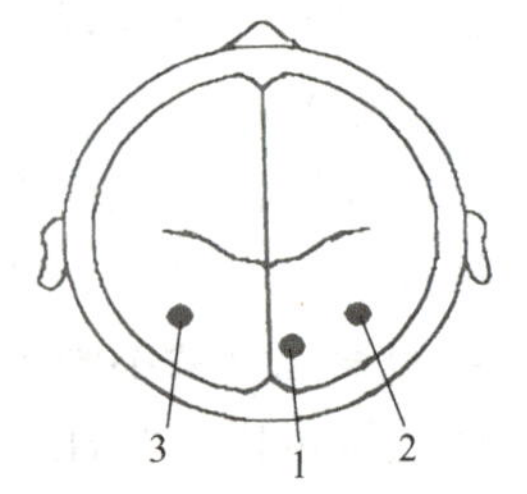

图 5-17　视觉空间定向的 ERP 早期成分 C1 和 P1 的脑定位

1998 年，霍普芬格（Hopfinger）和曼根（Mangun）的研究表明，反射性注意的早期视觉皮质活动发生在纹外皮层。1997 年，曼根等人基于 PET 和 ERP 的空间选择性早期注意的视觉皮质定位研究发现，当注意左侧时，会激活右侧视觉皮质的梭状回（FG）和中后枕回（MOG），尤其是腹侧皮质表面上的后部梭状回的激活更为明显。这些激活区域也都位于纹外皮层（图 5-18）。这些研究结果支持了空间视觉注意最早发生在纹外皮层，而初级视觉的纹状皮层 V1 的活动可能不受空间选择性注意的调控。

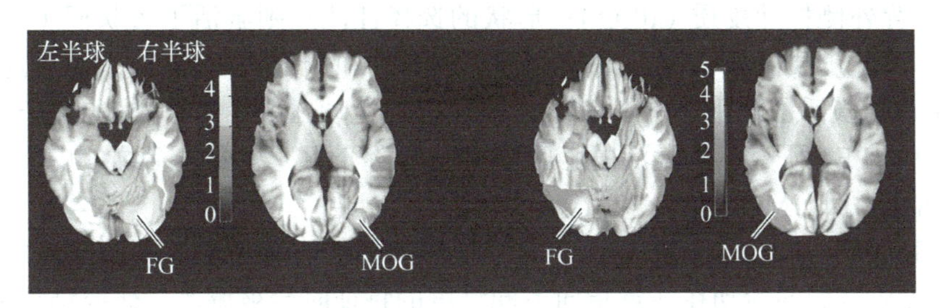

图 5-18　视觉空间定向早期的 PET 脑成像

视觉信息首先通过视网膜上传到外侧膝状体核（LGN），然后投射到初级视觉皮层和高级视觉皮层等进行进一步加工。那么，注意效应是否在皮质加工之前，即在 LGN 就已经产生了呢？针对这个问题，2006 年，卡斯特纳（Kastner）等人利用 fMRI 技术进行了研究。

如图 5-19 所示，实验方法是使用左、右棋盘格作为刺激（图 5-19a），要求被试注意左侧或者右侧闪烁的棋盘格，图 5-19b 所示为脑激活图，其中包括了 LGN 和多重视觉皮质。在图 5-19b 中，黄色和蓝色区域分别表示右视野和左视野激活的区域，蓝色方框标记了视觉皮质区域，而红色方框则标记了 LGN 区域。图 5-19b 展示了左脑或右脑的神经响应信号中的 BOLD%（血氧水平依赖信号百分比），其中红色曲线代表刺激被注意时的 BOLD% 曲线，而黑色曲线则代表刺激被忽视时的 BOLD% 曲线。从图中可以看出，空间定向作用不仅在视觉皮质受到调控，而且在皮质下的丘脑核团，如 LGN，也受到调控。尽管 LGN 的调控幅度相对较小，小于视觉纹外皮质，但这表明注意效应在视觉信息加工的早期阶段就已经开始产生影响。

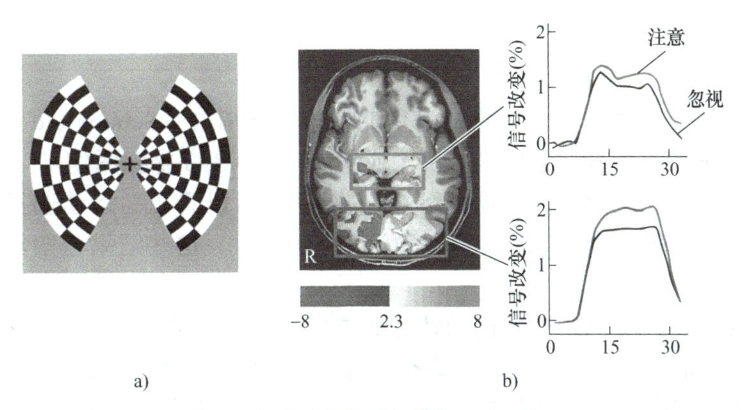

图 5-19　视觉空间定向的外侧膝状体核（LGN）的 fMRI 研究

a）左、右棋盘格　b）左脑或右脑的神经响应信号中的 BOLD%

（2）特征选择性注意　特征选择性注意是指人们在观察事物时，选择性地关注其某一特定特征（如颜色、形状、运动等）的视觉注意现象。如图 5-20 所示，该图总结了 PET 技术在注意研究中的应用，包括专门负责颜色、形状和运动特征的选择性注意，以及负责空间选择性注意激活的脑区。

从图 5-20 可以看出：颜色的选择性注意主要激活了纹外皮质区域，具体包括舌状回（LG）和背外侧枕叶皮质（dLO）；形状的选择性注意则激活了舌状回（LG）与梭状回（FG）等纹外皮质区域，以及海马旁回（PhG）和颞上沟（STS）；而对运动（速度）的选择性注意则激活了顶下小叶（IPL），即对应的运动区域（MT/V5）。关于选择性空间（位置）注意的 PET 研究，其激活的脑区前文已有所介绍，主要包括纹外皮质的后部梭状回（FG）和枕中回（MOG）。

这些研究表明，颜色、形状和运动等特征的选择性注意会激活不同区域的纹外皮质，这说明这些皮质区域的活动在注意指向不同维度的特征时会被调制。研究结果表明，无论是空间选择性注意还是特征选择性注意，在特征分析之前，便已经在其通道特异的皮质区域内影响了对注意对象的知觉加工。

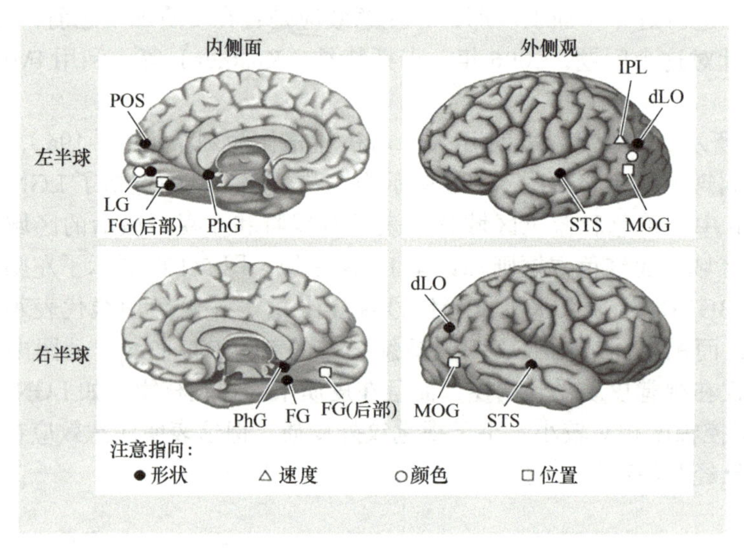

图 5-20　特征选择注意的 PET 研究

为了进一步研究特征选择性注意的潜伏期，司库恩福德（Schoenfeld）等人考察了颜色和运动两个维度的选择性注意时的 fMRI 脑激活以及 MEG 脑磁图信号。图 5-21 所示为运动特征选择性注意和颜色选择性注意激活的脑区。可以看出，运动选择性注意主要激活了 MT/V5 区域，而颜色选择性注意则激活了 V4 脑区，这些结果与知觉研究的结果相一致。

同时，研究发现，颜色刺激或运动特征的选择性注意的神经活动是在颜色或运动特征刺激变化呈现 100ms 后出现的。这一现象表明，与空间选择性注意相比，特征选择性注意的潜伏期较长。换句话说，特征选择性注意效应发生在视觉层级性加工的较晚阶段，主要位于纹外皮质，而不像空间选择性注意那样，最早发生在纹状皮质或皮质下丘脑的外侧膝状体核。

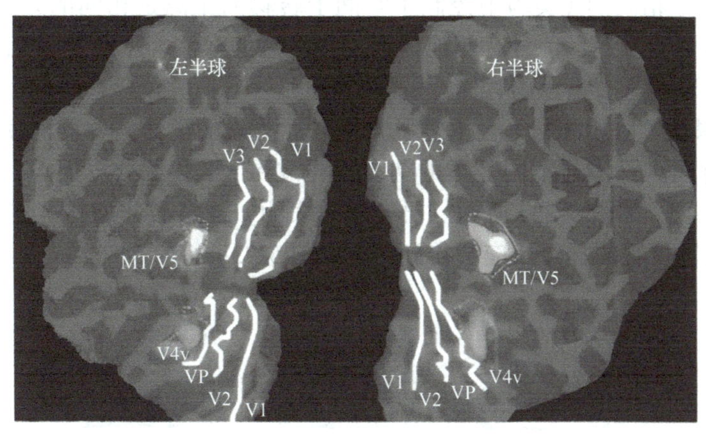

图 5-21　颜色和运动维度特征选择注意的神经活动

（3）客体选择性注意　客体选择性注意与空间选择性注意和特征选择性注意有所不同，它倾向于把人或物视为一个整体，即所谓的“客体”。更具体地说，客体是指一组基本刺激特征以一种特定的方式组合，形成一个可识别的人或物。在客体选择性注意中，关注点在于客体本身，而非其空间位置或某一维度的特征。

1994 年，安格利亚（Egly）等人巧妙地运用了空间选择性注意的线索化范式来研究客体选择性注意的特点。图 5-22a 所示为实验方法：实验中使用了两个扳手状的图形作为客体，并持续呈现在屏幕上，它们可以是水平或竖直的方向。屏幕中央有一个线索，指向左上方或右上方。被试的任务是对靶目标做出反应。图 5-22b 所示为行为反应时的结果。

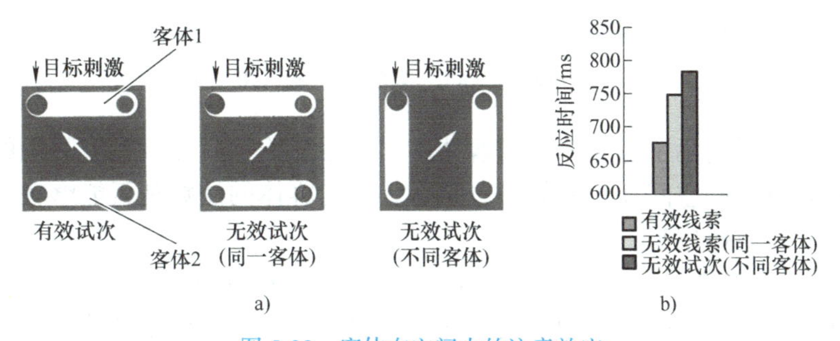

图 5-22　客体在空间中的注意效应

a）安格利亚实验方法　b）行为反应时的结果

在提示有效的情况下，靶目标会出现在提示箭头所指的位置上，如图 5-22a 左图所示。而当靶目标没有出现在提示箭头指向的位置时，可以分为两种情况：一种是靶目标出现在箭头所指示的客体上，如图 5-22a 中间图所示；另一种是靶目标并未出现在提示箭头所指示的客体上，如图 5-22a 右图所示。

从图 5-22b 所示的实验结果可以看出，有效线索的反应速度是最快的。对于无效线索，其反应速度分为两种情况：当指示信号与靶目标属于不同客体时，其反应速度会慢于它们属于同一客体的情况。这一现象无法用空间选择性注意来解释。因为如果仅仅是由空间选择性注意引起的反应速度变慢，那么在无效提示时，无论靶目标是否在同一客体上，其反应时间应该是相同的（实验中控制了空间上转移的距离是相同的）。这种不同客体间反应速度的差异说明，提示信号有效地提示了被注意的客体，从而使得靶目标在指示客体上的反应速度快于在未被指示的客体上的反应速度。

2003 年，穆勒（Müller）等人重复了安格利亚等人的工作，并同时使用 fMRI 技术研究了无效线索时同一客体与不同客体的初级视觉皮层 V1 和纹外皮层 V2、V3 和 V4 的神经反应（BOLD%），如图 5-23a 所示。研究结果表明，注意被分配在客体内，因此，同一个客体内未被提示位置的神经反应会得到增强（图 5-23b 和图 5-23c）。

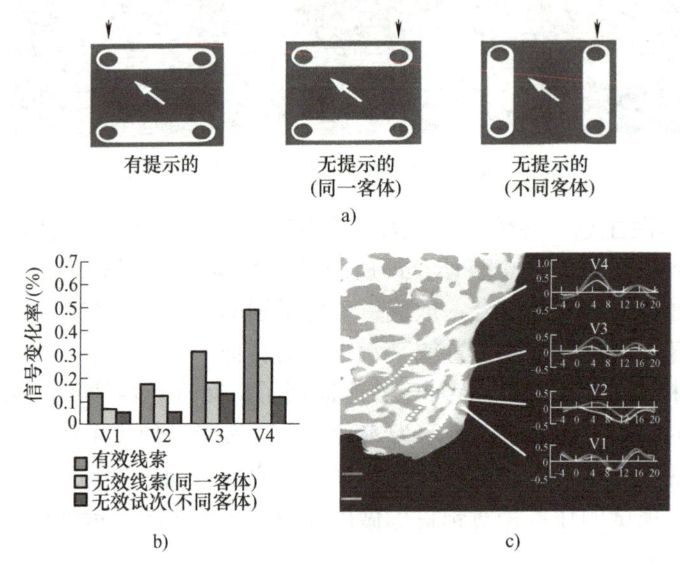

图 5-23　客体选择性注意在视觉皮质 V1 ～ V4 的神经反应

a）穆勒实验方法　b）信号变化率　c）变化曲线

这样的实验结果揭示了以下事实：客体的出现会影响空间注意在空间中的分配，换言之，客体表征具有调制空间注意的能力。那么，指向客体的注意是否能够在不依赖空间注意的情况下独立产生作用呢？

1999 年，奥克雷文（O'Craven）等人为客体的选择性注意机制提供了实验证据。他们的实验方法是将半透明的房子和面孔叠加在一起，使它们占据相同的空间位置，这样设计使得客体注意能够独立于空间注意的影响，如图 5-24a 所示。在这个实验中，叠加的两个客体中一个会前后移动，而另一个则保持静止。实验结果显示，运动的选择性注意会激活颞顶皮质的运动区 MT/V5，注意面孔时会激活梭状回的面孔区 FFA，而注意房子时则会激活海马旁回的位置区 PPA。

需要特别注意的是：当选择性地注意运动而忽略运动的对象时，不仅 MT/V5 区的活动会增强，而且与运动的物体（无论是面孔还是房子）对应的脑区（FFA 或 PPA）的神经活动也会增强，如图 5-24b 所示。这说明注意促进了被注意客体的所有特征的加工，即一旦某个客体被选择，与其相关的所有特征的加工都会得到易化，表现为相应脑区的神经活动增强。这些研究还表明了一个重要的事实：即使没有空间注意的参与，自上而下的注意控制也可以在客体表征这一水平上影响知觉分析。

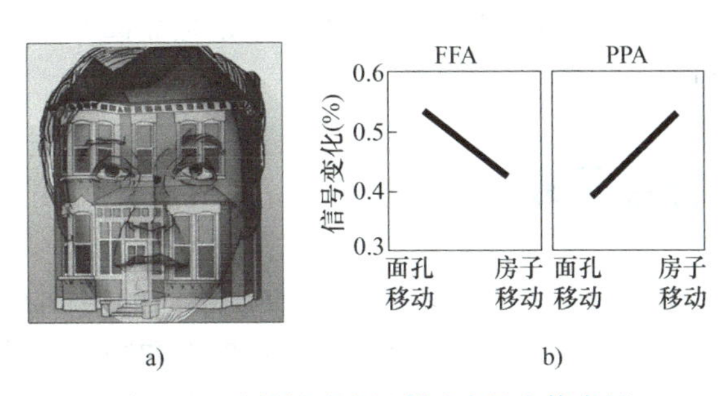

a)　　b)

图 5-24　选择性注意调制脑中的客体表征

a）奥克雷文实验方法　b）选择性注意条件下 FFA 或 PPA 的神经活动

5.2.3　执行注意的神经机制

执行注意的功能主要包括注意的保持、调节和监控。它负责持续关注任务目标，同时抑制对非目标的关注。注意保持是指在注意加工过程中，为了防止注意从未完成加工的对象上转移，需要将注意对象保持在意识中，直至加工完成。注意调节则是指可以控制注意加工活动向着一定的目标和方向进行，使注意得到适当的分配和转移。注意监控是指在注意过程中需要进行控制，以确保注意能够向规定的方向集中。执行注意的脑网络主要包括前扣带回和背外侧前额皮层等区域。前额叶损伤的病人往往无法维持注意，例如，他们可能无法持续地保持与他人的谈话，而是会无理由地撇下对方去关注其他事情。在要求摹写一系列字母时，他们可能只能描绘出一两个字母。认知神经科学的研究发现，在完成复杂任务时，背外侧前额皮质和前扣带回皮质的血流量会增加，活动会增强，表明这两个区域在注意保持、调节、控制等方面起着关键作用。同时，研究还发现执行注意也受到神经递质多巴胺的影响。如果多巴胺浓度过低，个体往往很难抑制对非任务目标的关注，即他们非常容易分心。

通过脑损伤和脑成像等研究，科学家们发现额叶、顶叶和扣带回等脑区共同构成了一个控制有意注意的脑网络。例如，2004 年韩（Han）等使用棋盘格在左视野或右视野呈现刺激，并在不同的实验任务要求下，要求被试对左视野或右视野的靶目标进行按键反应。非任务的对照条件则是要求被试只盯住中央注视点而忽视左视野或右视野出现的刺激。他们使用 fMRI 技术记录了脑血液动力学的改变。参与实验的被试包括健康被试和左侧顶叶损伤（由于血管瘤）的被试。

研究结果显示：与健康被试在对照条件下的反应相比，当他们选择性地注意左视野或右视野时，大脑双侧额叶和顶叶的活动会增强。这表明大脑双侧额叶和顶叶都参与了空间注意的控制。

对于左侧顶叶损伤的被试的实验结果则显示：与对照条件相比，在注意左视野时，他们的双侧额叶、右侧顶下小叶（由于左侧顶叶损伤）以及扣带回等脑区的活动会增强；然而，在注意右视野时，与对照条件相比，并没有发现大脑的任何脑区被激活。这个研究结果说明：由于被试的右侧顶叶是正常的，因此当注意左视野时，双侧额叶也能发挥正常的注意控制功能；然而，由于其左顶叶受损，当注视右视野时，不仅顶叶不能参与注意的控制，双侧额叶也无法参与对注意的控制。因此，我们可以得出结论：额叶和顶叶在注意控制中是相互影响的，不同脑区在注意控制网络中并不是独立起作用的，它们需要相互协调才能在注意控制中发挥作用。

5.3 语言认知的神经基础

语言是人类相互交流的重要工具，不同的国家、不同的民族有着各自的语言表达方式。语言脑认知的研究主要来自心理语言学、认知心理学和脑认知功能等，主要是基于脑外伤导致失语症、失读症等语言认知功能障碍的研究。由于一些技术手段可以无损伤地研究人的语言认知功能，其优势是可以设计一些实验方式去考察脑语言认知功能和特异性的脑语言认知网络，例如，脑波（EEG/ERP）、脑功能成像（PET/fMRI）等正常人的语言认知功能的研究极大地推动了人们对于脑语言认知机制的研究。本书不是心理语言学，不去研究详细的语言学理论，如语言理解理论、语言产出理论等。本书将从认知神经机制的视角学习语言与脑神经机制的关系。

5.3.1 语言中枢模型

随着认知神经科学的不断发展，一些语言加工模型也不断被提出。这些语言加工模型都从不同视角、不同程度地阐释了人类语言理解和认知机制。但是，语言加工的神经机制是很复杂的，不可能使用一种模型完全揭示语言加工过程。本书将介绍三种基于语言认知神经机制的比较典型的语言加工模型：语言中枢模型、非语言中枢模型和记忆－整合－控制模型。

前面已经介绍，人类大脑分为左半球和右半球，两个半球分工协作完成信息处理。对于右利手人群，90% 以上的语言优势半球是左脑；对于左利手人群，70% 以上的语言优势半球也是左脑。因此，可以说左脑是语言优势脑半球。

人类的语言包括听、说、读、写四种基本过程。这四个过程既独立又相互联系，构成了复杂的言语认知过程。同时，听、说、读、写各有其相对独立的脑功能网络，且每个功能网络都有各自的中枢，分别称为听觉语言中枢（听中枢）、运动语言中枢（说中枢）、视觉语言中枢（读中枢）和书写语言中枢（写中枢）。

典型的语言中枢加工模型是 Wernicke–Geschwind 语言模型（韦尼克－格施温德语言模型），它包括三大语言中枢和皮质感觉与运动区，如图 5-25 所示。三大语言中枢分别是听觉语言中枢（韦尼克区，Wernicke's area）、运动语言中枢（布洛卡区，BA44/45）和视觉语言中枢（角回，BA39，位于颞顶枕三者交汇处）。此外，该模型还包括皮质感觉区：听觉中枢（BA41/42）和视觉中枢（初级纹状皮层 V1 和纹外高级视觉皮层 BA18、BA19），以及运动中枢（BA4）。实际上，语言除了听、读、说以外，还包括写。因此，本书也将介绍书写中枢（额中回，BA8）。请注意区分听觉中枢和听觉语言中枢、视觉中枢和视觉语言中枢。

（1）复述口语单词的语言加工顺序　当单词的读音传入耳朵后，首先到达听觉皮层（BA41/42），然后激活听觉语言中枢（韦尼克区，位于 BA22 后部）的神经元活动，对语音进行理解。为了复述所理解的单词，需要通过弓状纤维束将此语音信号传递给运动语言中枢（布洛卡区，BA44/45）。在运动语言中枢，单词被转换成肌肉运动编码，然后输入到运动皮层（BA4）的嘴部运动区，实现说的动作。如果是写的话，信号会传递给写中枢（额中回，BA8），在写中枢把单词转换成手部肌肉编码，输入给运动皮层（BA4）的手部运动区，实现写的动作。具体过程如下：

复述单词的过程：听觉皮层（初级听觉皮层 BA41 →高级听觉皮层 BA42）→韦尼克区（BA22 后部）→布洛卡区（BA44/45）→运动皮层（BA4）的嘴部区域（说）。

听并书写的过程：听觉皮层（初级听觉皮层 BA41 →高级听觉皮层 BA42）→韦尼克区（BA22 后部）→写中枢（额中回，BA8）→运动皮层（BA4）的手部区域（写）。

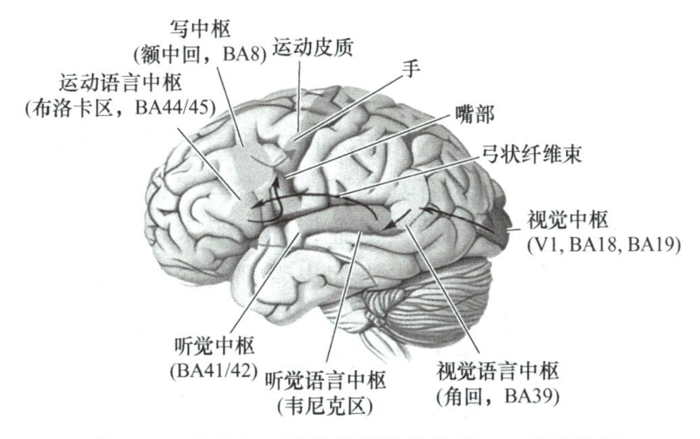

图 5-25　韦尼克 – 格施温德语言模型：左半球优势

（2）朗读书面材料的语言加工顺序　阅读书面文字时，输入信息首先需要经过视觉的纹状皮层（BA17，一次视觉区 V1）和高级视觉皮层（BA18 和 BA19）进行处理，然后，视觉信号被传递到视觉语言中枢（角回，BA39，位于颞叶、顶叶、枕叶交汇处）。视觉信号通过角回的进一步转换，输出激活韦尼克区（BA22 后部）的神经活动，其激活模式与听觉输入模式相同。之后的处理过程与听觉语言信息的处理过程相同。具体过程如下：

朗读语言：视觉皮层（初级纹状皮层 BA17 →高级视觉皮层 BA18、BA 19）→视觉语言中枢（角回 BA39）→韦尼克区（BA22 后部）→布洛卡区（BA44/45）→运动皮层（BA4）的嘴部区域（说）。

（3）失语症与语言中枢　失语症很常见，脑卒中患者中的大约 40% 会在最初几个月内出现失语症状。很多病人会持续失语，在口语和书面语言的理解和产生方面长期存在问题。产生失语症的原因有很多，很多脑区的损伤都可能导致失语症，这里只介绍由于语言中枢系统和相关神经纤维束损伤导致的失语症。

运动性失语症：当运动性语言中枢（布洛卡区）损伤时，患者虽然能发音，但是丧失了表达完整语言的能力。简言之，患者能看、能听、能写，但不能说话。

感觉性失语症：当听觉语言中枢（韦尼克区）损伤时，患者虽然听觉无障碍，但是听不懂别人说的是什么，所答非所问。简言之，患者能看、能写、能说，但听不懂讲话。

失读症：当视觉性语言中枢（角回）受损伤时，患者不知道书面语言的意义，当然也不能读出文字的字音。但是患者可以理解口语、复述口语。简言之，患者能听、能写、能说，但看不懂文字。

失写症：当写中枢（额中回）障碍时，患者不能书写文字，抄写也不能。简言之，患者能看、能听、能说，但不会写。

命名性失语症：当 Wernicke 脑区附近的脑区损伤时，会导致一种命名不能的障碍。因此，把这个脑区域称为命名中枢。具体来说，命名中枢位于颞叶后部的 BA22 区，也涉及临近的 BA21 区和 BA37 区。例如，H.W. 病人因外脑卒中导致命名中枢损伤，得了命名不能症。他把看到的"椅子"用"这个"代替，不能说出"椅子"；把"饼干"用"食物"代替，不能说出"饼干"等。命名性失语症患者能说、能听、能写，但是遗忘人物名称、物体名称等词汇。有时经人提示还可以说出，但不久就会遗忘。因此，也叫记忆缺失性失语症。

5.3.2 语言非中枢模型

Wernicke-Geschwind 语言模型描述了语言加工过程中语言中枢所扮演的重要角色。但大脑是复杂的，除了语言中枢外，还有其他脑区也参与了语言加工过程。例如，皮层下的丘脑、尾状核等结构的损伤也会导致失语症；外科手术切除大脑皮层的其他部分同样可能导致语言功能障碍。同时，大部分失语症患者都会同时面临理解和表达的问题。例如，患有 Broca 失语症的病患，虽然能理解一般问题，但却无法理解复杂的问题。而患有 Wernicke 失语症的病患，除了理解能力严重受损外，其语言表达能力也受到了严重影响。另外，实际上，视觉信息也可以不经过角回直接传送到布洛卡区（Broca），因此，也有研究将角回的功能归于听觉语言理解。以上的这些实例都说明了语言加工还涉及其他脑区域，Wernicke-Geschwind 模型所描述的脑区之间明确的功能界限并不存在。为此，研究者们提出了一个非语言中枢的语言加工模型，如图 5-26 所示。尽管 Wernicke-Geschwind 模型存在这些问题，但由于其简洁且基本合理，因此仍然被广泛用作理解语言加工的基础模型。

支持图 5-26 所示的语言加工模型的是一项 PET 研究，其结果如图 5-27 所示。研究者们首先测量了被试在休息状态下的脑血流量，然后让他们观看屏幕上的单词或听一些单词的朗读。通过计算看单词或听单词时产生的脑血流量与休息状态下脑血流量的差值（即认知减法），得到了看单词或听单词时特异性的脑血流量水平。图 5-27a 所示为看单词时激活的脑区，包括纹状皮层和纹外皮层，而角回并未被激活。图 5-27b 所示为听单词时激活的脑区，包括颞上回的前部、后部和角回。这项关于看和听单词的脑激活研究支持了图 5-26 所示的语言加工模型。

另一项 PET 研究关注了"说单词"时的脑活动。研究者让被试听单词然后复述，通过计算"复述单词"的脑活动减去"听单词"的脑活动，得到了"说单词"的脑活动模式。如图 5-27c 所示，初级运动皮层和辅助运动皮层表现出高水平的活动，同时外侧裂两侧的脑区也可见到脑血流量增加。

图 5-27d 所示实验则研究了大脑如何"生成单词"。实验方法是让被试观看呈现单词的一种用途，例如，听见单词"蛋糕"时，被试需要联想并说出相关词汇，如"好吃"。为了获得产生"好吃"这个单词的脑激活模式，研究者计算了"说单词"的脑活动减去"复述单词"的脑活动的差值。如图 5-27d 所示，产生单词的任务激活了左额下回（即布洛卡区，是运动语言中枢，负责语言的产生）、扣带回前部（可能与注意或冲突抑制有关）和颞中回后部（其活动可能与联想任务有关）。

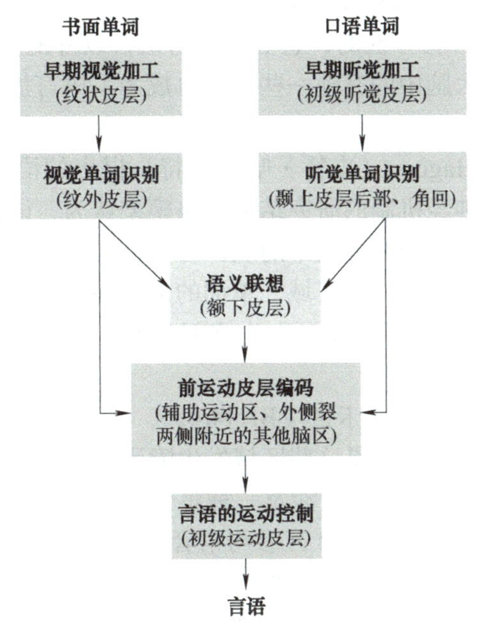

图 5-26　一个非语言中枢语言加工模型

综上所述，图 5-27 所示的 PET 研究结果支持了图 5-26 所示的语言加工模型。因此，可以得出结论：语言加工过程是复杂的，涉及多个脑区的参与。语言加工不仅限于布洛卡区和韦尼克区之间的相互作用，还涉及更复杂的机制。值得注意的是，这些语言模型仅仅是针对单词级别的语言加工就激活了许多脑区的参与（图 5-27 中的蓝色区域）。因此可以预见，对于更复杂的语言理解，如句子和语篇（由多个句子组成）的语言加工，过程将会更加复杂。

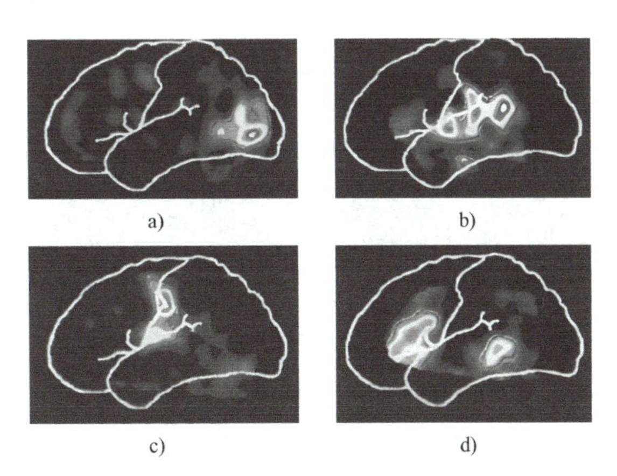

图 5-27　单词加工的 PET 研究（来自 Posner 和 Raichle，1994）

a）看单词　b）听单词　c）说单词　d）生成单词

5.3.3　记忆 – 整合 – 控制语言模型

新一代的神经语言模型是基于脑成像等发现的脑语言加工的神经网络以及心理语言学的研究结果综合而成的。在这些模型中，包含了由保罗 • 布洛卡（Paul Broca）和卡尔·韦尼克（Carl Wernicke）所确定的传统语言加工区域。然而，这些区域不再像经典语言模型中那样被视为语言特异性的，它们也参与语言以外的其他信息加工过程。此外，在新的神经语言模型中，大脑中的其他一些脑区也成为了语言加工的组成部分，尽管它们不一定是特异于语言加工。

图 5-28 所示为 Peter Hagoort（皮特·哈格尔特）提出的语言加工模型，该模型综合了近年来关于脑语言认知神经机制的研究结果。该模型认为，语言加工包括记忆、整合和控制这三种功能成分，以及它们在大脑中的表征区域。

记忆：涉及储存和提取词汇的脑区域。单词的语音和音位特征存储在优势半球的颞上回后部（包括 Wernicke 区），并扩展至颞上沟这部分脑区；而语义信息则存储在左侧颞中回和颞下回的不同区域中。

整合：左侧额下回，包括布洛卡区（BA44/45）、额下回 BA6 区和 BA47 区，在经典观点中被认为是语言运动中枢。如果这些区域发生障碍或损伤，患者将无法说出完整的语言。而 Hagoort 模型则认为，左额下回涉及三种整合加工：语音整合、语义整合和语法整合。其中，额下回最上部分 BA6/BA44 区参与语音整合，最下部分 BA45/BA47 区参与语义加工，中间部分 BA44/BA45 区参与语法加工。这三个区域分工合作，共同对语言动作进行编码。

控制：语言认知加工过程中的监督控制，包括记忆、语音识别等的控制，以及把语言与行动关联起来的能力，例如，双语言转换以及人们在语言交流时的交替说话等控制功能尤为重要。控制脑区主要定位于背外侧前额叶的 BA46 区和 BA9 区。关于语言的认知控制脑区的研究相对较少，但其他任务控制的脑区在语言控制中也起作用，例如，扣带回前部（BA32 区）等与冲突或注意相关的脑区也会因为语言任务的不同而参与其中。

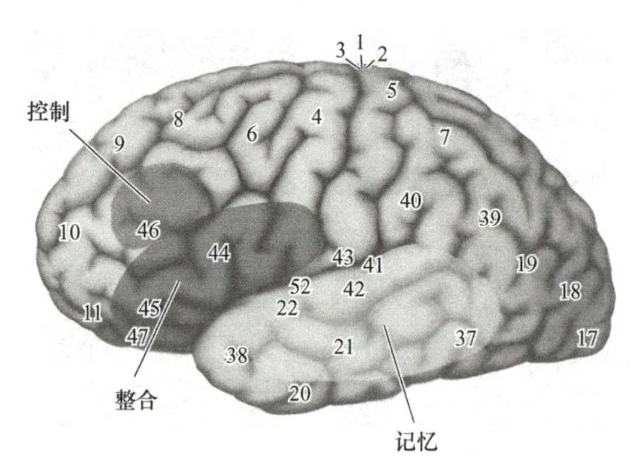

图 5-28　Peter Hagoort 神经语言模型：左脑优势

5.3.4　语义和句法加工的神经机制

语言理解是一个复杂的过程，它涉及句法、语义和语用三个方面的整合。首先，语言加工需要分析句法结构，判断主谓宾结构等是否合理，这一过程称为句法加工。例如，在句子“the child throw the toys”中，动词应该用“throws”而不是“throw”，而在“the red eats”中，“red”应该修饰名词，否则就构成了句法违反。

其次，语言理解还需要理解每个单词的词义，以及这些单词与句子中其他单词以及整个句子的语境是否符合，这一过程称为语义加工。例如，在句子“I take coffee with cream and dog”中，“咖啡加热狗”就构成了语义违反，因为“热狗”并不能加在咖啡里。

最后，语用是指语言的运用是否符合客观世界的知识。如果不符合，就会产生语用违反。例如，“所有的飞机都是红色的”这一说法就不符合客观世界的知识，因此构成了语用违反。值得注意的是，这种语用违反同时也是一种语义违反，因为“红色的”这个词义与整个句子的语境不符。还有一种语用违反类型，如断句不符合习惯、某个单词的书写字体与句子不匹配等。例如，“她穿上了高跟鞋”中的“鞋”字的字体突然变大了，这种情况虽然书写习惯上显得突兀，但更准确地说是视觉呈现上的问题，它影响了阅读习惯，而非直接构成句法或语义的违反。

1. 语义加工的神经机制

当一个单词的词义与之前的单词或整个句子的语境在意义上不相符时，就会导致词汇整合出现困难，即语义违反。N400 是一个与语义加工密切相关的脑波成分。N 表示负波（negative），数字 400 表示该脑波在单词刺激后大约 400ms 时达到峰值。

N400 是事件相关电位的一个成分，它与语言加工紧密相关。最早关于 N400 的报告是由 Marta Kutas 和 Steven Hillyard 于 1980 年发表在《Science》（207，203–205）杂志上的。他们通过屏幕向被试呈现一些句子，句子的每个单词从前往后是逐个出现的。在呈现句子的同时，他们记录了每个单词呈现后引起的脑波变化，如图 5-29 所示。

第一个语句：玫瑰是红色的，紫罗兰是蓝色的（Roses are red and violets are blue）。

第二个语句：一个母鸡叫 Hen（A female chicken is called a Hen）。

第三个语句：他把书还给了图书馆（He returned the book to the library）。

第四个语句：我要加奶油和热狗的咖啡（I take coffee with cream and dog）。

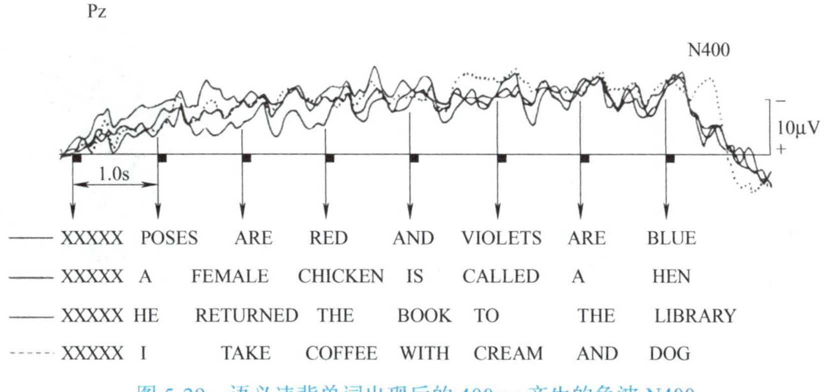

图 5-29　语义违背单词出现后的 400ms 产生的负波 N400

前三个句子的语义和语境都是正确的，第四个句子的末尾单词“dog”和前面的语境不相符，因为“热狗”不可能加在咖啡里边。实验结果显示，在语义违反的句子中，如“I take coffee with cream and dog”，当“dog”这个单词出现后的 400ms 左右，会产生一个明显的 N400 负波。这说明 N400 是语言加工和语义整合的特异性脑波。

N400 不仅与语义整合加工有关，还与客观世界知识加工紧密相关。哈格尔特等人深入研究了语义和客观世界知识（world knowledge）理解时的脑加工机制。他们给荷兰被试呈现了以下三种类型的句子：

句子一：荷兰的火车是 *黄色的* 而且很拥挤（The Dutch trains are *yellow* and very crowded）。

句子二：荷兰的火车是 *白色的* 而且很拥挤（The Dutch trains are *white* and very crowded）。

句子三：荷兰的火车是 *酸的* 而且很拥挤（The Dutch trains are *sour* and very crowded）。

每个句子的关键词用斜体表示。句子一是正确的，既符合语义也符合事实知识。第二个句子则违反了客观世界知识（因为所有荷兰人都知道，荷兰的火车是黄色的而不是白色的），这属于语言使用或语言运用上的错误，即语用违反。第三个句子则存在语义违反（因为火车不能是酸的）。图 5-30a 所示为语义违反和客观世界知识违反（语用违反）所产生的 N400 和脑地形图。fMRI 脑成像研究进一步表明，单词语义违反和客观世界知识违反都激活了相同的脑区——左半球的额下回 BA45/47，如图 5-30b 所示。

这进一步证明了单词语义违反和客观世界知识违反在潜伏期上是相同的，只是语义违反所产生的 N400 振幅大于客观世界知识违反所产生的 N400 振幅，脑波的脑地形图也提供了相同的证据。同时，处理单词语义违反和客观世界知识违反的脑区也是相同的。这里需要指出的是，客观世界的知识违反（即语用违反）同样会导致与之前的语境不一致，这与语义违反有相似之处，因此都会产生 N400。只是相比之下，语用违反导致的语境整合难度相对较小。

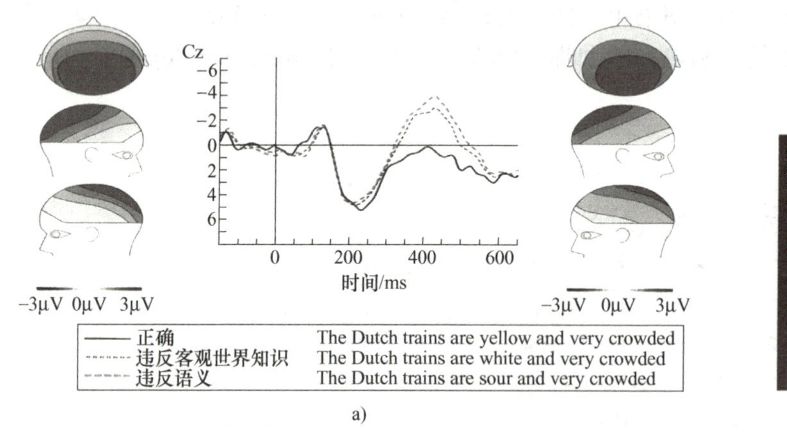

a)

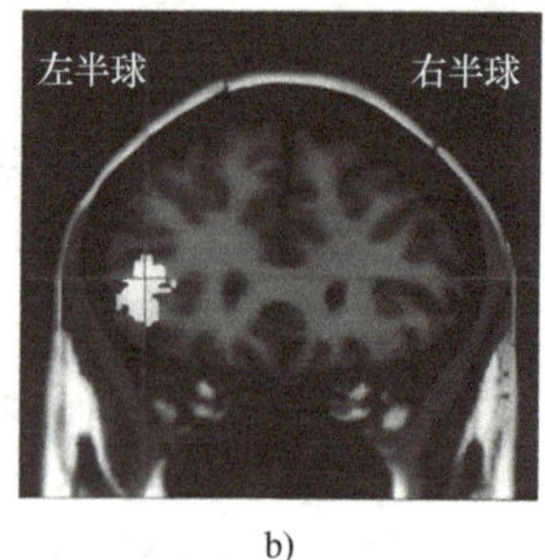

b)

图 5-30 单词语义违反和客观世界知识违反

a）语义违反和客观世界知识违反的 N400 和脑地形图 b）左半球的额下回 BA45/47 脑区激活图

2. 句法加工的神经机制

如果一个单词在组成句子时，其句法结构不正确，就会产生句法违反。例如，“在大街上，我看见了包子在吃人。”这句话中，划线部分的主语使用不当，导致了句法错误，使得句子整合变得困难，即构成了句法违反。

P600 是一个与句法加工紧密相关的脑波成分。其中“P”代表正波（positive），而数字“600”则表示该波峰在单词刺激后大约 600ms 时到达。P600 也被称为句法正漂移（Syntactic Positive Shift，SPS），这一成分由美国学者奥斯特豪特（Lee Osterhout）和荷兰学者哈格尔特（Peter Hagoort）等人分别发现。

图 5-31 所示为哈格尔特等人 1993 年进行的一项研究。在这项研究中，他们通过屏幕以逐词的方式呈现了以下两个句子：

“The spoiled child throws the toys on the floor”（被宠坏的孩子把玩具扔在地板上）和“The spoiled child throw the toys on the floor”（被宠坏的孩子扔玩具在地板上，此句存在句法错误）。

他们要求被试跟随并默读这些句子。通过对比正常句子和存在句法违反的句子，他们发现句法违反诱发了一个正偏移，这个偏移在单词“throw”出现后大约 600ms 时产生。

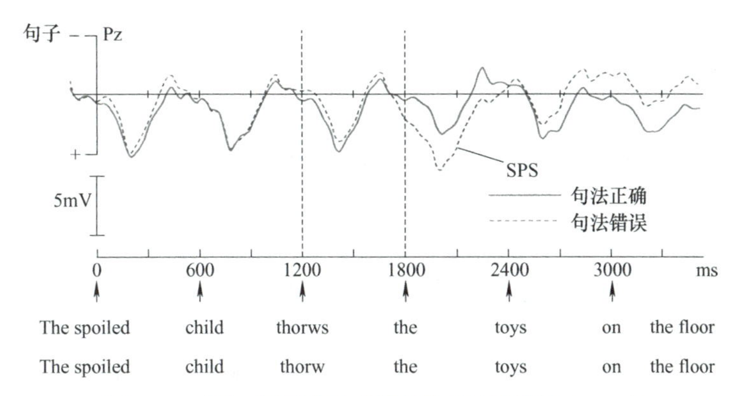

图 5-31　句法正确和句法错误导致的违反单词（P600）

P600 或 SPS 不仅仅在句法违反时产生，当句法正确但书写采用非习惯性的断句或字体大小发生改变时，也会产生这一成分，如图 5-32 所示。

具体来说：在第一句中，最后一个单词与前面的语境相符（“这是他工作的第一天”），因此没有产生特殊的脑波成分。在第二句中，最后一个单词与前面的语境相违背（“他把袜子抹在热面包上”），这产生了 N400 成分，表明存在语义上的不一致。

在第三句中，最后的单词与前面的语境是相符的（“她穿上了高跟鞋”），但字体突然变大。尽管这并不违反句法，但与前面的字体书写大小不一致，可以理解为违反了语言的书写运用规则，即一种语用上的违反。这种情况下也产生了 P600 成分（有时也称为 P560），表明大脑对这种非习惯性的书写变化进行了加工处理。

左前负波（Left Anterior Negativity，LAN）是反映句法违反的脑波特征之一，这一成分由德国认知神经科学家 Thomas Münte 和 Angela Friederici 发现。例如，在句子中，当单词违反了词性（如在“the red eats”中，red 本应修饰名词而非动词）或者违反了构词规则（如在“he mow”中，mow 应使用第三人称单数形式 mows）时，便可以在左脑前额叶观察到一个负波（即 LAN），如图 5-33 所示。LAN（图 5-33b）与 N400（图 5-33a）的潜伏期相似，但它们在大脑中的分布不同，这暗示着 LAN 与 N400 可能由不同的神经结构产生。

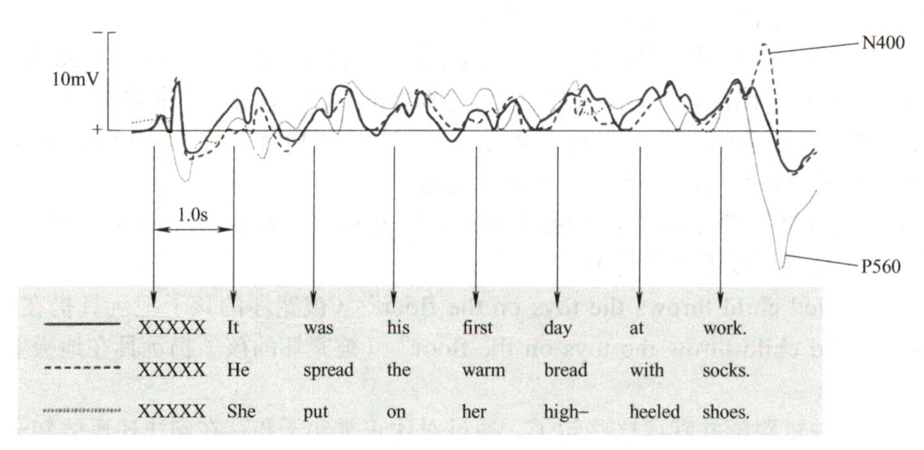

图 5-32　语义违反（N400）和书写语用违反（P560）

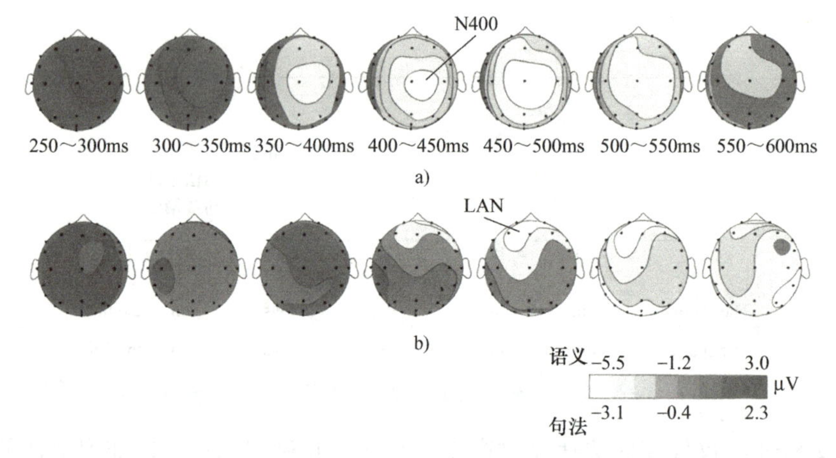

图 5-33　语义违反（N400）和句法违反（LAN）的脑波地形图

a）语义 N400　b）左前负波（LAN）

5.3.5　语篇加工的神经机制

之前介绍的脑语言加工的神经机制和语言加工神经模型，主要是基于字词层面的语言加工提出的。然而，在实际使用语言时，无论是看书、听故事还是与人交谈，我们都需要将词汇整合成句子，再将句子整合成语篇。句子的加工复杂度高于单词，而语篇的加工则比句子更为复杂。大脑在加工语言时，不仅涉及专门的语言加工脑区，如左额下回、颞上回后部、角回等，还会涉及其他脑区。特别是句子和语篇的加工，还涉及事件的时间、地点和人物等线索的整合，这一过程需要工作记忆脑区的参与，尤其是右脑的参与，因为右脑主要负责空间处理和信息整合。可以预见的是，在语篇加工中，右脑的参与程度会高于句子加工。

华盛顿大学的 Tal Yarkoni 等人研究了阅读故事与阅读混乱句子（即把故事中的句子打乱，不形成连贯故事）时的大脑加工过程。他们使用 fMRI 扫描了大脑，并得到了如

图 5-34 所示的结果。该图展示了故事理解减去混乱句子理解时的脑活动（上图），以及相关脑区中加工故事和混乱句子时的血氧依赖水平（BOLD）信号的变化率（变化率越大，表示信号加工越强）。从研究结果来看，左脑和右脑几乎同等程度地参与了故事的理解，这进一步证实了故事理解需要右脑的信息整合功能。

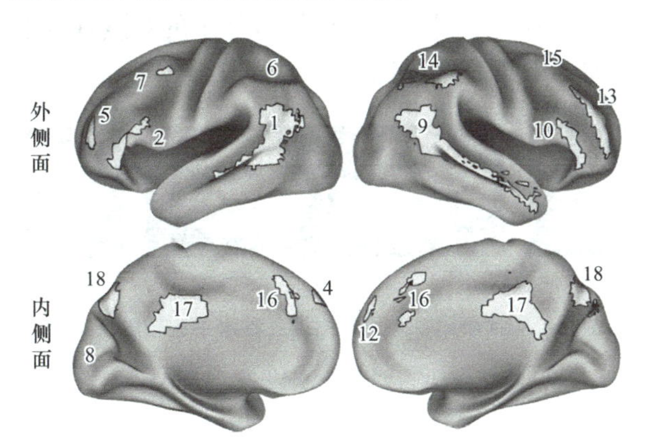

图 5-34　阅读故事理解时的脑活动

Jiang Xu 等人的研究探讨了单词、句子和语篇不同水平下的 fMRI 脑激活情况。结果显示，与基线（字母串）相比，随着语言理解难度的增加，脑区的参与数量以及活动强度均呈现上升趋势：阅读单词时激活了 7 个脑区，其中左脑 5 个，右脑 2 个；阅读句子时激活了 16 个脑区，左脑 10 个，右脑 6 个；而阅读语篇时则激活了 34 个脑区，左脑 22 个，右脑 12 个。图 5-35 所示为一些脑区的 BOLD% 信号变化，从中可以看出，这些脑区的活动强度依次为：语篇 > 句子 > 单词。这一发现进一步证实了语言加工过程中脑区活动的复杂性和层次性。

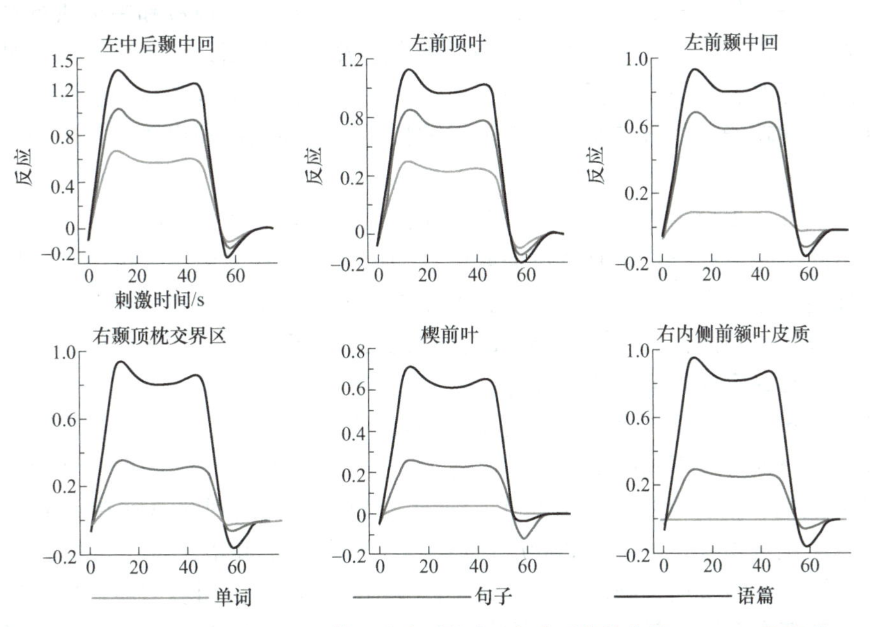

图 5-35　阅读单词、句子和语篇三种水平的脑血氧水平依赖信号 BOLD% 的情况

图 5-36 所示为三种不同语言加工难度的脑激活对比：阅读单词的脑活动减去阅读字母串（作为基线）的脑活动（图 5-36a）、阅读句子的脑活动减去阅读单词的脑活动（图 5-36b）以及阅读语篇的脑活动减去阅读句子的脑活动（图 5-36c）。从这些对比中可以得出以下结论：随着语言理解难度的增加，右脑的参与程度不仅越来越大，而且活动强度也逐渐增强。同时，这项研究还揭示了无论语言加工的难度如何变化，都存在一种偏侧化现象，即左脑在语言加工中具有优势地位。

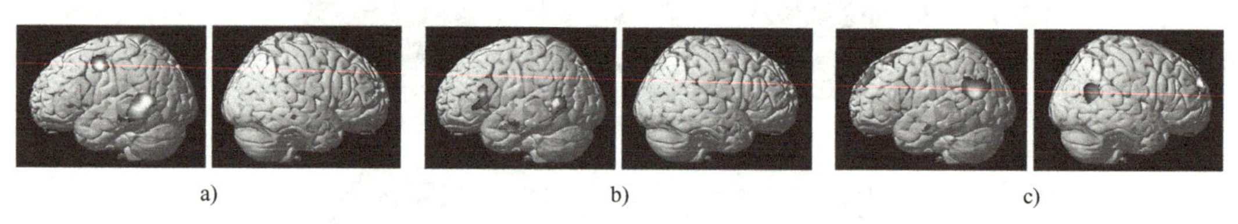

a) b) c)

图 5-36 阅读单词、句子和语篇三种水平比较的活动脑区

a）单词 vs. 字母串 b）句子 vs. 单词 c）语篇 vs. 句子

本章小结

本章主要讨论了学习与记忆的过程及其分类，注意以及语言加工的神经机制。学习与记忆可以分为编码、存储和提取三个主要阶段，而记忆又进一步分为感觉记忆、短时记忆、工作记忆和长时记忆，这些不同类型的记忆之间存在着密切的联系。短时记忆的容量通常可以用数字、字母或词语等组成的一系列大小不等的组块来表征，人们可以暂时记住 5 ～ 9 个这样的组块，组块也是一种信息编码的方法。短时记忆和长时记忆之间存在着双分离现象，这通过对特定脑区损伤病人的研究得到了印证。

工作记忆是一种容量有限的系统，它由语音环路、视空间模板和中央执行系统三个部分组成，在语言理解、学习、推理等认知过程中起着重要作用，用于信息的暂时存储与加工操作。语音环路、视空间模板和客体工作记忆各有其优势脑区和相关脑区，负责不同的信息存储与复述功能。执行控制是工作记忆的核心，背外侧前额皮质和扣带回皮质在其中扮演着关键角色。

长时记忆进一步分为陈述性记忆和非陈述性记忆，它们在记忆的形成、提取和遗忘等方面有所不同。陈述性记忆是有意识提取信息的记忆，而外显记忆是可以直接报告的记忆内容；非陈述性记忆则是基于先前的经验不需要经过有意识提取的记忆形式，内隐记忆是自动的、不需要主动回忆的。不同类型的长时记忆依赖于不同的脑区，如外侧颞叶、内侧颞叶、间脑以及基底神经节的纹状体等。

本章还讨论了注意在学习和记忆过程中的作用，注意包括警觉、选择和执行控制三种基本成分，分别对应不同的脑网络。语言加工方面，介绍了语言中枢模型和非语言中枢模型，以及记忆、整合和控制语言模型，这些模型帮助我们理解语言在大脑中的加工机制。事件相关脑波电位 N400 和 P600 分别参与了语义加工和语法加工。最后，本章指出随着语言理解难度的增加，脑区参与的数量以及活动强度都会同步增加，且无论语言加工难度如何，都存在左脑优势，但语言理解难度越大，右脑参与的也越多且程度越强（信息整合）。

思考题与习题

一、判断题

1. 技能学习获得的记忆是一种陈述性记忆。（ ）
2. 杏仁核是情绪性记忆的关键部位。（ ）
3. 基底神经节损伤将导致情节记忆能力下降。（ ）
4. 内侧颞叶是存储陈述性记忆的关键部位。（ ）
5. 注意就是将知觉集中于一个事件而忽略其他不相关事件的能力。（ ）
6. 神经递质也参与注意的调节。（ ）
7. 定向注意是一种选择性注意。（ ）
8. 弓状束是连接韦尼克区和布洛卡区的神经纤维束。（ ）
9. 写中枢位于颞中回后部。（ ）
10. N400 是当出现的单词与以前的语境相符时，在 400ms 左右出现的脑波成分。（ ）

二、单项选择题

1. 短时记忆容量是（ ）个组块。
A. 5　B. 7　C. 5 ± 2　D. 7 ± 2
2. 工作记忆的执行系统位于（ ）。
A. 额叶　B. 顶叶　C. 枕叶　D. 颞叶
3. 工作记忆的语音环路的复述脑区位于（ ）。
A. 额叶　B. 顶叶　C. 枕叶　D. 颞叶
4. 以下记忆属于外显记忆的是（ ）。
A. 语义记忆　B. 开车记忆　C. 恐惧记忆　D. 启动效应
5. 以下记忆属于内隐记忆的是（ ）。
A. 语义记忆　B. 开车记忆　C. 情节记忆　D. 课堂知识学习
6. ERP 的 C1 成分是（ ）选择性注意的早期成分。
A. 听觉　B. 空间　C. 特征　D. 客体
7. 去甲肾上腺素（ ）。
A. 参与注意警觉　B. 参与注意定向
C. 参与注意控制　D. 不参与注意过程
8.（ ）损伤时，不能听懂语言。
A. 写中枢　B. 运动语言中枢　C. 听觉语言中枢　D. 视觉语言中枢
9. Every morning at breakfast the boys would plant ... 阅读“plant”后将产生（ ）。
A. N400　B. P400　C. N600　D. P600
10. 记忆 – 整合 – 控制语言模型的记忆位于（ ）。
A. 额叶　B. 顶叶　C. 枕叶　D. 颞叶

三、多项选择题

1. 陈述性记忆包括（　　）。
A. 情节记忆　　B. 程序性记忆　　C. 语义记忆　　D. 情绪记忆
2. 非陈述性记忆包括（　　）。
A. 情节记忆　　B. 程序性记忆　　C. 语义记忆　　D. 情绪记忆
3. 工作记忆的视空间模板包括（　　）。
A. 词语　　B. 客体　　C. 空间　　D. 中央控制系统
4. 听和复述单词时参与的语言中枢包括（　　）。
A. 听觉语言中枢　　B. 视觉语言中枢　　C. 运动语言中枢　　D. 写中枢
5. 语言中枢包括（　　）。
A. 一次听觉皮质　　B. 角回　　C. 颞上回后部　　D. 额下回

四、填空题

1. 记忆包括________、________和________三个阶段。
2. 内侧颞叶皮质由________、________、________和________四部分组成。
3. 记忆可以分为________、________、________和________四种。
4. 注意的脑网络包括________、________和________。
5. 选择性注意包括________、________和________选择性注意三种。
6. 返回抑制现象研究使用的范式是外周线索化，对应的选择性注意是________。
7. 提示有效情况下的反应速度总是快于无效提示情况下的线索是________。
8. 选择运动的客体选择性注意还将激活________脑区。
9. ERP 成分 N1 是________注意的早期成分、P1 是________注意的早期成分。
10. 关联负变 CNV 是________注意的脑波。

五、论述题

1. 简述陈述性记忆与程序性记忆的区别。
2. 什么是注意的易化？什么是注意的返回抑制？
3. 简述脑的语言中枢有哪些，分别位于哪里，损伤会导致哪些失语症。
4. 右脑在语言加工方面可能扮演什么角色？

第 6 章　情绪与社会认知的神经基础

导读

情绪是非常难以定义的，迄今为止，很难定义情绪这种行为。并且，很难将情绪与认知分离，独立地去研究情绪以及认知神经科学机制。杏仁核常常是情绪的认知神经科学研究的重点关注对象，因为它不但对恐惧威胁做出反应，而且对情绪记忆、内隐学习等起着关键作用。除了杏仁核以外，眶额皮质、脑岛等在不同的情绪加工中发挥着关键作用。本章将介绍情绪在社会认知中的作用。学习和理解情绪与认知的相互关系，了解这些情绪结构彼此之间以及与其他脑区是如何相互作用的，对于学习和理解情绪与认知的关系是十分必要的。

本章知识点

- 情绪与分类
- 帕佩兹回路
- 快乐情绪加工的神经基础
- 恐惧情绪加工的神经基础
- 厌恶情绪加工的神经基础
- 愤怒情绪加工的神经基础
- 悲伤情绪加工的神经基础
- 社会认知的神经基础

6.1　情绪及其分类

情绪是一种主观体验，是以个体的愿望和需要为中介的心理活动。情绪影响着人对客观事物的态度以及相应的行为反应。情绪与认知密切相关，情绪能够影响认知，反过来，认知也会产生情绪。在人们的日常生活中，经常使用“开心”“愉悦”“快乐”“兴奋”“着迷”“悲伤”“痛苦”“失望”“愤怒”“内疚”“恐惧”“害怕”“厌恶”“焦虑”“害羞”等词汇来表达情绪或情感。然而，这些情绪词汇并不能涵盖所有的情绪表达，而且，它们还不包括不同程度的情绪，如“非常开心”“比较开心”“不太开心”等。由于情绪的界限并不清晰，这就给情绪的心理学研究和认知神经科学研究带来了挑战，使得研究情绪的神经基础和认知机制变得困难。为了统一对情绪的定义和内涵，研究人员经常使用基本情绪和情绪维度来描述情绪。

6.1.1 基本情绪

自达尔文研究人类进化以来，就有人提出了几种有限、具有文化普遍性意义的基本情绪的定义。1971 年，艾克曼（Ekman）和费里森（Fiesen）通过对世界上不同文化的研究发现，通过面部表情所表达的愤怒、高兴、厌恶、惊讶、悲伤和恐惧六种基本情绪（见图 6-1）在各种不同文化之间没有不同。这些基本情绪，如恐惧和愤怒，在各种动物中也得到了证实。尽管仍然存在一些争论，但目前这一观点已被大多数人所接受。大量的认知神经科学研究也证明了这些基本情绪是由皮层下的回路控制的。基本情绪的划分，为研究不同情绪状态的认知神经机制，奠定了基础。

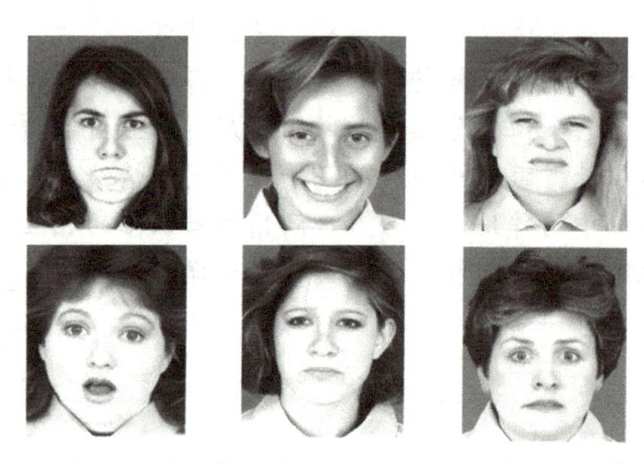

图 6-1 六种基本面部表情：愤怒、高兴、厌恶、惊讶、悲伤和恐惧

6.1.2 情绪的维度

在基本情绪的介绍中，提到了情绪存在不同的状态。例如，高兴是一种快乐的情绪状态，而愤怒则可以看作是一种不快乐的情绪状态。这样，就可以将不同状态的情绪看作是一个连续维度上对各种事件做出的反应。另外，同一种情绪状态的程度或强度也会有所不同。例如，高兴可以分为“比较高兴”和“非常高兴”，它们对应着事件刺激的不同程度。例如，买彩票中奖 1000 万元人民币时感到的高兴，与买彩票中奖 100 元人民币时感到的高兴，这两种高兴的强度是截然不同的。

1951 年，奥斯古德（Osgood）等人针对事件和刺激产生的情绪反应，提出了使用两个维度来表示：效价和唤醒度。效价是指连续的情绪状态，如从高兴到不高兴的各种情绪的连续变化。唤醒度则是指内部情绪反应的强度，也是从低到高连续变化的。使用效价 - 唤醒度的维度方法，可以更具体、连续、等级地评估刺激引起的情绪反应，而使用基本情绪则只能离散地分类评估情绪反应。

1990 年，戴维森（Davidson）等人在研究情绪的认知神经机制时，提出了根据目标和行动来划分情绪的维度。不同的情绪反应或情绪状态会促使人们“接近”或“回避”某个事件或场景。例如，吸毒因为产生愉悦感从而增加“接近”行为，而痛苦和恐惧产生厌恶从而产生“远离”行为。因为“接近 – 回避”这种维度的划分是一种行为反应模式，所以它在认知神经科学领域得到了更多的应用。

目前，还有一些其他的情绪维度的定义。例如，在效价 – 唤醒度维度上增加了“激动度”，构成了情绪的三维度。另外，还有将情绪分为愉悦度、紧张度、激动度和确信度四个维度等。当然，目前情绪的划分只是为情绪研究提供了一个框架，并没有一个独立的划分是完全被接受的。或者说，目前关于情绪的研究还是比较初步的。在情绪的认知神经机制研究方面，更多是根据基本情绪进行划分的。深入的情绪研究还需要不断探索和积累。

6.2　情绪认知的神经机制

6.2.1　帕佩兹回路

1937 年，帕佩兹（Papez）提出了情绪加工的脑回路理论。他认为，在皮层下存在一个情绪处理脑网络，这个网络涉及下丘脑、丘脑前核、扣带皮层和海马，如图 6-2a 所示。1949 年，麦克莱恩（MacLean），也常被称作麦克林，把这个情绪脑网络命名为“帕佩兹回路”（Papez circle）。1952 年，麦克莱恩进一步扩展了这个情绪网络，增加了杏仁核、眶额皮质和部分基底神经节，从而丰富了情绪脑网络的内容。由于这个情绪结构位于胼胝体周边，因此被命名为“边缘系统”。

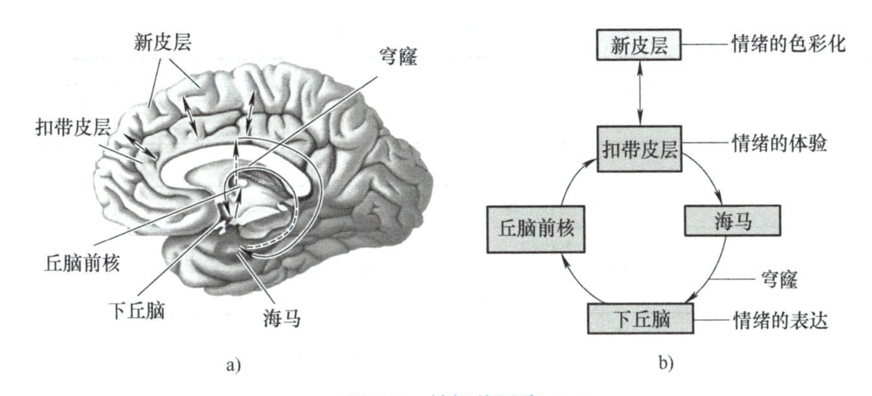

图 6-2　帕佩兹回路

a）大脑半球内侧面帕佩兹回路示意图　b）简化帕佩兹回路示意图

帕佩兹回路（见图 6-2b）认为，情绪过程的起点在海马组织。当海马受到刺激时，神经冲动会通过穹窿中的投射纤维传递到下丘脑的乳头体，兴奋再从下丘脑传递到丘脑前核，并上行到大脑内边界的扣带回皮质，然后再回到海马和杏仁核，这样就完成了情绪回路。同时，兴奋还会经扣带回皮质传递到大脑皮层，从而产生情绪体验和意识。在帕佩兹回路中，扣带回和杏仁核等脑区与情绪的产生具有密切的关系。临床研究证明，切除了扣带回前部的患者会失去恐惧情绪，并在社交活动中表现出冷漠无情。而对某些具有性情凶暴行为的病人进行毁坏性手术以破坏杏仁核后，其凶暴行为会消失。

情绪的认知神经科学的研究主要关注特定类型的情绪任务及特定情绪行为的神经系

统。如图 6-3 和表 6-1 所示，与各种情绪相关的脑区包括杏仁核、眶额皮质、扣带前回、颞极以及脑岛等。

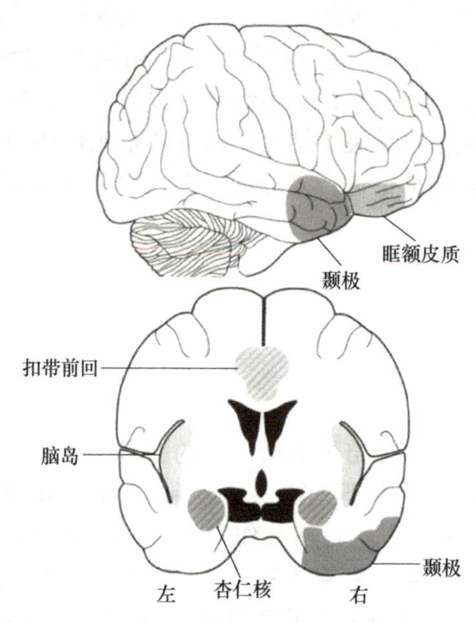

图 6-3　与各种情绪关联的脑区

表 6-1　情绪以及相关脑区

情绪	相关脑区	功能角色
积极	左前额	接近
消极	右前额	回避
快乐	隔区、伏隔核、眶额皮层	积极动作
恐惧	杏仁核	学习、逃避
愤怒	眶额皮质、扣带前回	表明违反社会准则
悲伤	杏仁核、右侧颞极	退缩
厌恶	前脑岛、扣带前回	规避

麦克莱恩认为，情绪过程主要由皮质下机构进行调节，而对于情绪性质的评价、意识、动机以及认识过程，则是由大脑皮质来完成的。因此，情绪产生的完整机制是这样的：皮质下脑区域输入的神经冲动会经过边缘系统的整合处理，并且与大脑皮层的活动相互联系；在这个过程中，下丘脑起着促成情绪表现的作用，而大脑皮层则促成情绪体验的形成。

6.2.2　快乐情绪加工的神经基础

正性和负性情绪，可能源于直接的面部表情、语音 / 语言等的交流，也可能来源于奖赏和惩罚的体验。

1954 年，加州理工学院的博士生奥尔兹（Olds）和米尔纳（Milner）进行了一项实验，如图 6-4 所示。他们设计了一个特殊的盒子，其中安装了一个连接微电极的杠杆（见图 6-4a）。微电极的另一端被设计用来刺激大白鼠的下丘脑、隔区等脑部位置（见图 6-4b）。在实验初期，当大白鼠在盒子中自由走动时，它们偶尔会踩到杠杆。然而，不久之后，大白鼠开始主动且频繁地重复踩踏杠杆，频率高达每小时 2000 次。在这种极端的情况下，大白鼠甚至对食物和水都失去了兴趣，直至它们筋疲力尽倒下为止。

对于大白鼠主动反复踩踏杠杆的行为，解释如下：大白鼠从这种刺激中获得了快感，也就是正性情绪的感觉。因此，这些脑部区域被认为是产生愉悦感的“快乐中枢”。后来的许多实验都复现了这一现象。到了 20 世纪 70 ～ 80 年代，研究发现了两条与奖赏有关的脑通路：一条是中脑 – 边缘通路，它始于中脑被盖腹侧区，并终于伏隔核（腹侧纹状体的一部分，而腹侧纹状体又包括伏隔核和嗅结节；背侧纹状体则是由尾状核和壳核组成）；另一条是中脑 – 皮质通路，它也始于中脑被盖腹侧区，但终于眶额皮层。中脑是多巴胺能神经元最富集的区域，主要包括被盖腹侧区和黑质两部分。多巴胺与快乐、动机、欲望和期待等情感状态密切相关。这样，伏隔核与中脑腹侧被盖区通过相互连接，可以调节多巴胺能神经元的活动，从而产生欲望和动机。眶额皮层神经元主要负责对奖赏价值进行编码，其活动主要与主观快感的感受有关。因此，这将导致学习行为的奖励和强化作用，强化作用是指能够促使相关行为重复发生的刺激。

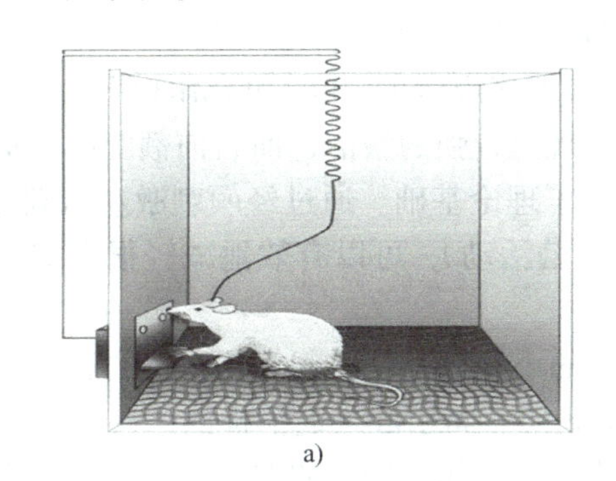
a)

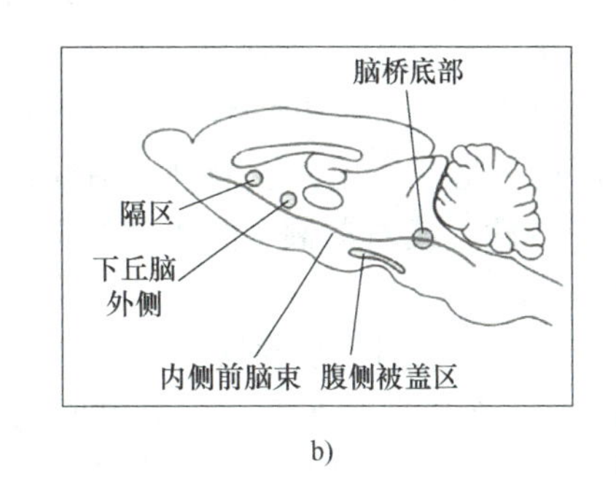

b)

图 6-4　大白鼠的自我刺激实验

a）实验布置　b）刺激位置

同样，动物的有一些位点被电刺激时会产生厌恶行为，如刺激某些脑区会使动物产生逃避行为。这些不愉快中枢存在于丘脑内侧部和中脑被盖区的外侧部，刺激这些部位会产生一种负性感觉。

对正常人的大脑进行微电极刺激是不可行或者是不合乎道德的，只能通过病人治疗过程中选择刺激位点发现“快乐中枢”。1963 年，杜兰大学医学院的希斯（Heath）博士报告了两个具有里程碑意义的病例研究，这些研究通过自我电刺激技术揭示了大脑不同区域与情感体验之间的关联。

病例一：发作性睡眠患者

该患者经历着从清醒状态突然陷入深度睡眠的困扰。为了寻找维持清醒的自我刺激位点，研究人员在其脑内植入了 14 根微电极。实验中，当刺激海马区域时，患者报告感到轻松愉快；刺激中脑被盖区则带来清醒但不愉快的感觉；而当刺激前脑的隔区时，患者表示感到前所未有的清醒，并伴随一种强烈的愉悦感（自描述为情欲高涨），以至于他多次主动选择刺激这一区域。

病例二：严重癫痫患者

为了精确定位癫痫病灶，该患者的脑内被植入了17根微电极。在刺激过程中，患者报告刺激隔区时产生了类似情欲的愉悦感，而刺激中脑被盖区则带来了幸福陶醉的感觉。此外，刺激杏仁核和尾状核也产生了轻度的正面情绪体验。然而，当刺激丘脑内侧时，患者描述了不愉快且烦躁的感觉，尽管如此。他仍频繁刺激该区域，因为他感受到即将回忆起某个重要记忆的预兆，尽管这种尝试最终并未成功加深记忆。

除了上述提到的脑区，眶额皮层也是与愉悦情绪密切相关的重要区域。无论是欣赏美丽的风景、品尝美味佳肴，还是见到心仪的伴侣，眶额皮层都会被显著激活，传递出积极的情感信号。这些研究不仅加深了人们对大脑情感调控机制的理解，也可为未来治疗情感障碍和认知疾病提供宝贵的线索和思路。

情绪大脑的不对称性研究

1994年，古尔等人的生理学研究表明，大脑对情感和情绪刺激的反应具有显著的不对称性。具体而言，积极的刺激更倾向于引发趋近反应，而消极刺激则更可能引发退缩或逃避反应。这表明，情感刺激很可能被大脑两半球以不同的方式加工。

在进一步的研究中，特别是在抑郁症和焦虑症患者的EEG和fMRI研究中，发现了更为具体的规律。对于快乐情绪，左前额叶表现出较强的激活，而右前额叶则对负性情绪有更强的活动。这一发现为经颅刺激治疗提供了理论基础。通过经颅刺激左前额（高频刺激提高左脑活性）或右前额（低频刺激抑制右脑活动），可以有效地减轻很多抑郁症和焦虑症患者的症状。

正性情绪（如喝到喜欢的饮料，看到喜欢的小狗等）将引起人们积极的趋近行为，而负性情绪（如看到厌恶的东西，闻到难闻的味道等）将引起人们消极的逃避行为。“趋近/逃避”动机研究表明，积极的情绪或趋近情绪会引起相对较大的左侧额叶激活，而消极的或逃避情绪则会引起相对较大的右侧额叶激活。这一发现进一步支持了大脑情绪处理的不对称性理论。

1995年，戴维森（Davidson）进行了一项实验：他让被试观看能够激活积极情绪（如看到一只正玩耍的小狗）和激发消极情绪（如看到一条正被切断的大腿）的电影片段，同时采集左侧额叶和右侧额叶的EEG信号。实验结果显示，当观看积极电影片段时，左侧额叶出现了更多的神经活动；相反，观看消极电影片段时，右侧额叶出现了大量的神经活动。这一实验结果进一步证实了大脑在处理正性和负性情绪时的偏侧化倾向。

大量的相关实验研究都发现了大脑额叶在处理正性和负性情绪时的这种偏侧化倾向。例如，在奖励条件下，左前额激活增大；在惩罚条件下，右前额激活增大。即使这种奖励和惩罚是有预期的，也会产生同样的脑活动规律。

在20世纪90年代之前，情绪的生理学研究主要关注皮质下边缘系统以及边缘系统与皮质之间的交互作用。然而，关于情绪的大脑半球不对称性的研究才刚刚起步，这一领域仍然需要不断的探索和研究。随着技术的不断进步和研究的深入，有望对大脑的情绪处理机制有更深入的理解。

6.2.3 恐惧情绪加工的神经基础

1. 杏仁核及其结构

大量的研究发现，恐惧情绪的主要表征结构是杏仁核。杏仁核位于皮层下的内侧颞叶，具体在颞极之中。它是一个由多个亚核组成的复杂核团，通常包括基底外侧核、皮层内侧核和中央核，如图 6-5 所示。基底外侧核负责整合来自大脑多个区域的信息，并将这些信息投射到杏仁核的中央核。当遇到某种威胁或潜在的危险时，中央核会产生相应的情绪反应，包括向下丘脑投射以产生自主反应，以及向中脑导水管周围灰质投射以产生行为反射。同时，基底外侧核也会投射到大脑皮层，从而产生相应的情绪体验。

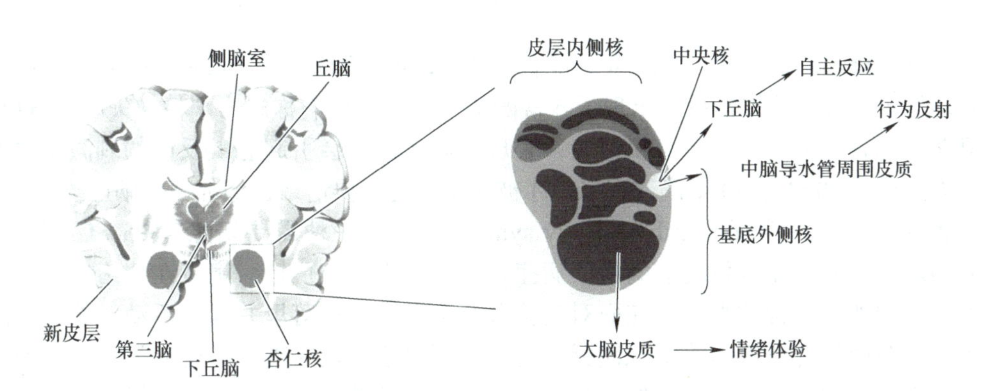

图 6-5 杏仁核及其结构

2. 恐惧性条件反射通路

恐惧性条件反射包括两条通路，如图 6-6a 所示。

1）短通路：刺激→丘脑→杏仁核。

2）长通路：刺激→丘脑→皮质（扣带回和新皮质）→杏仁核。

当感觉刺激信息首先传递到丘脑时，丘脑并不会对这些信息进行复杂的分析。信息会通过短通路直接传递给杏仁核。杏仁核在接收到信息后会迅速做出行为反应，如躲避、逃跑等。这条短通路被形象地称为“情绪脑”，其最突出的特点是反应速度快，但携带的信息相对较少且粗略。尽管如此，短通路能够迅速启动杏仁核，使其能够迅速做出反应。

同时，丘脑也会将刺激信息通过另一条长通路，即皮质通路（包括扣带回和新皮质），投射到杏仁核。与短通路相比，长通路的反应速度较慢，但它可以通过感觉皮质对刺激信息进行更加细致、完整的分析。在分析完成后，感觉皮质会将信息投射到杏仁核。因此，这条长通路也被称为“理性脑”。图 6-6b 所示为长通路和短通路模型图。

尽管使用两条通路向杏仁核发送信息看似有些“多余”，但当需要对威胁性刺激做出反应时，这种兼顾速度和准确性的机制实际上更具适应性。

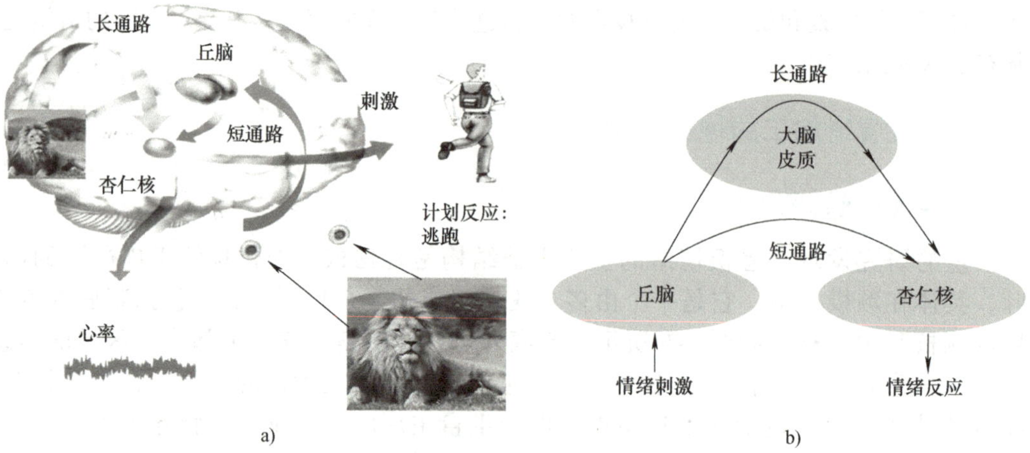

图 6-6　恐惧性条件反射的长短通路

a）恐惧性条件反射的两条通路　b）长通路和短通路模型图

（1）杏仁核与恐惧情绪　1939 年，克鲁弗（Kulver）和布西（Bucy）进行了一项研究，他们发现猴子在杏仁核损伤后，出现了异常的情绪反应，他们称之为“精神失明”。这种病症的显著特征就是猴子丧失了恐惧情绪，表现为对于通常会引起恐惧反应的刺激不再产生回避行为。到了 20 世纪 50 年代，杏仁核才被认定是与恐惧情绪密切相关的脑区。

克鲁弗－布西综合征（Kulver–Bucy syndrome）是一种需要切除包括杏仁核、海马等在内的双侧颞叶才能有效缓解病情的病症。由于切除了杏仁核，患者在情绪方面表现为恐惧消失。例如，正常的野生猴在面对实验者时会卷缩在角落里并保持不动，然而，因患有克鲁弗－布西综合征而切除了双侧颞叶的猴子不仅会接近人类、触碰人类，甚至允许人类敲打和抱起它们。当面对一般猴子都惧怕的动物如蛇进行攻击时，这些切除了双侧颞叶的猴子会回头观察蛇，而没有表现出任何恐惧情绪，这说明杏仁核损伤的猴子同样失去了恐惧情绪。

除了动物的研究之外，人类的杏仁核损伤也导致了恐惧情绪知觉的障碍。例如，20 岁的女性 S.M. 患上了类脂质蛋白沉积症（Urbach–Wiethe disease），导致她的双侧杏仁核萎缩。CT 和 MRI 扫描显示，除了杏仁核之外，她没有其他脑结构的损伤。她的智力正常，也不存在任何知觉或运动障碍。但是，在让她观看面部情绪图片时，对于哭泣的图片，她会报告是悲伤；对于一个人在大笑的图片，她会报告是狂喜；她也能识别愤怒、惊奇和厌恶情绪。然而，当给她看恐惧的表情时，她很困惑，会报告是惊讶、愤怒或其他情绪，却不能报告是恐惧。S.M. 只是不能知觉恐惧情绪，其他情绪的辨别则没有问题。另一个类似 S.M. 的患者 S.P. 在 48 岁时为了治疗癫痫而切除了右侧杏仁核，她的左侧杏仁核也因为内侧颞叶硬化导致损伤。与 S.M. 一样，S.P. 也不能识别恐惧情绪。这进一步说明了杏仁核对于恐惧情绪的表征起着关键的作用。

（2）杏仁核与内隐学习　恐惧性条件反射是一种经典的条件反射，可以通过习得过程而形成。在这个过程中，习得性恐惧神经环路的关键成分就是杏仁核。以大白鼠为例，下面详细讲述恐惧性条件反射的习得过程。图 6-7 所示的习得过程是大白鼠恐惧性条件反射习得过程典型示例。

图 6-7 所示的习得过程是如何让老鼠建立一个中性刺激（灯光）与产生恐惧情绪的条件反射。在训练之前（见图 6-7a），灯光是一个不会引起老鼠恐惧的中性刺激。在训练阶段（见图 6-7b），当灯光亮起时，给老鼠脚部一个电击，使其产生恐惧性的惊跳反应。这个阶段就是习得性阶段，需要反复进行。当老鼠学习到灯光预示着电击时，就可以进入测试阶段。在测试阶段（见图 6-7c），只给灯光刺激，老鼠就会产生预期的恐惧反应，这就是恐惧性条件反射。然而，对于杏仁核损伤的老鼠，这种习得性的恐惧条件反射不会建立。

只给灯光：无反应
a)

灯光与电击结合：惊吓
b)

只给灯光：恐惧
c)

图 6-7　大白鼠恐惧性条件反射习得过程典型示例

a）训练前　b）训练中　c）测试阶段

在恐惧性条件反射学习中，建立的条件反射记忆是内隐的，即其学习过程是通过行为或生理反应间接表达出来的。在动物研究中，无法使用外显式的学习记忆（这通常是海马组织的功能），因为动物不能用语言表达。幸运的是，有一些患者只有杏仁核损伤而海马组织完好，而另一些患者的杏仁核完好但海马组织受损，这为研究提供了独特的病例。

前面提到的癫痫患者 S.P. 就是一个例子。她切除了右侧杏仁核，左侧杏仁核也因为内侧颞叶硬化而受损，但她的海马组织功能保持完好。研究者试图建立中性条件刺激（蓝色方块图片）与手腕中等强度电击事件之间的关系。在习得阶段，给 S.P. 呈示一张蓝色方块图片 10s 后，对她的手腕进行电击，这样反复进行。实验测试使用皮肤电信号。在习得后的测试中，当只给 S.P. 呈示蓝色方块时，她的皮肤电信号没有变化，即便是再反复学习也是如此。这说明 S.P. 的杏仁核损伤后，她不能习得恐惧性条件反射记忆。但是，当问她看见蓝色方块图片将意味着什么时，她回答说当蓝色方块图片出现时，接着手腕就会被电击。这说明通过外显式的情节学习，蓝色方块图片与手腕电击的情节记忆形成了，这是海马组织的作用。

恐惧性条件反射和情节性记忆实验也在与 S.P. 相反的患者身上进行过，结果不出所料。在杏仁核完好但海马组织损伤的病人身上，他们能够建立恐惧性条件反射（习得训练后，看见蓝色方块后就会产生皮肤电生理信号），但是他们不能回答蓝色方块的出现意味着什么，即不能建立蓝色方块与手腕电击之间的情节记忆。

这些研究说明了杏仁核损伤和海马损伤在情绪学习和记忆上存在双分离现象。杏仁核是情绪学习和记忆的内隐表达的必要条件，而海马组织对于情绪特性的外显或陈述性知识的学习是必需的。

6.2.4 厌恶情绪加工的神经基础

厌恶是由令人不愉快、反感的事物所诱发的情绪反应。前脑岛是加工厌恶情绪的主要脑区，除此之外，前扣带回、基底神经节、杏仁核、丘脑以及内侧前额叶等脑区也参与了厌恶情绪的加工过程。

1. 正常人的厌恶情绪的神经基础

1998 年，布歇尔（Buchel）等人向被试呈现了各种视觉刺激。其中，他们将一种特定的图片刺激与对应的刺耳噪声刺激相结合，以便诱发被试的厌恶情绪。通过 fMRI 技术，研究结果显示，在诱发厌恶情绪的过程中，除了杏仁核的激活以外，还特异性地激活了前扣带回和双侧脑岛，如图 6-8 所示

2003 年，维克（Wicker）等人研究了正常人在观看他人的厌恶表情以及吸入令人讨厌的气体时的大脑激活情况。结果发现，无论是通过视觉识别厌恶表情还是通过味觉识别厌恶气味，都共同激活了前脑岛，并扩展到前扣带回区域。

2004 年，莱特（Wright）让正常被试观看三类图片：厌恶图片（包括污染和残缺肢体两类）、恐惧图片（关于攻击的场景）和中性图片。使用 fMRI 技术扫描大脑反应，并让被试评价每张图片的情绪强度。结果发现，厌恶图片显著激活了前脑岛，并且被试主观评价的情绪强度与前脑岛的激活强度呈正相关。

2007 年，斯塔克（Stark）等人也进行了类似的研究，让被试观看厌恶和恐惧图片，并使用 fMRI 技术扫描脑部。在扫描过程中，要求被试对情绪的强度进行评价，包括效价和唤醒度。结果同样发现脑岛被激活，并且其激活强度与厌恶情绪的强度呈显著正相关。

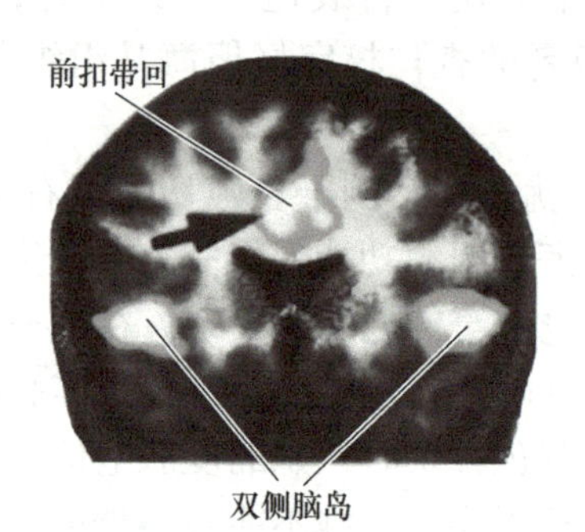

图 6-8 厌恶情绪激活的脑区

2. 患者的厌恶情绪的神经基础

1997 年和 1998 年，菲利浦斯（Philips）等人的研究表明，前脑岛对于厌恶情绪的检测和体验具有至关重要的作用。

2000 年，考尔德（Calder）等人报告了一名患者的案例。这名患者的左侧脑岛和基底神经节（包括壳核和苍白球）受到了损伤，导致他在各个感觉通道上（包括视觉、听觉、嗅觉等）都无法识别厌恶情绪。具体来说，他不能识别厌恶表情，不能识别非语言表达的厌恶声音（如呕吐声），也不能对厌恶情景产生厌恶情绪。然而，他在识别恐惧、愤怒、悲伤等其他负性情绪的能力上与正常人没有显著差异。

2003 年，克罗拉克 – 萨蒙（Krolak–Salmon）等人采用颅内植入电极的方法，研究

了人们在加工面部表情时的脑波成分。他们研究了厌恶、恐惧、高兴、惊讶和平静这五种表情。研究发现，在刺激呈现 300ms 后，腹侧前脑岛出现了一个持续约 200ms 的脑波成分。在这个脑波成分上，厌恶表情的波幅显著大于其他几种表情，而其他几种表情的波幅则没有显著差异。这表明前脑岛与厌恶表情的知觉密切相关。

6.2.5　愤怒情绪加工的神经基础

愤怒是一种常见的情感，它通常发生在个体感受到不公正待遇，以及受到威胁或利益受损时。愤怒情绪往往容易引发暴力、冲突和其他破坏性的冲动行为。

为了从认知神经科学的角度界定愤怒的脑区域，1999 年布莱尔（Blair）等人进行了一项关于愤怒神经基础的标志性研究。他们使用计算机程序，让一张中性面孔逐渐转变为愤怒表情面孔，如图 6-9a 所示。研究发现，随着愤怒表情强度的增加，右侧眶额皮质的激活程度也随之增加，如图 6-9b 所示。同时，愤怒表情的识别还激活了前扣带回皮质，如图 6-9c 所示。

2005 年，桑德（Sander）等人采用双耳分听任务，研究了愤怒的外显加工与自动的内隐加工的脑区域。实验方法是向被试的一只耳朵用中性语气讲述无意义的短语，同时向另一只耳朵用愤怒的语气讲述无意义的短语。然后，让被试选择注意其中一只耳朵（左耳或右耳）。结果发现，当被试注意愤怒语气的耳朵时，眶额皮层被选择性地激活。但是，无论被试是否注意愤怒语气的那只耳朵，右侧杏仁核和颞上沟都被激活。这个实验说明，眶额皮质参与了听觉愤怒的外显加工，而杏仁核则参与了愤怒的内隐加工。

总体来说，无论是在视觉还是听觉通道上，都发现了眶额皮质在愤怒加工中的激活。因此，可以认为眶额皮质对于多通道感觉的愤怒情绪信息的加工起着关键作用。

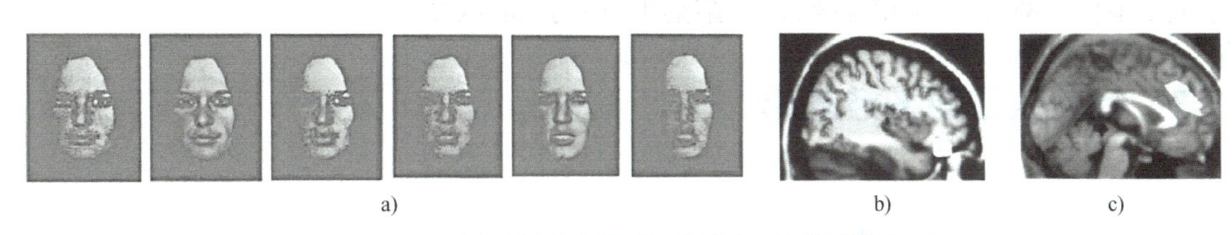

a)　　b)　　c)

图 6-9　愤怒表情的变化及相关的脑区域激活情况

a）中性面孔逐渐变为愤怒表情面孔　b）右侧眶额皮质的激活区域　c）前扣带回皮质的激活区域

6.2.6　悲伤情绪加工的神经基础

人类的悲伤情绪，通常表现为沮丧、失落等，是由大脑中的神经递质和神经回路之间的相互作用所引发的。当经历某些事件，如失去亲人或朋友时，大脑会释放皮质醇等压力激素。这些压力激素会影响扣带回等与情感和情绪调节有关的大脑区域，导致人们感到悲伤和沮丧。同样，当人们经历失败或挫折时，大脑会释放去甲肾上腺素等化学物质。这些化学物质会影响杏仁核和前额叶皮质等与情绪和自我控制相关的大脑区域，进而使人们感到失落和沮丧。

1999 年，布莱尔（Blair）等人在悲伤的神经基础研究中使用了与愤怒研究相同的实验方法。他们用计算机程序让一张中性面孔逐渐变为悲伤表情面孔（以 20% 的递增率变化)。研究发现，左侧杏仁核与右侧颞极的激活程度随着悲伤表情强度的增加而增加。然而，2004 年，阿道费斯（Adolphs）和特拉内尔（Tranel）的研究发现，损伤右侧杏仁核比损伤左侧杏仁核导致更严重的悲伤面孔识别缺陷。同年，基尔戈尔（Killgore）等人通过对悲伤或快乐表情进行掩蔽处理，研究了参与悲伤和快乐自动、无意识内隐加工的脑区域。研究结果显示，杏仁核参与了快乐表情的内隐加工，但没有参与悲伤面孔的无意识内隐加工。

最后，关于惊讶情绪的认知神经机制的研究表明：惊讶是预期的对立面，也是人类的基本情绪之一。在一项关于在不可预期条件下进行学习的 fMRI 研究中，特异性地激活了背外侧前额叶。由于背外侧前额叶是注意的关键脑区，因此表明该脑区可能参与了惊讶情绪的加工。目前，关于惊讶的神经基础研究相对较少，尤其是关于皮质下的边缘系统中哪个具体脑区参与惊讶情绪的产生还缺乏深入的研究。

关于前扣带回的情绪加工：1995 年，德温斯基（Devinsky）等人的研究发现，前扣带回接受来自杏仁核、前脑岛、眶额皮质、海马、伏隔核、下丘脑等区域的神经投射，对于一般性的情绪加工具有至关重要的作用。1997 年，莱恩（Lane）等人的一项研究表明，在观看电影以及回忆不同的情绪体验时，都会激活前扣带回。这说明前扣带回是一般情绪回路的核心部分。

对于厌恶情绪而言，无论是体验厌恶情绪，还是观看他人的厌恶表情，甚至是无意识地加工厌恶情绪，都会激活前扣带回。同时，前扣带回也参与其他情绪的加工，例如在识别愤怒表情时也会被激活。因此，将每种情绪与大脑的某一个特定结构相联系的观点可能过于简化。实际上，情绪反应并不是由某个脑区单独决定的，而是由多个相关的脑区共同作用的结果。因此，当提到与某种情绪对应的脑区时，只是指这个脑区在该情绪加工中处于关键地位。例如，前脑岛就是厌恶情绪加工中的核心脑区。

6.3 社会认知的神经基础

6.3.1 杏仁核与社会交往

在社会交往中，人们获取的情感信息中超过 55% 来源于面部表情。之前已经了解到，杏仁核是知觉恐惧和习得性恐惧条件反射的核心脑区。值得注意的是，即使是阈下的恐惧表情刺激，杏仁核仍然会被激活（阈下刺激指的是快速呈现，如 30ms，随后使用中性表情进行掩蔽，使被试无法意识到其呈现。阈下刺激是研究大脑自动、无意识加工常用的实验方法）。

然而，杏仁核损伤的病人虽然无法识别恐惧面孔，但却能够识别其他情绪面孔，包括高兴、悲伤、惊讶、愤怒和厌恶表情。这是为什么呢？原因可能在于杏仁核也参与了悲伤等其他情绪面孔的知觉加工。2005 年，阿道弗斯等人通过将快乐或恐惧的面部表情的一部分分别呈现给正常被试和患者 S.M.（其双侧杏仁核已被切除），如图 6-10a 所示。结果发现，健康被试都是通过眼睛来识别表情的，而 S.M. 则不是（见图 6-10b）。后续的眼动研究也进一步证明，无论识别何种情绪表情，S.M. 都从不注视眼睛，如图 6-10c 所示。

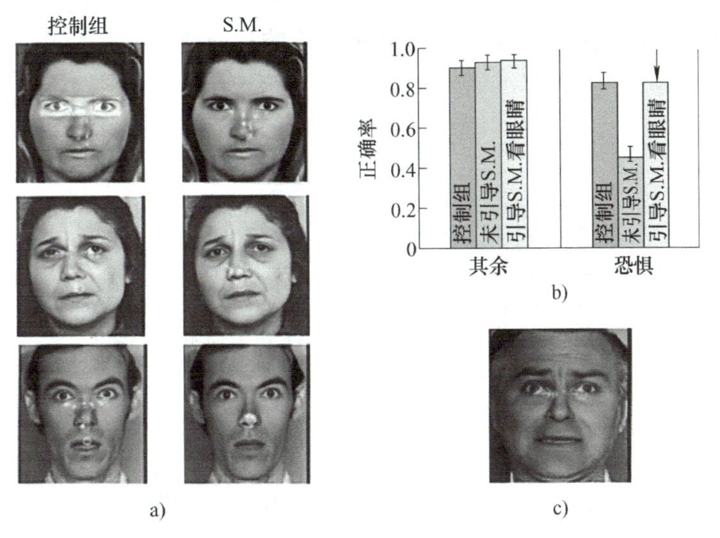

图 6-10　杏仁核损伤的 S.M. 在知觉面孔时与正常人不同的眼动模式

a）阿道弗斯实验方法　b）健康被试与患者 S.M. 结果　c）注视眼睛示意图

除了恐惧表情，其他表情通常可以通过眼睛以外的线索来识别，如快乐可以通过嘴角上翘的微笑来识别。然而，恐惧表情的识别则主要依赖眼睛，没有其他明显的表情线索可供使用。恐惧表情的一个显著特点是白眼球面积显著增多。2004 年，惠伦（Whalen）的研究表明，仅通过观看面孔的眼睛部分，健康被试就能准确识别恐惧表情，并且其杏仁核激活增强。因此，要求患者 S.M.“盯着眼睛”看表情，能够有效克服她在恐惧面孔识别上的缺陷。

另一项研究关注的是孤独症患者。孤独症患者的典型特征包括小脑发育不良、杏仁核异常（如体积小甚至萎缩）和脑脊液增多。2002 年，克林（Klin）等人研究了正常人和孤独症患者在观看电影时的视觉注视行为，如图 6-11 所示。结果发现，与正常人相比，孤独症患者更多地注视了眼睛之外的其他部位（包括嘴部、身体和其他物体），这可能是由杏仁核损伤所致。

因此，可以推断出这样一个事实：大脑中存在着一个神经网络，在识别面部表情时会自动引导视觉注意到眼部。其中，杏仁核似乎是这个神经网络中不可或缺的一部分。如果杏仁核受损，患者的视线可能不会转移到眼睛部位。

杏仁核对于面孔表情的评价作用还可以延伸到基于面孔的其他一些社会判断上。在社会交往中，判断一个人是否值得信任和交往是非常重要的。2000 年，阿道弗斯等人向被试呈现一个人的面孔，让被试指出这个人是否值得信任或是否值得接近。结果发现，当被试认为该人不值得信任或不可接近时，其杏仁核激活增强。

另外，需要注意的是，杏仁核并不是在所有的社会交往中都被激活。例如，杏仁核损伤的患者仍然可以识别包括恐惧在内的情绪语言，辨别包括恐惧声音在内的情绪声音，描述和解释引发包括恐惧在内的情绪情景等。例如，1995 年阿道弗斯等人的研究表明，双侧杏仁核切除的患者 S.M. 能够正确地使用恐惧性情绪语言描述引发恐惧的情绪场景；1999 年阿道弗斯和特拉内尔（Tranel）的研究也显示，患者 S.M. 在辨别包括恐惧声音在内的情绪声音（情绪韵律）方面与正常人的表现一样。这些研究表明，杏仁核损伤主要影响基于面孔的恐惧表情识别，这会在一定程度上影响社交能力。

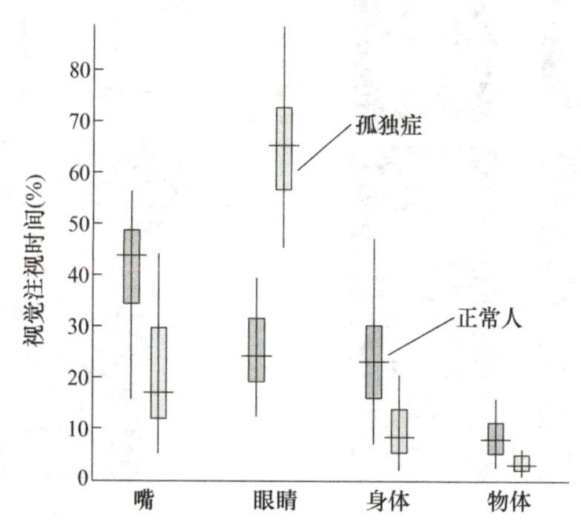

图 6-11　杏仁核损伤的孤独症患者在观看电影时的注视偏好

6.3.2　杏仁核与社会群体评价

在社会认知方面，不同的群体会影响人们的认知行为，如黑人群体与白人群体等。研究表明，在对人进行群体划分时，杏仁核也会被激活。接下来将以黑人和白人群体为例，介绍社会群体识别与评价时杏仁核的作用。

1. 种族偏见问题

1998 年，格林沃尔德（Greenwald）等人提出了一种内隐关联测试（implicit association test，IAT）。该方法通过将概念词与属性词相关联，建立两类词之间的自动联系，进而对个体的内隐态度等内隐社会认知进行测量。需要强调的是，内隐是指内心潜意识的心理活动，如信仰、价值观等；而外显则是指可以被看到、听到和感觉到的行为，如表情、姿态、动作等。内隐知识和记忆是自动的、无意识的、不知不觉获得的，而外显知识和记忆则是在有意识、受控、有明确目的的过程中获得的。

2000 年，菲尔普斯（Phelps）等人使用 IAT 测量了种族偏见中杏仁核的作用。他们构建了种族与正性或负性词之间的关联（如黑人 – 负性词、白人 – 正性词，以及黑人 – 正性词、白人 – 负性词），并将实验分为两组。一组包括黑人 – 正性词、白人 – 负性词，让被试用左手对黑人进行回答，另一只手对白人进行反应；另一组包括黑人 – 负性词、白人 – 正性词，让被试用右手对黑人进行回答，另一只手对白人进行反应。实验过程中，使用 fMRI 进行脑扫描。结果发现，美国白人在看到不熟悉的黑人面孔时杏仁核会被激活（熟悉的黑人面孔则不会，如迈克尔 • 乔丹等）。更重要的是，杏仁核的激活强度与 IAT 这种内隐间接测量的种族偏见有显著正相关。而且，具有种族偏见的白人，在看到黑人面孔时，杏仁核会具有较强的激活。

那么，杏仁核对于种族偏见的评价作用是必须的吗？2003 年，菲尔普斯（Phelps）等人比较了双侧杏仁核损伤的病人 S.P. 在外显和内隐两类种族偏见任务上的差异。结果发现，患者 S.P. 在内隐和外显的种族偏见评价测试中没有显著性差异。这说明杏仁核在种族间接评价中可能并不那么重要，其最大作用很可能是种族识别，而种族评价可能涉及其他脑区。

2. 种族识别问题

为了研究杏仁核的关键作用是种族评价还是种族识别，2004 年，坎宁安（Cunningham）等人向白人被试分别用快速呈现（30ms，快速呈现一张面孔后进行遮蔽）和慢速呈现（525ms，无遮蔽）黑人和白人男性面孔，并使用 fMRI 扫描并分析白人被试的大脑活动情况。结果发现，在快速呈现中，杏仁核被激活，并且黑人面孔的激活强度显著大于白人面孔；在慢速呈现中，杏仁核的激活模式与快速呈现的相似，没有显著差异，但效应有所减弱。他们还发现，黑人面孔更强更显著地激活了右半球的背外侧前额皮质、腹外侧前额皮质和扣带回皮质（见图 6-12）。因为快速呈现时的加工是自动化的、不受控的，主要表现为种族识别；而慢速呈现时的加工则是有意识的、受控的，主要表现为种族评价。

如图 6-12a 所示，快速呈现（30ms，有遮蔽）时，右侧杏仁核对黑人面孔的激活更强；如图 6-12b 所示，慢速呈现（525ms，无遮蔽）时，杏仁核的激活模式是相似的，但是激活变弱；图 6-12c 所示为激活的右侧背外侧前额皮质；图 6-12d 所示为扣带回皮质；图 6-12e 所示为腹外侧前额皮质。

因此，他们得出的结论：对社会群体的自动和控制加工具有完全不同的神经基础，而且控制加工可能会调节自动加工。从这个实验可以看出，杏仁核的主要作用是种族识别，而种族评价则主要由右侧皮质网络承担。这个结果可以解释：相比左脑，右脑的加工更倾向于主观性；相比皮质下脑结构的识别功能，大脑皮质更倾向于意识性加工。而种族评价主要是主观的个人意识主导的一种看法。

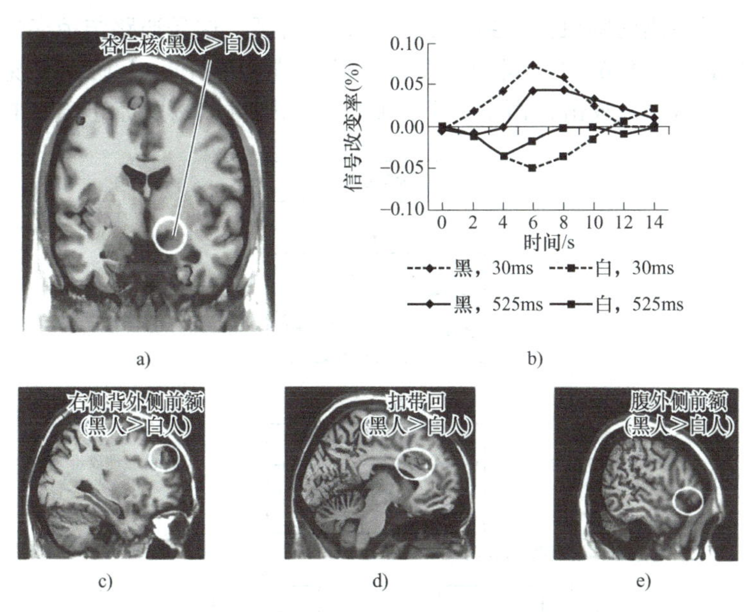

图 6-12　快速和慢速呈现黑人和白人面孔时的不同神经反应

a）杏仁核　b）坎宁安实验结果　c）右侧背外侧前额皮质　d）扣带回皮质　e）腹外侧前额皮质

6.3.3 杏仁核与攻击行为

尽管杏仁核主要负责处理情绪反应，但其左侧和右侧的功能是有所分离的。2007 年，朗托姆（Lanteaume）的研究表明，电刺激左侧杏仁核会引发快乐或不愉快的情绪，而电刺激右侧杏仁核则会引起恐惧和悲伤情绪。杏仁核与人们的社会认知和情感关系紧密。当人们体验到成功的喜悦时，左侧杏仁核会启动自我奖赏机制，鼓励人们继续尝试。相比之下，右侧杏仁核更多地承担着负面情绪的管控功能。当遇到不喜欢的刺激时，右侧杏仁核会首先被激活，产生令人不愉快和恐惧的反应。电刺激右侧杏仁核时，甚至会产生愤怒和攻击行为。

1954 年，美国科学家普利布拉姆（Pribram）进行了一项群体社会关系实验：他让 8 只恒河猴在一起生活一段时间，以建立起社会等级。然后，将等级最高的猴的双侧杏仁核切除后再放回群体，结果其统治地位丧失，变成了等级的底层，而原来等级中第二的猴则上升为统治猴。推测这是因为排位第二的猴发现“顶头上司”在切除杏仁核后变得更加温和，没有攻击性了。当把新的统治猴的双侧杏仁核也切除后，它同样降低到了等级的底层。这个实验说明杏仁核在维持社会等级和攻击行为中起着重要作用。

考虑到动物在切除杏仁核后可以减少攻击行为，一些神经外科医生曾尝试通过类似的方法来改变一些人的暴力攻击行为。有临床报告指出，切除人脑的杏仁核成功地减少了不合群的攻击行为。

杏仁核在攻击中的作用是通过下丘脑和中脑实现的。如图 6-13 所示，杏仁核通过两条通路投射到下丘脑：一条通路是杏仁核基底外侧核通过杏仁核中央核投射到下丘脑内侧，下丘脑内侧再通过背侧纵束投射到中脑的导水管周围皮质，这条通路与情感性攻击（也叫恐吓攻击）有关；另一条通路是杏仁核皮层内侧核通过终纹投射到下丘脑的外侧，下丘脑外侧再通过内侧前脑束投射到中脑的腹侧被盖区，这条通路与掠夺性攻击（也叫无声捕食性攻击）有关。1967 年，耶鲁大学医学院的费林（Flynn）研究发现，刺激下丘脑的内侧可以观察到情感性攻击，而刺激下丘脑的外侧则可以诱发掠夺性攻击。

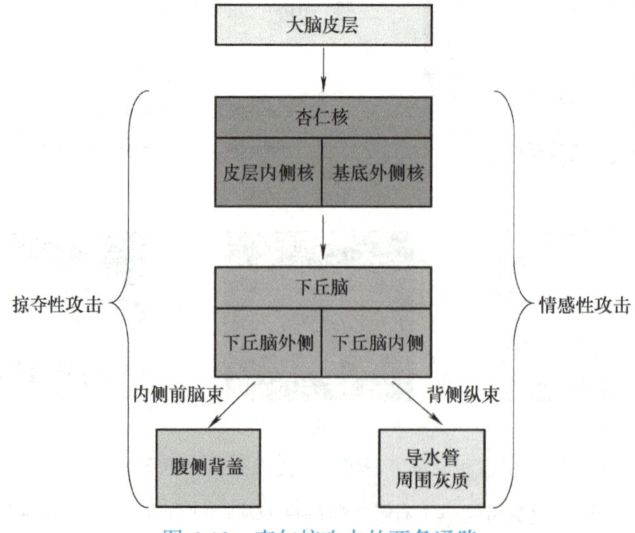

图 6-13　杏仁核攻击的两条通路

6.3.4　其他社会认知的神经基础

社会认知是一个广泛而复杂的领域，涵盖了关于自我、他人、消费行为等多个方面。本书仅对这一领域进行简要的介绍。

1. 自我参照加工

自我参照加工，即自我知觉，涉及与自己有关的信息加工，如自我人格认识、欲望、偏好等。2002 年，凯莉（Kelley）等人通过人格实验，利用 fMRI 技术测试自我认知的脑成像。实验中，给被试呈现一个人格形容词“非常友善的”，并要求被试进行三项判断：这个词是否描述了自己（自我关联），是否描述了另一个人（如乔治•布什）或者是否与印刷格式相关（如这个单词是否使用大写字母呈现）。结果显示，自我认知显著激活了内侧前额叶，这表明内侧前额叶参与了自我知觉的加工。

1988 年，泰勒（Taylor）和布朗（Brown）的研究表明，自我判断是独特的且通常是不准确的，人们往往有不切实际的自我认识。超过 50% 的人认为他们的智力水平超过平均值，拥有吸引人的优秀品质等。那么，大脑是如何维持这种积极的自我认知呢？一些研究表明，大脑前额叶区域可以选择性地关注自己的积极面，同时也阻止其偏离实际太远。其中，前扣带回在关注自我积极信息方面起到关键作用，而眶额皮层则确保有积极偏差的自我知觉不会偏离实际太远。例如，2006 年莫兰（Moran）等人要求被试用自我积极或消极的形容词来描述自我，fMRI 脑成像研究结果表明，被试更倾向于选择更积极的形容词来描述自己。而且，在使用更积极的词汇关联自己时，前扣带回的腹侧部的激活水平更高更显著。

尽管自我知觉更偏向于积极的评价，但它并不是完全脱离实际而凭空想象的。在社会交往中，准确的自我知觉是非常重要的。眼额皮层在控制自我认知偏差方面具有关键作用。例如，2006 年比尔（Beer）等人进行了一项社交活动研究，发现眼额皮层损伤的病人不能准确认知自己的行为。例如，当陌生人通过询问一系列问题的方式与被试交谈时，眼额皮层损伤的病人更有可能提出一些不礼貌的问题。然而，他们并不能意识到自己所犯的社交错误，直到回看录像时才感到尴尬。相比之下，外侧前额叶损伤和健康组都没有出现这种情况。这个实验研究说明了眼额皮层对于自我知觉的重要性。

因此，额叶中的内侧前额叶、前扣带回和眼额皮层组成的脑网络协同工作，使人们既关注自我的积极表征，同时又不会脱离现实。

2. 对他人的知觉

在社会交往中，人们渴望理解他人的想法和行为的含义。例如，当提议和朋友一起逛街时，会事先说出一些话进行铺垫，如“天气快冷了，我看你去年冬天穿的羽绒服有点旧了，我知道一家商场正在促销。”然后，会观察朋友的反应，再进一步发出邀约。可以通过对方的语言获知朋友今天是否想去，也可以通过非语言线索理解其想法。因此，很多时候，尽管不能直接进入他人的心理状态，但可以通过推测他人在想什么来理解他人，这就是对他人的知觉。

一些认知神经科学的研究显示右侧颞顶联合区、内侧前额叶和颞上沟参与了对他人的知觉加工。其中，右侧颞顶联合区主要参与推测他人的心理状态；内侧前额叶不仅参与了自我知觉加工，同时也参与他人人格特征、外部特征和内部生理特征等的推理。前面已经讲过，杏仁核可以根据面孔判断他人是否可信或可以接近，而颞上沟则在根据眼睛注视方向推测他人心理状态时激活。

例如，2008 年米切尔（Mitchell）基于类似图 6-14 所示的实验任务，发现推测他人心理状态时激活了右侧颞顶联合区。实验安排：被试安妮（Anne）看到了萨丽（Sally）把弹球放在了篮子里。当萨丽离开时，被试安妮把弹球转移到抽屉里。当萨丽回来时，被试安妮必须判断萨丽会到哪里找弹球。这是一个典型的推测他人心理状态而不是外部特征或其他社会相关信息的实验。

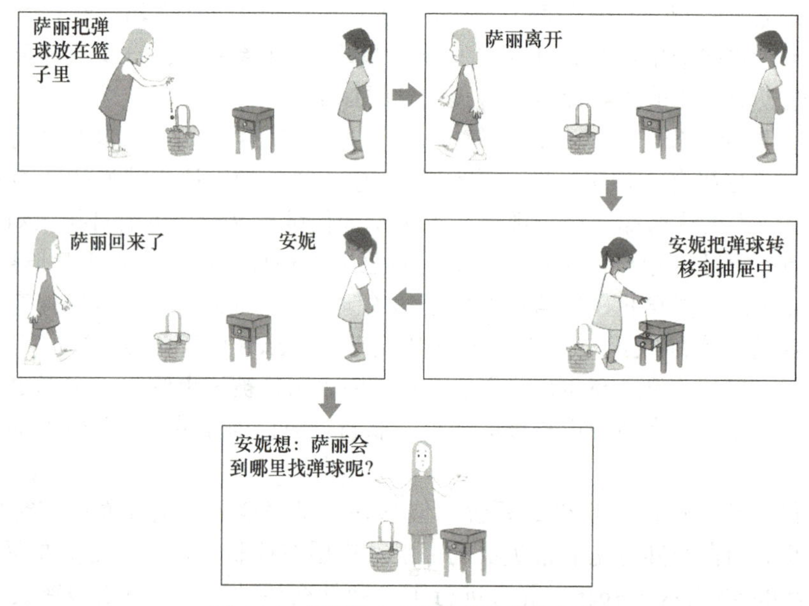

图 6-14　推测他人心理状态的实验方法

2005 年，米切尔等人研究发现，相较于加工他人的其他信息，在推测和理解他人的人格特征时，内侧前额叶会被激活。实验方法：让被试观看一些附有人格描述的照片，如“在晚会上，他是第一个在桌子上跳舞的人”，或者“他拒绝把他多余的一条毛毯借给野营者”（见图 6-15a）。被试需要完成两项任务：一项是根据语言描述推测照片上的人的人格特征，另一项是记住照片上的陈述句子。实验结果显示，在推测人格特征时，内侧前额叶显著激活，如图 6-15b 所示。因此，内侧前额叶不仅在自我知觉中起着关键作用，在推测他人的心理状态时也发挥着重要作用。

2006 年，萨克斯（Saxe）和鲍威尔（Powell）让被试加工某人的三种个人信息，包括根据形象推测外表特征（“他是一个魁梧的人”），推测内部生理特征（“因为没有吃早饭，可能他很饿”），以及推测心理状态（“他可能知道他妹妹的航班延误了”）。结果发现，在推测他人外表特征和内部生理特征时内侧前额叶被激活，而在推测心理状态时右侧颞顶联合区被激活。

内侧前额叶在自我知觉和他人知觉时均被激活，这说明了什么？这可能表明自我知觉和他人知觉之间存在内在联系。2006 年，米切尔等人的一项研究发现，知觉自我和知觉一个相似的他人均会引起内侧前额叶相似区域的激活，而知觉一个不相似的人则不会激活该区域。2005 年，奥克斯那（Ochsner）等研究了自我和浪漫情侣的知觉。结果发现，自我知觉和对浪漫情侣的知觉都激活了内侧前额叶的相似区域，这说明思考浪漫情侣时使用了与思考自我时相似的积极心理状态。这些研究可能表明，当思维过程涉及共同的心理机制时，内侧前额叶对于思考自我和他人都是至关重要的。

a)

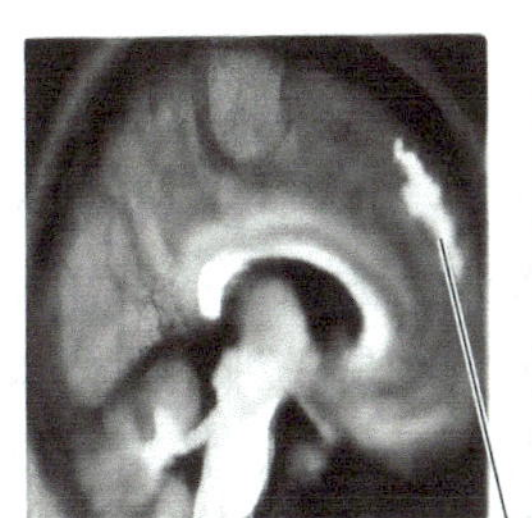

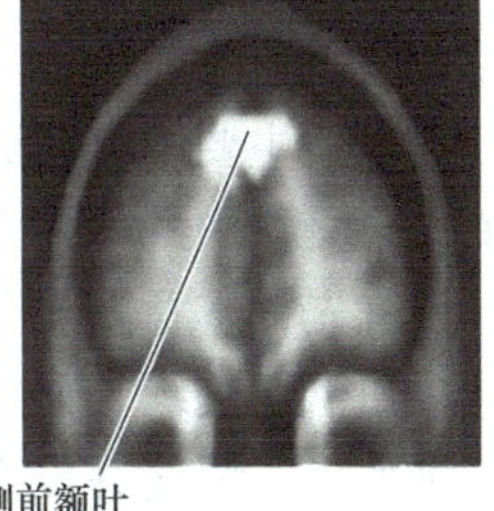

b)

图 6-15　推测他人人格特征的研究：内侧前额叶激活

a）被试观看一些附有人格描述的照片　b）内侧前额叶激活

3. 消费社会认知与行为

消费者的消费行为受到社会认知的影响，研究人们消费决策行为背后的认知神经机制可以理解和揭示生理和心理决策与需求背后的秘密。最早将认知神经科学与消费决策结合研究的是麦克卢尔（McClure），从而诞生了神经经济学。麦克卢尔进行了一项典型的实验，旨在探究人们是否真的喜欢可口可乐。

1）行为研究：给被试们两杯无标签的可乐饮料，一杯是可口可乐，一杯是百事可乐。让他们报告哪杯更好喝，结果是 57% 的人认为百事可乐好喝，43% 的人认为可口可乐好喝。然而，当使用带有标签的两杯可乐进行口味测试时，3/4 的人认为可口可乐更好喝！

2）fMRI 研究：使用 fMRI 技术分别扫描被试们在喝无标签的百事可乐和可口可乐时的脑活动。结果发现，品尝百事可乐时，与奖赏相关的脑区（包括眶额皮层、腹内侧前额叶以及伏隔核等）的激活强度是品尝可口可乐时的 5 倍！然而，在品尝带有标签的可口可乐时，与记忆相关的脑区（如背外侧前额皮层和海马体）的激活程度更强，而品尝带标签的百事可乐时则没有发现类似的活动。因此，可以推断，人们更喜欢可口可乐的原因并非仅因为口味，更多是因为品牌效应。

腹内侧前额叶是大脑中的一个特定区域，对美味的食物特别敏感，称为“快乐中心”。伏隔核与奖赏有关，眶额皮层在尝到好吃的食物，看到美丽的风景以及见到自己相爱的人时会被激活。背外侧前额叶是高级的联合皮质，与注意、工作记忆、情绪控制以及执行功能等密切相关。海马体则与情节记忆有关。因此，大脑前额叶在购买决策中起着关键的作用。

这个实验说明人们在喝可口可乐时，感受的不仅是口感，更是一种记忆！而可口可乐在海马上引起的激活比百事可乐更强，也反映了可口可乐具有更高的品牌价值。因此，实验找到了衡量品牌是否有价值的认知神经指标。

另一个实验是2008年由欧洲工商管理学院的研究人员进行的葡萄酒实验。被试被要求品尝三种价格不同的葡萄酒，同时扫描他们的大脑活动。结果发现，价格更贵的葡萄酒更强地激活了内侧眶额皮层，这与被试们的主观报告相一致，说明了内侧眶额皮层在体验中对愉快体验进行编码。一般来说，葡萄酒的价格与其口味是一致的。

本章小结

本章主要围绕情绪这一主题进行了深入探讨，从情绪的定义、神经基础、种类到情绪在社会交往中的作用等多个方面进行了详细阐述。

首先，本章明确了情绪是一种主观体验，它影响着人们对周围环境的行为反应。情绪与认知密切交织，两者不可分割，情绪可以影响认知，同时认知也会产生情绪。然而，到目前为止，情绪并没有一个科学的统一定义，情绪种类的划分也没有取得共识。为了统一对情绪的描述，研究人员经常使用基本情绪（如快乐、悲伤、愤怒等）和情绪维度（如效价和唤醒度等）来描述情绪。

接着，本章介绍了与情绪加工有关的重要脑环路——帕佩兹回路。该环路起源于海马组织，经过多个脑区的中继，最终返回海马组织构成封闭环路。帕佩兹回路在情绪认知和表达中扮演重要角色。它将下丘脑和扣带回连接起来，使情绪表达和情绪体验得以联系起来。

此外，本章还探讨了大脑额叶在处理正性和负性情绪时的偏侧化倾向，以及基本情绪（包括快乐、恐惧、厌恶、愤怒和悲伤等）的神经基础。其中，大脑存在与奖赏有关的两个脑通路，它们与快乐、动机等密切相关；恐惧情绪的表征主要是杏仁核；厌恶是由令人不愉快的事物诱发的情绪，前脑岛是厌恶加工的主要脑区；愤怒是当个体受到威胁时产生的不良情绪，多个脑区参与了愤怒情绪的加工；悲伤情绪通常表现为沮丧、失落等，杏仁核和右侧颞极是悲伤情绪加工的关键脑区。

最后，本章强调了情绪在社会交往中的重要作用。杏仁核损伤的患者在识别恐惧表情方面存在障碍，这影响了他们的社交能力。同时，杏仁核可能参与种族识别和种族偏见。左侧和右侧杏仁核在情绪加工中产生了分离现象，电刺激左侧杏仁核会引起快乐或不愉快，而电刺激右侧杏仁核则会产生愤怒和攻击行为。此外，社会认知还包括自我、他人、消费行为等方面。内侧前额叶、前扣带回、眶额皮层等都参与了自我知觉的加工；右侧颞顶联合区、内侧前额叶和颞上沟参与了对他人的知觉加工；同时，大脑的前额叶和与情绪体验相关的脑区（如奖赏脑区、情绪记忆的脑区等）对于消费决策也具有重要的作用。

思考题与习题

一、判断题

1. 海马是通过穹窿直接投射到下丘脑的乳头体。　（　）
2. 脑岛与厌恶情绪相关。　（　）

3. 杏仁核是恐惧和悲伤情绪的关键部位。　(　　)
4. 新皮质不参与情绪的加工。　(　　)
5. 神经递质多巴胺是一种快乐物质。　(　　)
6. 愤怒情绪加工主要涉及杏仁核和前扣带回，与其他脑区无关。　(　　)
7. 悲伤情绪主要由右侧颞极处理，与杏仁核无关。　(　　)
8. 社交焦虑症患者的杏仁核活动通常会增强。　(　　)
9. 恐惧性条件反射的短通路包括刺激→丘脑→扣带回→杏仁核。　(　　)
10. 快乐情绪主要由伏隔核处理，与眶额皮层无关。　(　　)

二、单项选择题

1. 与奖赏快乐有关的脑区（　　）。
A. 脑岛　B. 隔区　C. 杏仁核　D. 丘脑
2. 与厌恶有关的脑区（　　）。
A. 脑岛　B. 隔区　C. 杏仁核　D. 丘脑
3. 恐惧性条件反射关键的脑结构（　　）。
A. 左前额　B. 右前额　C. 海马　D. 杏仁核
4. 杏仁核损伤的患者，不能识别（　　）。
A. 高兴表情　B. 悲伤表情　C. 恐惧表情　D. 愤怒表情
5. 孤独症患者更少注视（　　）。
A. 嘴部　B. 眼部　C. 鼻部　D. 面部
6. 以下哪个不是情绪的组成部分（　　）。
A. 认知　B. 生理反应　C. 主观体验　D. 逻辑推理
7. 在帕佩兹回路中，哪个部分控制情绪的表达（　　）。
A. 海马　B. 下丘脑　C. 扣带回　D. 穹窿
8. 电刺激哪侧杏仁核会产生愤怒和攻击行为（　　）。
A. 左侧　B. 右侧　C. 两侧都会　D. 两侧都不会
9. 在社会交往中，哪个脑区与种族评价无关（　　）。
A. 右半球的背外侧前额叶　B. 腹外侧前额叶
C. 扣带回　D. 杏仁核
10. 与消费决策无关的脑区是（　　）。
A. 内侧眶额皮层　B. 伏隔核　C. 杏仁核　D. 视觉皮层

三、多项选择题

1. 下列哪些脑区与情绪的加工有关？（　　）
A. 杏仁核　B. 扣带回　C. 海马　D. 下丘脑
2. 厌恶情绪涉及的核心脑区包括（　　）。
A. 杏仁核　B. 前脑岛　C. 前扣带回　D. 海马
3. 快乐情绪涉及的脑区包括（　　）。
A. 脑岛　B. 海马　C. 眶额皮层　D. 伏隔核

4. 悲伤情绪涉及的脑区包括（　　）。

A. 杏仁核　　B. 伏隔核　　C. 眶额皮层　　D. 右侧颞极

5. 下列哪些神经递质与情绪的加工有关？（　　）

A. 多巴胺　　B. 乙酰胆碱　　C. 谷氨酸　　D. 5- 羟色胺

四、填空题

1. 情绪与________密切交织、不可分割。
2. 帕佩兹回路起源于________组织。
3. 积极的情绪通常引起较大的________额叶激活。
4. 中脑到皮质的奖赏通路是从________到________。
5. 中脑到边缘系统的奖赏通路是从________到________。
6. 积极情绪将引起________的较强活动，消极情绪将引起________的较强活动。
7. 恐惧刺激的直接条件反射通路的短通路是从________到________。
8. 恐惧刺激的皮质通路的长通路是从________到________再到________。
9. 在消费决策中，________对于购买决策起着关键的作用。
10. 自我参照加工涉及________、前扣带回、眶额皮层等脑区。

五、论述题

1. 简述运动能够使人快乐的神经机制。
2. 简述恐惧性条件反射的两条通路及其特点，并分析短通路为何被称为“情绪脑”。

第 7 章 认知神经科学研究方法

导读

认知神经科学的研究方法常常将认知心理学实验范式与实验方法和用来测量大脑功能活动的技术设备结合起来，使用生理活动信号表征心理认知问题，从而揭示人类认知活动，包括感知觉、学习、记忆、情绪、注意、语言等认知的本质和规律。本章将介绍常用于认知神经科学研究的方法和技术设备，包括新兴的瞳孔波技术、脑波技术、功能磁共振技术等。这些技术设备都是无创性的，既可以以正常人为研究对象，也可以以患者为研究对象，如抑郁症患者、阿尔茨海默症患者等。每一种技术都有其优势，同时也存在不足，因此这些技术可以结合使用，如瞳孔波技术与脑波技术、脑波技术与功能磁共振技术等结合使用等。

本章知识点

- 瞳孔波技术
- 脑电图技术
- MRI 技术

7.1 瞳孔波技术

7.1.1 瞳孔波信号的采集方法

1. 瞳孔大小及其影响因素

眼睛是人们与外部世界交流的重要心灵窗口。“她”是一个很精密的器官，既能作为传感器，接受外界光线、感知并捕捉外界各种信息；也能作为情绪输出器官，表达喜、怒、哀、悲等各种情绪。

瞳孔大小的变化是一种自主反应，难以人为控制。因此，瞳孔可以被视为一种诚实的指示器，能够反映人们内心的真实感受。无论人们在外部表现上如何掩饰，瞳孔的变化都会揭示人们真实的情绪和心理状态。

在眼睛的构造中，瞳孔是一个重要的组成部分，它对于光线的进入具有精细的调节功能。瞳孔呈圆形，双侧对称，大小为 2 ～ 5mm，平均约为 4mm。瞳孔大小的波动范围可以达到 1.0 ～ 8.0mm。

如图 7-1 所示，瞳孔位于眼睛的中央，具体来说是位于虹膜的中央。它的主要关联结构包括虹膜、瞳孔括约肌和瞳孔扩张肌。虹膜是环绕瞳孔的有色环，决定了眼睛的颜色。虹膜的主要功能是通过括约肌和扩张肌的收缩与松弛来调节瞳孔的大小。虹膜周边是巩膜，呈现白色。虹膜上附有扩大肌和括约肌，均属于平滑肌。扩大肌位于虹膜周边部，呈放射状排列，收缩时可使瞳孔散大，松弛时则瞳孔缩小。括约肌则位于虹膜的游离缘，呈环形排列，收缩时使瞳孔缩小，松弛时则瞳孔扩大。

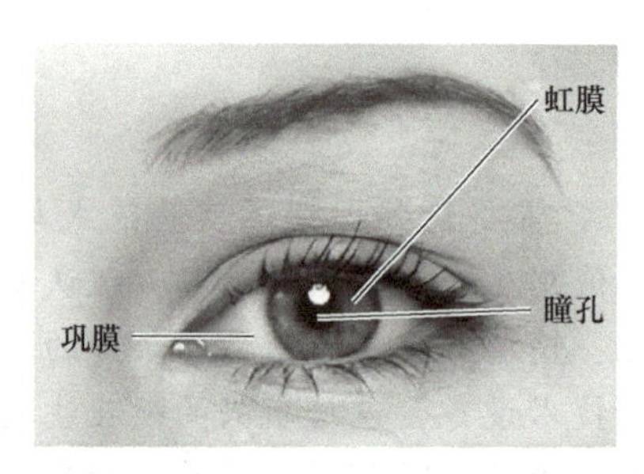

图 7-1　瞳孔位置

瞳孔的主要功能是调节进入眼睛的光线量，以保证视网膜接受适量的光线，从而产生清晰的视觉。当光线较强时，瞳孔会收缩以减少光线的进入，防止强光对眼睛的伤害并保护视网膜，这是生物体的自我保护机制。相反，当光线较弱时，瞳孔会放大使更多的光线进入眼睛，以便在暗光环境下看清物体。

瞳孔的大小不仅受光线的影响，还与年龄、屈光状态、目标远近以及情绪变化等因素有关。一般来说，老年人的瞳孔较小，而幼儿至成年人的瞳孔较大，一般青春期时的瞳孔达到最大。近视眼的瞳孔通常大于远视眼。

瞳孔的大小还受认知负荷的影响：在解决复杂而困难的问题时，因心理活动增大，瞳孔会扩大以增强视觉注意力和信息处理效率；相反，在心理认知活动较容易时，瞳孔会缩小。因此，瞳孔的变化可以用来考察思维活动和认知负荷。

瞳孔与情绪也密切相关：情绪的变化可以引起瞳孔大小的变化。例如，在兴奋、激动、喜悦和充满爱意时，瞳孔会扩大；在恐惧、惊讶、紧张时，瞳孔也会扩大；但在厌恶、悲伤时，瞳孔则会缩小。因此，瞳孔的变化可以帮助人们了解他人的情感状态，增进沟通和理解。

通过瞳孔的变化，不仅可以考察个体的情绪活动和情绪认知，还在人际互动中发挥重要作用。当与他人进行眼神交流时，瞳孔的变化会形成一种共情的效应并加深人与人之间的情感连接。

在心情平静时，瞳孔可能会缩小或保持不变。例如，在深呼吸或睡眠时瞳孔会缩小，眼睛疲劳或精力集中时瞳孔也可能缩小。长时间用眼或眼睛疲劳可能会导致瞳孔缩小以减少光线的进入并缓解眼睛的疲劳。当人们集中精神思考或进行一些复杂的认知活动时，瞳孔也可能会缩小以便更好地集中注意力和提高专注度。此外，当患有某些疾病或使用某些药物时，瞳孔也可能会变大或缩小。

需要指出的是，瞳孔的变化存在一定的个体差异和环境因素影响。瞳孔的变化，是神经生理和心理活动的综合反映，需要结合具体情境和个体差异进行理解和解释。瞳孔的大小是受植物神经或自主神经控制的，不受主观意识的直接控制，这与表情、语音 / 语言和手势 / 步态等人类可以主动控制的行为不同。瞳孔的变化属于生理信号，更能客观地表征人们的生理和心理状态。随着科技的不断进步，瞳孔与心理学之间的关系也得到了更深入的研究。瞳孔追踪技术、眼动追踪技术等正在被应用于认知心理学、认知科学、情绪心理学、情感计算与模式识别等领域的研究和临床实践中，为人们提供了更多了解内心世界的窗口。

2. 瞳孔波信号及其采集方法

瞳孔波是指瞳孔大小随着时间变化的波形，单位是像素或者毫米（mm）。一般来说，瞳孔波是一种非平稳信号，如图 7-2 所示。

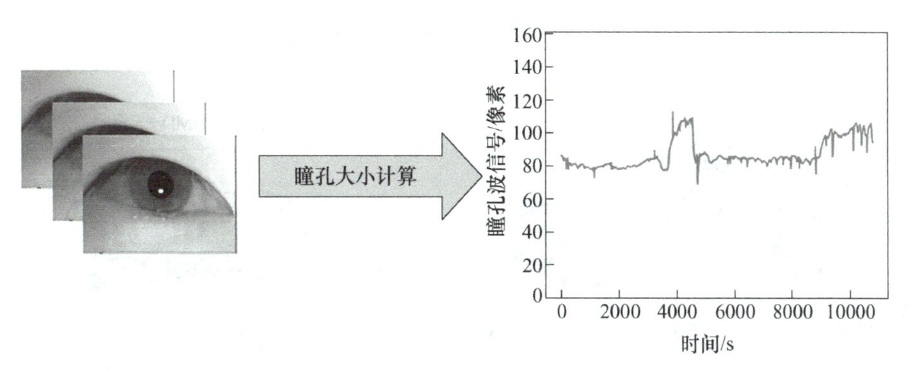

图 7-2　瞳孔波信号示例

瞳孔波信号无法直接使用设备采集，只能首先采集眼部图像，然后利用瞳孔波计算软件从眼部图像中生成瞳孔波。眼部图像的采集主要有以下两种方法：

一种方法是从面部图像中定位并裁剪出眼部区域。然而，这种方法的缺点是裁剪出的瞳孔部分可能不够清晰，影响计算精度。更为优越的方法是使用专门的眼部相机直接采集眼部图像。图 7-3 所示的示例为使用眼部相机采集眼部图像的一个示例。在此过程中，要求被试尽量保持头部不动，以减少噪声对图像质量的影响。

另一种采集眼部图像的方法是使用内部配备 MOS 相机的虚拟现实（VR）显示头盔来采集眼部图像，如图 7-4 所示。这种方法的优点在于，VR 显示头盔与头部相对固定，因此采集到的眼部图像精度较高。特别是在研究情绪时，VR 情绪场景能够使得被试具有强烈的沉浸感，情绪体验程度较高。

瞳孔大小的计算过程如下：

首先，需要对瞳孔区域的中心进行精确定位。如图 7-5 所示，相机周围的红外光源会在瞳孔的下方产生普尔钦光斑，该光斑在图像中的像素值接近 255。通过找到图像中梯度值最大的像素点，可以大致确定光斑的位置。

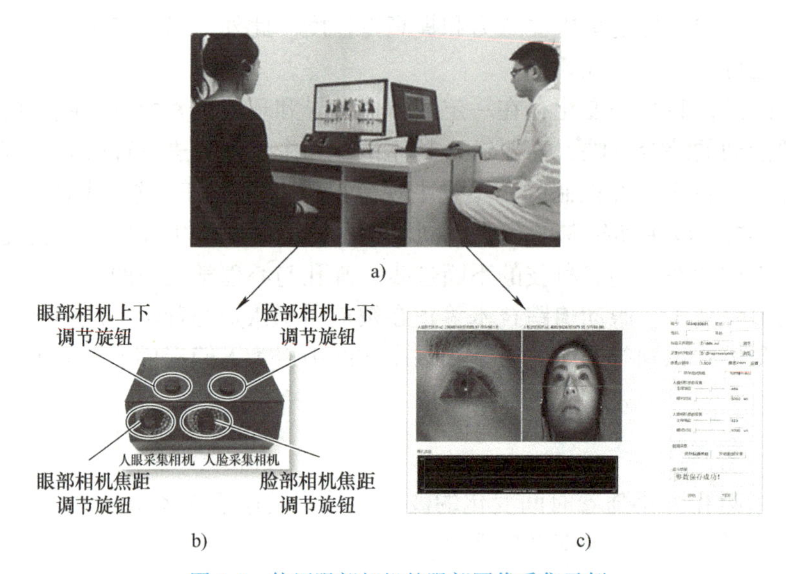

图 7-3 使用眼部相机的眼部图像采集示例

a）测试过程示例 b）设备硬件 c）设备系统平台界面

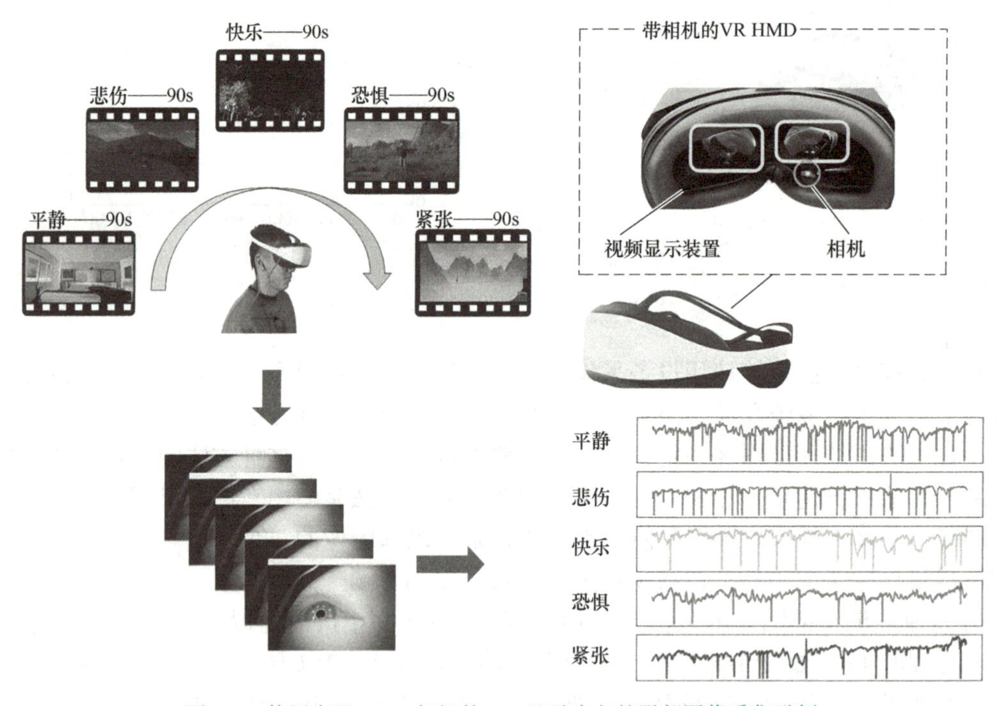

图 7-4 使用内置 MOS 相机的 VR 显示头盔的眼部图像采集示例

瞳孔中心的大致位置在光斑的正上方 75 像素处。将该位置作为裁剪窗口的中心，并设置一个大小为 250 × 150 的矩形区域来裁剪眼部图像。裁剪区域的大小是通过实验确定的，即使普尔钦光斑的位置有一定偏差，也能够确保完全包括瞳孔区域。

如图 7-5 所示，瞳孔波信号的提取包括以下步骤：①对采集到的眼部图像进行瞳孔区域中心定位和剪裁，以得到瞳孔区域的图像；②利用瞳孔区域的像素值与周围像素值的差异，通过二值化处理来提取瞳孔区域。经过实验确定，瞳孔区域的像素值较小，阈值设定为 0 ～ 50 像素，而瞳孔周边区域大于 50 像素的部分则设置为 255；③对瞳孔区域进行形态学的膨胀和腐蚀处理，以去除瞳孔周围存在的噪点；④提取瞳孔区域图像的边缘，并去除较大面积的噪声点；⑤使用最小二乘法对瞳孔区域进行拟合，以计算瞳孔的大小。

最后，按照瞳孔大小生成顺序构成瞳孔波。

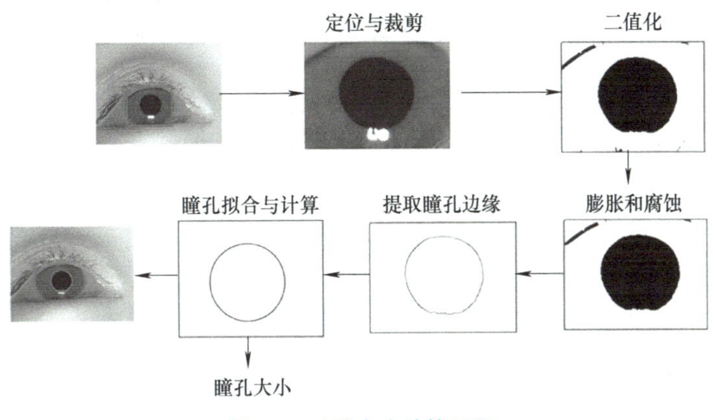

图 7-5　瞳孔大小计算过程

7.1.2　瞳孔波信号预处理方法

瞳孔波在采集的过程中，可能会由于眼睛的不自主眨动等产生异常值和噪声。瞳孔波的原始波形如图 7-6a 所示，需要进行异常值处理和滤波去噪。

1. 异常值处理

在采集瞳孔波时，抑郁症患者可能会出现眨眼、闭眼等行为，此时采集到的瞳孔直径会低于正常的瞳孔大小。为了处理这种异常值，设置瞳孔直径大小的阈值为 50 像素。对于瞳孔直径小于此阈值的异常值，采用均值插值处理。

设出现异常值的时刻为 t，使用 $t-1$ 与 $t+1$ 时刻的瞳孔直径的均值来对 t 时刻的异常值进行插值处理。具体计算公式为

$$P_t = \frac{P_{t-1} + P_{t+1}}{2} \tag{7-1}$$

式中，P_t 为 t 时刻经过插值处理后的值；P_{t-1} 和 P_{t+1} 为 $t-1$ 和 $t+1$ 时刻的瞳孔直径。插值处理后的波形如图 7-6b 所示。

2. 小波降噪

除了异常值外，还存在其他类型的噪声，因此选用小波降噪方法来去除这些噪声。小波降噪的基本步骤：首先，使用小波对信号进行小波变换分解；其次，选择合适的阈值来过滤噪声系数；最后，根据过滤后的小波系数进行信号重构。

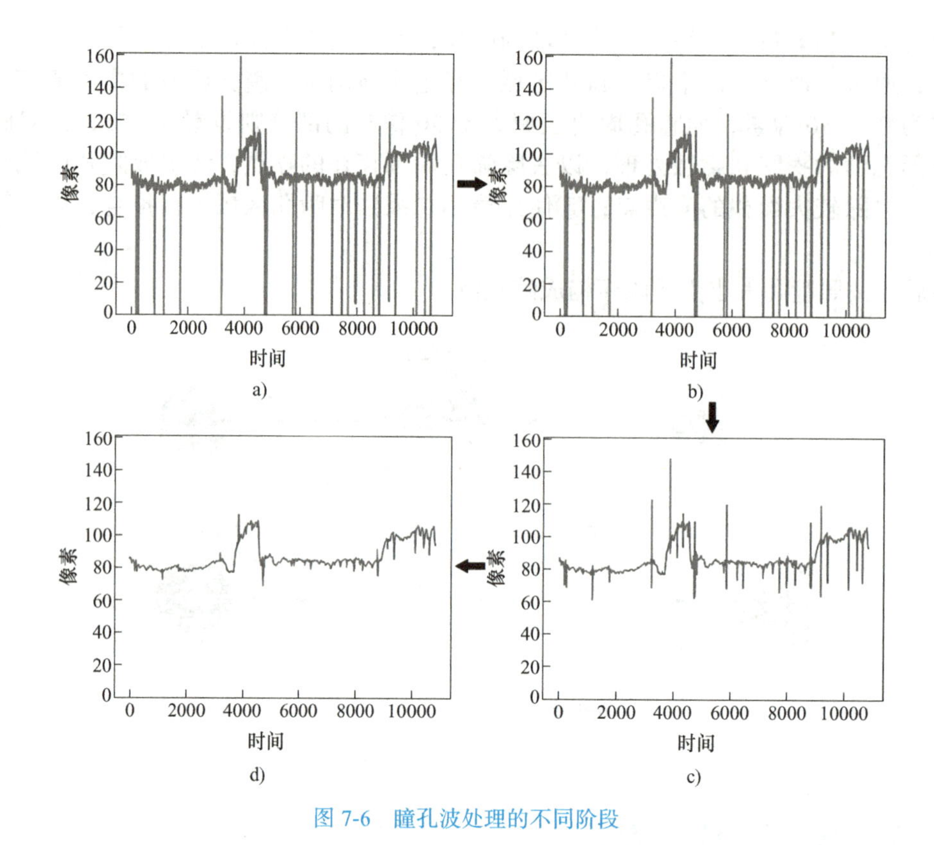

图 7-6 瞳孔波处理的不同阶段

a）原始波形 b）插值处理后的波形 c）小波降噪后的波形 d）卡尔曼滤波后的波形

第一步：选用 Daubechies8 小波进行小波变换。Daubechies8 小波是一个较高阶的 Daubechies 小波，它提供了较好的平滑度和能够捕捉更复杂波形的能力，因此可以更好地捕捉较高频率的信号成分，从而能更细致地分析信号。通过这种方法，能够在保证去噪效果的同时，最大限度地保留信号的重要特征，从而得到低通滤波器与高通滤波器这一组正交镜像滤波器。

$$g(n)=(-1)^n h(1-n), n=1,2,\cdots,L \tag{7-2}$$

式中，$h(n)$ 为低通滤波器；$g(n)$ 为高通滤波器；L 为滤波器的个数。首先，确定小波的分解层次 N，并对瞳孔波进行 N 层分解。通过每一层的分解，可以得到每一层分解时的估计系数和细节系数，具体表达式为

$$\begin{cases} A_0[f(t)]=f(t) \\ A_j[f(t)]=\sum\limits_k h(2t-k)A_{j-1}[f(t)] \\ D_j[f(t)]=\sum\limits_k g(2t-k)A_{j-1}[f(t)] \end{cases} \tag{7-3}$$

式中，$A_j[f(t)]$ 为第 j 层分解对应的估计系数；$D_j[f(t)]$ 为第 j 层分解的细节系数。瞳孔波进行 N 层分解后对应信号的小波系数大，而噪声的小波系数较小，即噪声的小波系数小

于信号的小波系数。

第二步：在第 1 层到第 N 层中，选择合适的阈值。首先，对信号中的每一个元素取绝对值，再由小到大排序；然后将各个元素取二次方，从而得到新的信号序列，即

$$f(k)=(\text{sort}\,|s|)^2, k=0,1,\cdots,N-1 \tag{7-4}$$

式中，sort 为排序函数；s 为瞳孔波信号；N 为瞳孔波信号内部元素的数量。若取阈值为 $f(k)$ 的第 k 个元素的二次方根，即

$$\lambda_k=\sqrt{f(k)}, k=0,1,\cdots,N-1 \tag{7-5}$$

该阈值产生的风险为

$$\text{Risk}(k)=\frac{N-2k+\sum_{i=1}^{k}f(j)+(N-k)f(N-k)}{N} \tag{7-6}$$

根据风险 Risk(k) 来确定风险最小点所对应的值为 $k_{\min}$，那么阈值 λ 为

$$\lambda=\sqrt{f(k_{\min})} \tag{7-7}$$

使用软阈值方法来对小波系数进行筛选，大于阈值的小波系数认为是有用的信号，进行保留；小于阈值的小波系数认为是噪声，进行置零。软阈值方法表述为

$$w_\lambda=\begin{cases}[\text{sgn}(w)](|w|-\lambda) & |w|\geqslant\lambda \\ 0 & |w|<\lambda\end{cases} \tag{7-8}$$

式中，sgn() 为符号函数；λ 为阈值；w 为筛选前的系数；w_λ 为筛选后的系数。

第三步：根据阈值处理后的估计系数和细节系数进行重构。小波降噪后的波形如图 7-6c 所示。

$$A_j[f(t)]=\sum_{k=-\infty}^{\infty}(D_{j+1}[f(t)]g[-n+2k]+A_{j+1}[f(t)]h[-n+2k]) \tag{7-9}$$

3. 卡尔曼滤波

如图 7-6c 所示，可以看到小波降噪对于去除信号中的小幅度噪声是有效的，但对于大幅度噪声的去除效果并不明显。因此，选用卡尔曼滤波来进一步去除这些大幅度噪声。卡尔曼滤波是一种利用线性系统的状态方程，并结合系统的输入输出观测数据，对系统状态进行最优估计的算法。由于经过小波降噪后的瞳孔波信号中仍然含有大幅度噪声，卡尔曼滤波在进行最优化的过程中，能够有效地达到进一步降噪的效果。

1）系统的观测方程为

$$z_k=H(\boldsymbol{A}x_{k-1}+\omega_{k-1})+v_k \tag{7-10}$$

式中，z_k 为观测值；H 为状态观测方程；$\boldsymbol{A}$ 为由 $k-1$ 到 k 的状态转移矩阵；x_{k-1} 为 $k-1$ 时刻的状态；ω_{k-1} 为服从高斯分布的噪声。

2）卡尔曼滤波分为时间更新方程和测量更新方程两部分：

时间状态方程，是根据 $k-1$ 时刻的后验估计值来估计 k 时刻的状态，得到 k 时刻的先验估计值。

首先，得到 k 时刻的后验估计状态值

$$\hat{x}_{\bar{k}} = \boldsymbol{A}\hat{x}_{k-1} \tag{7-11}$$

式中，$\hat{x}_{k-1}$ 为 $k-1$ 时刻的后验状态估计值；$\boldsymbol{A}$ 为状态转移矩阵。

然后，得到 k 时刻的先验估计协方差

$$P_{\bar{k}} = \boldsymbol{A}P_{k-1}\boldsymbol{A}^{\mathrm{T}} + Q \tag{7-12}$$

式中，P_{k-1} 为 $k-1$ 时刻的后验估计协方差；Q 为过程激励噪声协方差。

测量更新方程，是使用当前时刻的测量值来更正预测阶段预测值，得到当前时刻的后验估计值。

首先，得到 k 时刻的卡尔曼增益

$$K_k = \frac{P_k - \boldsymbol{H}^{\mathrm{T}}}{\boldsymbol{H}P_{\bar{k}}\boldsymbol{H}^{\mathrm{T}} + R} \tag{7-13}$$

式中，$P_{\bar{k}}$ 为 k 时刻的先验估计协方差；R 为测量噪声协方差。

然后，得到 k 时刻的后验估计协方差

$$P_k = (\boldsymbol{I} - K_k\boldsymbol{H})P_{\bar{k}} \tag{7-14}$$

最后，得到 k 时刻的后验估计值

$$\hat{x}_k = \hat{x}_{\bar{k}} + K_k(z_k - \boldsymbol{H})\hat{x}_{\bar{k}} \tag{7-15}$$

瞳孔波信号经过卡尔曼滤波后的波形如图 7-6d 所示，可以看到信号中的大幅度噪声被有效的过滤掉了。

4. 经验模态分解

经验模态分解（empirical mode decomposition，EMD）是依据数据自身的时间尺度特征来进行信号分解的，无需预先设定基函数，是一种时频域信号处理方式。EMD 在处理非平稳及非线性数据上具有显著优势，适合分析非线性非平稳的信号序列，并表现出较高的信噪比。该方法可以将非平稳信号分解为若干个本征模函数（intrinsic mode functions，IMF）和余项，这些分量能够反映原始信号的规律，具有实际的物理意义。

由于瞳孔波信号是一种典型的非平稳信号，因此经验模态分解方法在处理此类信号时显示出很大的优越性。通过对瞳孔波信号进行 EMD，可以得到不同时间尺度上的振动模态，这有助于更好地理解瞳孔波信号中不同频率和振幅的成分。此外，EMD 还有助于揭示瞳孔波信号的复杂动态特性，进而提取与情绪等相关的特征。在情绪识别和情感计算方面，瞳孔波信号的 EMD 能够提供更为细致和准确的特征描述，从而改善情绪识别的精度和效果。

EMD 方法基于这样的假设：任何信号都是由不同的 IMF 分量组成的。一个信号在任何时刻都可能包含一个或多个 IMF，而每个 IMF 可以是线性的或非线性的。

IMF 必须满足以下两个条件：①在时域表示的信号序列中，极大值和极小值的数量等于过零点的个数，或者小于过零点的个数；②信号序列中各点的极大值所确定的上包络和最小值所确定的下包络的均值必须为零。

对于给定的输入信号 $X(t)$，EMD 将其分解为多个 IMF 和一个残差组成 Res。每个 IMF 都代表了信号中的不同频率成分，即 $X(t)=\sum_{i}^{N}\mathrm{IMF}_i(t)+\mathrm{Res}_N(t)$。式中，$X(t)$ 为输入信号；$\mathrm{IMF}_i(t)$ 为本征模函数；$\mathrm{Res}_N(t)$ 为残差。提取 IMF 的具体过程如下：

1）根据原始信号（图 7-7a 所示的黑色线条）找到上下极值点，并分别连接极大值点构成上包络线（图 7-7a 中的蓝色线条），连接极小值点构成下包络线（图 7-7a 所示的红色线条）。

2）计算上、下包络线的均值，并画出均值包络线（图 7-7b 所示的粉色线条）。

3）用输入信号减去上下包络线均值信号得到中间信号（见图 7-7c），即 $X(t)-m_1=h_1$。式中，m_1 代表上下包络线的均值。

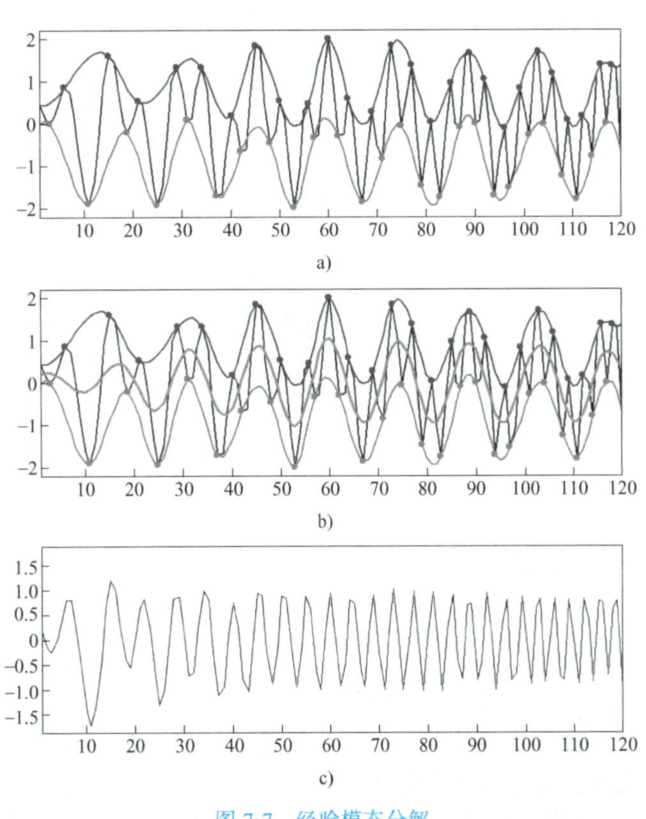

图 7-7　经验模态分解

a）根据原始信号构成上包络线　b）计算均值包络线　c）中间信号

4）判断该中间信号是否满足IMF的两个条件。如果满足，该信号就是一个IMF分量；如果不满足，则以该信号为基础，重新做步骤 1）～ 4）的分析。

5）瞳孔波信号的 EMD 如图 7-8 所示。其中，第一张为原始信号，后续依次为 EMD 之后得到的 6 个分量（分别叫作 IMF1 ～ IMF6）。每一个 IMF 分量都代表了原始信号中存在的一种内涵模态分量。

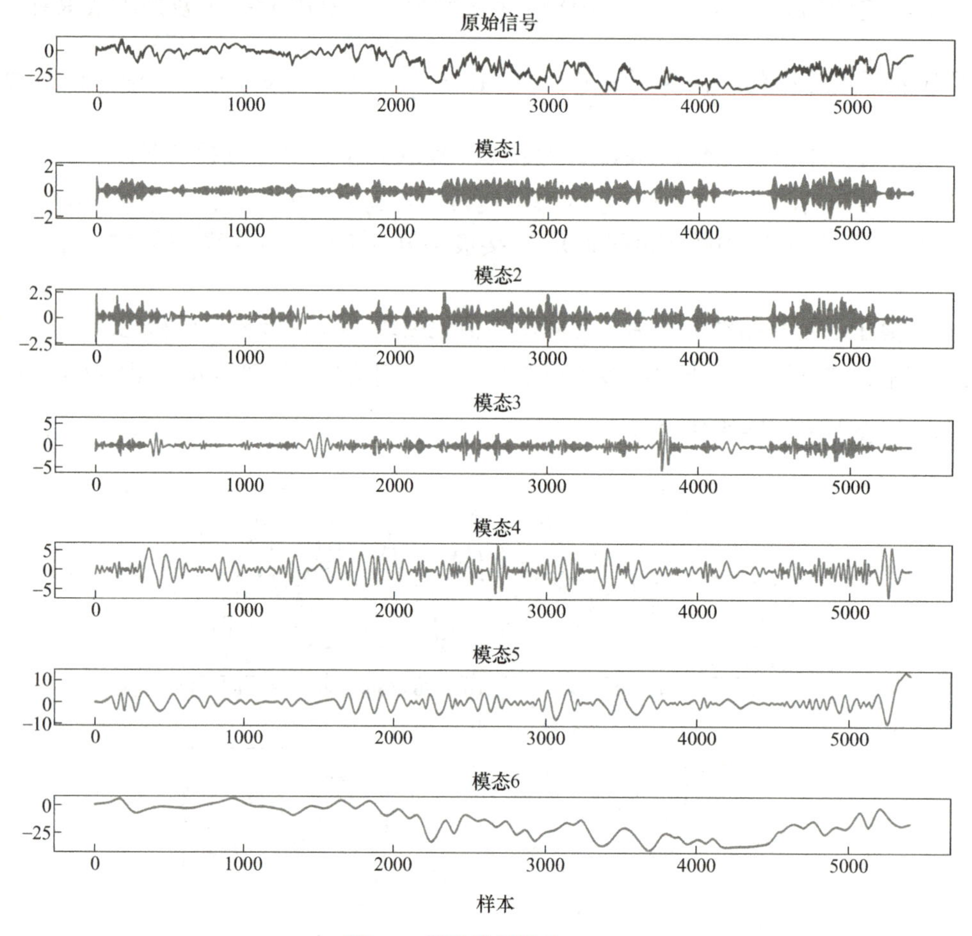

图 7-8　瞳孔波信号的 EMD

7.1.3　瞳孔波信号的应用

1. 基于瞳孔波信号和深度学习的情绪识别

使用机器学习或深度学习进行情绪识别的意义在于，它能够理解帮助系统或机器人等理解人类的情感，进而提升用户体验、增强人机交互的自然性。这使服务于人的机器人具有人的情绪属性，能够更好地为人类提供服务。情绪识别可以广泛应用于多个领域。

1）人机交互：通过准确识别用户的情绪状态，机器人系统能够提供更加个性化的服务，从而提升用户体验。

2）商品推荐：了解用户对商品的满意度，可以帮助平台制定更精准的销售策略，并推荐与用户当前情绪相符的商品。

3）舆论监控：通过分析群众对热门事件的情感倾向，可以帮助行政部门更高效地进行舆情监控。

4）医疗健康：在医疗健康领域，情绪识别也有重要应用。它可用于诊断心理疾病（如焦虑和抑郁等）以及监控老年人的心理健康状况，从而提供更科学、更人性化的陪护与关怀。

5）娱乐和教育：情绪识别可用于评估电影、电视剧和音乐等的情感倾向，以及评估学生的情绪状态，进而为提升教育质量提供支持。

6）金融和市场调查：情绪识别还可用于分析市场情绪，优化投资决策，以及分析消费者对产品和服务的情感反应，以优化产品和服务策略。

综上，情绪识别已成为人工智能领域的研究热点之一。情绪识别涉及模型和数据两个方面。在机器学习方法中，可使用的数据类型很多。总体上，这些数据可分为两类：一类是使用面部表情、语音 / 语言、手势、步态等人类行为特征进行情绪识别的数据；另一类则是使用眼动追踪、心电图、皮肤电、脑电（EEG）等生理信号进行情绪识别的数据。

在情绪识别研究中，生理信号通常被认为比行为信号能更准确反映个体的实际情绪状态。因此，EEG 信号在情绪识别领域得到了广泛的应用。

这里使用瞳孔波信号进行情绪识别。与 EEG 信号相比，瞳孔波信号具有采集更容易、成本更低、应用场合更广泛等优势。因此，本研究选择使用瞳孔波信号进行情绪识别。具体步骤如下：

（1）基于虚拟现实（VR）头盔的瞳孔波数据采集　本研究采用了图 7-4 所示的装置，对 99 名被试在观看平静、悲伤、快乐、恐惧和紧张五种情绪场景（每种情绪场景持续呈现 90s）时的瞳孔波信号进行了采集，并且进行了滤波处理，如图 7-9 所示。

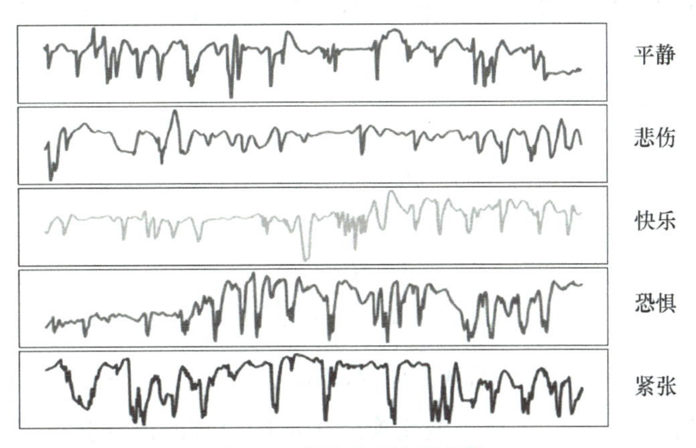

图 7-9　滤波后瞳孔波信号

（2）差分瞳孔波信号　为了消除不同个体间瞳孔大小的天然差别以及环境因素等可能带来的干扰，这里采用了差分方法。具体来说，就是先计算平静刺激下瞳孔波信号的平均值，然后将这个平均值分别与平静、悲伤、高兴、恐惧和紧张状态下的瞳孔波信号进行差分运算。通过这样的处理，可以去除个体间的差异，尽可能保留因情绪刺激而产生的情绪信息。

$$P_{\text{calm}} = \frac{1}{n}\sum_{t=1}^{n} P_{\text{calm}}(t) \tag{7-16}$$

$$P_{\text{calmdiff}}(t) = P_{\text{calm}}(t) - P_{\text{calm}} \tag{7-17}$$

$$P_{\text{saddiff}}(t) = P_{\text{sadful}}(t) - P_{\text{calm}} \tag{7-18}$$

$$P_{\text{joyfuldiff}}(t) = P_{\text{joyful}}(t) - P_{\text{calm}} \tag{7-19}$$

$$P_{\text{feardiff}}(t) = P_{\text{fear}}(t) - P_{\text{calm}} \tag{7-20}$$

$$P_{\text{nervousdiff}}(t) = P_{\text{nervous}}(t) - P_{\text{calm}} \tag{7-21}$$

式中，P_{calm} 为平静瞳孔波均值；$P_{\text{calm}}(t)$、$P_{\text{sadful}}(t)$、$P_{\text{joyful}}(t)$、$P_{\text{fear}}(t)$、$P_{\text{nervous}}(t)$ 分别为各种瞳孔波信号；$P_{\text{calmdiff}}(t)$、$P_{\text{saddiff}}(t)$、$P_{\text{joyfuldiff}}(t)$、$P_{\text{feardiff}}(t)$、$P_{\text{nervousdiff}}(t)$ 分别为各种差分波。

（3）差分瞳孔波信号的频谱　时域信号和频域信号是模拟信号的两种重要表示方式，它们从不同侧面刻画了信号的特性。时域信号反映的是信号幅度随时间的变化关系，而频域信号则反映的是信号在不同频率上的分布情况。傅里叶变换和小波变换是频域信号分析中常用的两种方法。

小波变换是对傅里叶变换的一种改进。它将傅里叶变换中无限长的三角函数基替换成了有限长且会衰减的小波基，从而继承并发展了短时傅里叶变换的局部化思想。同时，小波变换克服了短时傅里叶变换中窗口大小不随频率变化等缺点。它的主要特点是能够对时间和频率进行局部化分析，通过伸缩和平移运算对信号进行多尺度细化处理。最终达到高频处时间细分，低频处频率细分，能自动适应时频信号分析的要求，从而可聚焦到信号的任意细节。

连续小波变换的公式为

$$\text{CWT}(a,b) = < f,\ \varphi_{a,b} > = \frac{1}{\sqrt{a}}\int_{-\infty}^{+\infty} f(t)\cdot\varphi^{*}\left(\frac{t-b}{a}\right)\mathrm{d}t \tag{7-22}$$

$$\varphi_{a,b}(t) = \frac{1}{\sqrt{a}}\varphi\left(\frac{t-b}{a}\right) \quad a,b \epsilon R \tag{7-23}$$

式中，a 为定位频率；b 为时间；$f(t)$ 为原时域信号；$\varphi_{a,b}$ 为小波基。

由于原始时域信号过长，进行小波变换后生成的时频图尺寸会过大，这可能对模型的学习过程产生负面影响，导致模型遗漏有用的信息。为了解决这个问题，这里采用了信号分割的策略，如图 7-10 所示，通过小波变换获得的每个差分时域信号对应的 32 个时频图：将原始信号（见图 7-10a）切割成 32 段信号样本子序列（图 7-10b）。这种处理方式可以有效地降低信号的长度，使其更适合进行小波变换。通过小波变换，可以生成对应的时频图（见图 7-10c），并从中获取更具实用价值的信息。

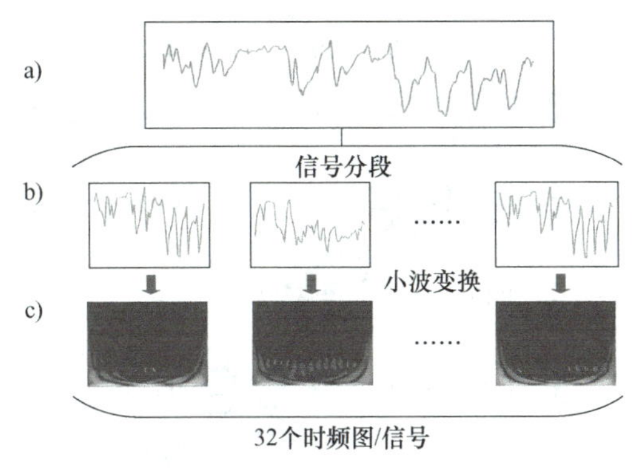

图 7-10　差分瞳孔波信号的时频图

a）原始信号　b）样本子序列　c）时频图

（4）深度学习框架和分类结果　这里，采用瞳孔波的时域信号和频域信号作为输入，构建了一个双通道深度学习框架。该框架的一个通道专注于时域信号特征的自动提取，而另一个通道则负责时频特征的自动提取。通过为不同的通道分配不同的权重，并将加权后的特征输入到全连接层，实现了对情绪的分类，具体框架如图 7-11 所示。

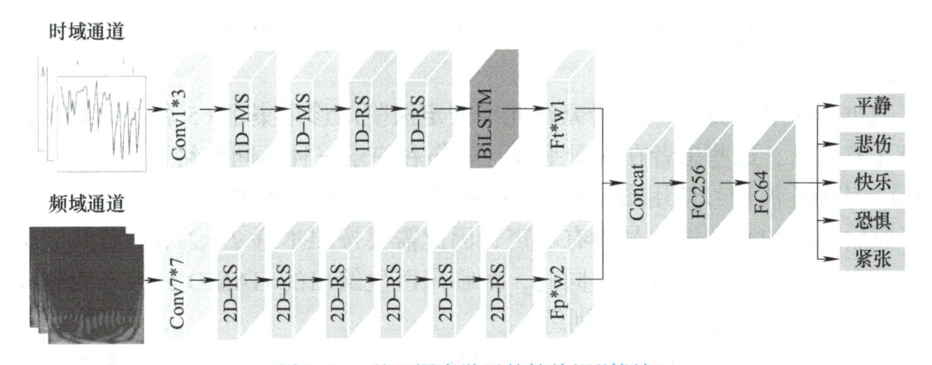

图 7-11　基于深度学习的情绪识别框架

本研究的数据集共有 247 名被试，每名受试者的数据均包含了平静、悲伤、高兴、恐惧和紧张 5 种情绪的瞳孔波信号。在数据集的划分上，随机选择 47 人作为测试集，而其余的 200 人则作为训练集。在模型训练过程中，采用了 10 折交叉验证的方法，并使用交叉熵作为损失函数。

实验结果显示，时域通道的分类准确率为 59.12% ± 3.14%，时频通道的分类准确率为 61.24% ± 2.92%。当时序信号的权重 W_1=0.4，频域信号的权重 W_2=0.6 时，双通道融合的分类准确率达到了 72.59% ± 3.03%。情绪识别的混淆矩阵如图 7-12 所示。

2. 基于瞳孔波信号和深度学习的抑郁症患者的抑郁严重程度评估方法

抑郁症，作为一种精神类疾病，给个人、家庭和社会带来了沉重的负担。在病情严重的情况下，甚至可能引发自杀等极端行为。目前，抑郁症的诊断主要依赖精神科医生，他们依据精神疾病诊断和统计手册（DSM–5）进行结构化的访谈来做出判断。而评估抑郁症状的严重程度，则通常使用医学临床评估量表（HAMD）作为标准工具。

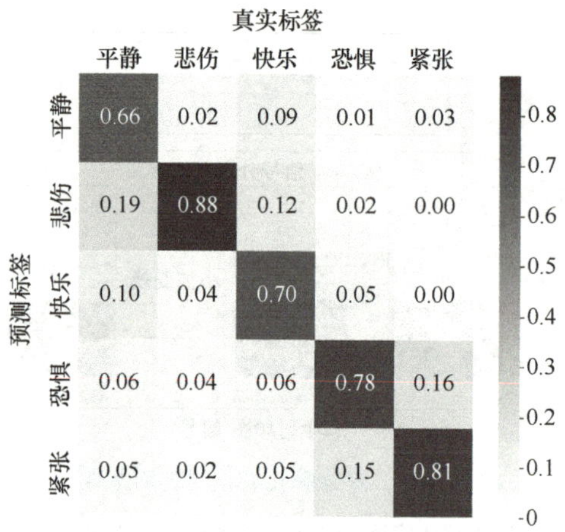

预测标签 \ 真实标签	平静	悲伤	快乐	恐惧	紧张
平静	0.66	0.02	0.09	0.01	0.03
悲伤	0.19	0.88	0.12	0.02	0.00
快乐	0.10	0.04	0.70	0.05	0.00
恐惧	0.06	0.04	0.06	0.78	0.16
紧张	0.05	0.02	0.05	0.15	0.81

图 7-12　情绪识别的混淆矩阵

HAMD 被广泛认为是评估抑郁症患者抑郁严重程度的“金标准”。其评估过程通常涉及精神科医生或训练有素的专业人士与患者进行面谈，这可能需要 20 ～ 30min 的时间来完成。因此，获取抑郁症患者的 HAMD 评分不仅费时费力，而且患者的认知水平、记忆偏差等因素也可能对评估结果产生影响。

为了解决这些问题，这里介绍一种基于瞳孔波信号和深度学习的抑郁症患者 HAMD 分数评估的方法。

（1）数据采集和预处理　本研究在北京安定医院门诊采集了 65 名被诊断为抑郁症的患者的瞳孔波信息。这些患者在观看平静、悲伤和快乐三种不同情绪视频时（每种视频时长为 90s），其瞳孔波信号使用图 7-3 所示的眼部图像采集设备进行采集。

由于原始采集的瞳孔波信号含有噪声，因此需要按照本章 7.1.2 节“瞳孔波信号预处理方法”中介绍的方法去噪处理。同时，由临床医生给出的 HAMD 分数作为瞳孔波信号的标签，用于后续的深度学习模型训练。

在处理瞳孔波信号时，以平静瞳孔波信号的均值为基线，计算了悲伤和快乐瞳孔波与基线的差分瞳孔波。

（2）HAMD 分数评估的深度学习框架　这里采用一维多尺度卷积神经网络（1DCNN）从瞳孔波信号中提取特征。相较于长短记忆网络（LSTM）和循环网络（RNN），1DCNN 具有多个显著优势，如局部连接、权重共享等，这些特性使其能够更有效地进行特征提取。此外，1DCNN 还具有计算开销小、模型轻量级以及拟合能力强等特点，非常适合本任务。

该模型的框架结构如图 7-13 所示。该模型由卷积层（Conv）、批归一化层（BN）、最大池化层（MP）和全局平均池化层（GAP）等关键组件构成。在网络开始时，使用了 1×3 的卷积核来提取特征，并结合反向传播（BP）算法以加快网络的收敛速度。激活函数方面，选择了 RELU 函数。随后，通过最大池化层来降低维度的数量。在网络构建的初期，设计了 32 层和 64 层的卷积层，这样的设计可以在减少维度数量的同时，有效降低构建网络中的参数数量，从而避免过拟合现象的发生。

在多尺度处理中，使用了 1×5 的卷积核来捕获瞳孔波在大尺度上的变化特征，同时使用 1 × 3 的卷积核来提取小尺度上的特征。之后，将这两个不同尺度的特征进行融合。全局平均池化层被用来进一步减少参数的数量，并输出一个大小为 1 × 1024 的特征向量。

在模型的后端部分，使用了两个全连接层来进行特征的处理和 HAMD 分数的预测。其中，第 1 层由 256 个神经元组成，第 2 层由 128 个神经元组成。为了增强模型的泛化能力并防止过拟合现象的发生，在每个全连接层后都应用了 Dropout 技术来随机丢弃一些神经元。

（3）模型训练方法和 HAMD 分数评估结果　首先，将 65 名抑郁症患者按照 7∶3 的比例随机划分为训练集 45 人和测试集 20 人。由于训练集样本不大，这里，使用简单交叉验证方法训练模型，即把测试集的 20 人作为固定的验证集参与模型的训练。

训练损失函数使用均方误差（MSE）损失函数；结果评价使用平均绝对误差（MAE）和均方根误差（RMSE），误差越小精度越高。

$$\mathrm{MAE} = \frac{\sum_{i=1}^{N}\left|y_i - \hat{y}_i\right|}{N} \tag{7-24}$$

$$\mathrm{RMSE} = \sqrt{\frac{\sum_{i=1}^{N}(y_i - \hat{y}_i)^2}{N}} \tag{7-25}$$

模型独立训练 10 次，结果使用均值和标准差表示（Mean ± sd），HAMD 的评估精度 MAE 和 RMSE 分别为 2.45 ± 0.07 和 3.16 ± 0.09。

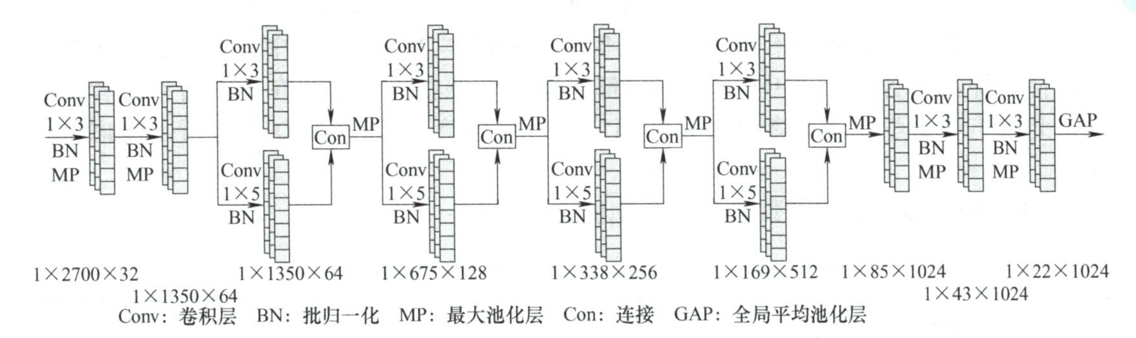

图 7-13　基于瞳孔波信号和一维双尺度卷积神经网络的 HAMD 分数评估模型的框架结构

3. 基于瞳孔波信号和深度学习的抑郁和焦虑风险评估方法

抑郁和焦虑是严重的心理障碍，它们不仅影响日常的工作和生活，还给个人、家庭和社会带来了沉重的负担。据统计，全球有超过 3.5 亿人患有抑郁症，且这一数字呈现不断上升的趋势。焦虑也有多种类型，其中广泛性焦虑障碍（GAD）是一种典型的焦虑障碍，其特点是不限于特定情境的持续性、过度和不适当的担忧。GAD 的常见症状包括疲劳、难以集中注意力、惊恐和睡眠障碍等。从社会角度看，突发的灾难事件，如地震、病毒的全球流行等，都可能导致人们发生抑郁、焦虑等心理异常的风险大幅度提升。因此，为了减少抑郁症和焦虑症的发病率，防止抑郁和焦虑风险人群转化为抑郁症患者，及时筛查和评估抑郁和焦虑风险水平，并及早进行心理干预是非常必要的。

为了有效评估抑郁风险和焦虑风险水平，这里提出了一种基于瞳孔波信号和深度卷积神经网络的评估方法，其评估模型的框架结构如图 7-14 所示。该评估框架使用多尺度卷积模块和注意力模块组成的两个通道，分别是基于快乐情绪的瞳孔波通道和基于悲伤情绪的瞳孔波通道。通过将这两个通道的特征进行融合，可以评估出抑郁风险水平（以 PHQ-9 分数表示）和焦虑风险水平（以 GAD-7 分数表示）。

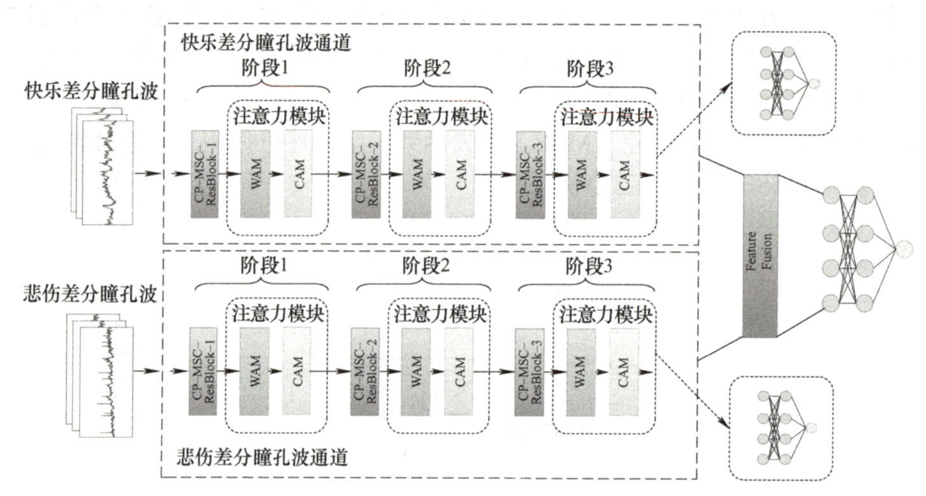

图 7-14 基于瞳孔波信号和带有注意力机制的深度一维多尺度卷积神经网络的抑郁和焦虑风险水平评估模型的框架结构

（1）样本 为了增加样本的多样性，本研究分别在首都医科大学附属北京市安定医院、北京工业大学两个不同地点共征集了有效样本 295 人。其中，全部 295 名参试者均使用抑郁自评量表 PHQ-9 进行抑郁风险水平评估；同时，在 295 名参试者中的来自北京工业大学 224 名参试者还使用广泛性焦虑障碍量表 GAD-7 进行了焦虑风险评估。

PHQ-9/GAD-7 量表分数与抑郁或焦虑水平见表 7-1。

表 7-1 PHQ-9 和 GAD-7 量表分数与抑郁或焦虑水平

PHQ-9 分数	抑郁水平	GAD-7 分数	焦虑水平
0—4	没有	0—4	没有
5—9	轻度	5—9	轻度
10—14	中度	10—14	中度
15—19	中重度	15—21	重度
20—27	重度		

（2）瞳孔波信号的采集和预处理 使用图 7-4 所示的 VR 采集装置，采集了每个被试沉浸在平静、悲伤和快乐三种 VR 虚拟现实情绪场景时的瞳孔波信号。然后，以平静信号为基线，计算悲伤和快乐瞳孔波信号的差分信号，作为模型评估用输入信号，其示例如图 7-15 所示。

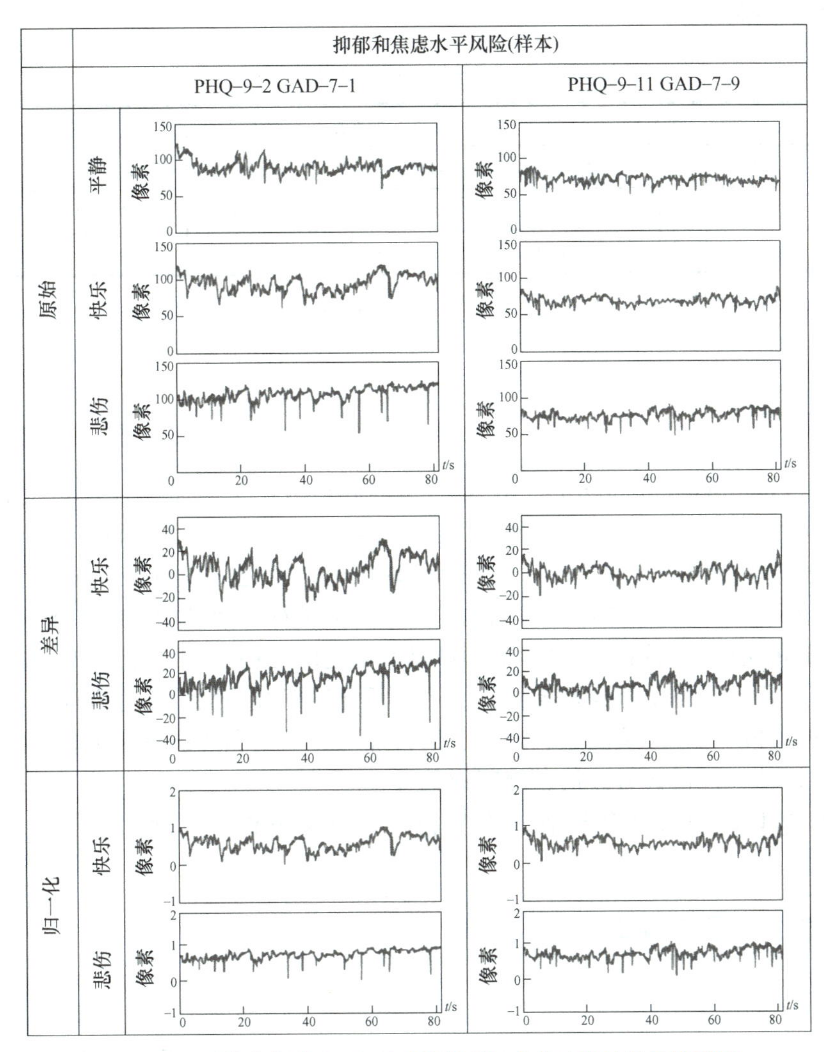

图 7-15　原始瞳孔波（已经过滤波处理）差分瞳孔波信号的示例

（3）模型训练和评估结果

训练策略：本模型采用 Adam 优化器进行训练，并通过多次网格搜索对模型超参数进行了调优。最终设置的初始学习率为 0.003，且该学习率会随着训练的进行而逐渐减小。此外，还设置了 Dropout 概率为 0.6 和 L2 正则化参数为 1×10^{-6} 来防止模型过拟合。在训练过程中，采用了早停（early stopping）策略，即当在 200 个 Epoch 内验证集的 loss 变化小于 0.1 时，即停止训练。

数据集划分：在抑郁风险评估任务中，本实验共收集了 295 名有效样本，按照 6∶2∶2 的比例划分为训练集（177 人）、验证集（59 人）和测试集（59 人）。同样地，在焦虑风险评估任务中，本实验共收集了 224 名有效样本，也按照 6∶2∶2 的比例划分为训练集（158 人）、验证集（33 人）和测试集（33 人）。

训练与评估指标：训练过程中使用 MSE 函数作为损失函数。为了评估模型的误差，采用了 MAE 和 RMSE 两个指标。模型共训练了 10 次，最终结果以均值和标准差的形式表示。其评估结果见表 7-2。

表 7-2 抑郁和焦虑风险水平评估结果（均值 ± 标准差）

评估类型	通道 1		通道 2		融合	
	RMSE	MAE	RMSE	MAE	RMSE	MAE
抑郁水平	4.21 ± 0.22	3.20 ± 0.13	4.25 ± 0.14	3.13 ± 0.11	4.11 ± 0.16	3.05 ± 0.12
焦虑水平	2.59 ± 0.25	1.92 ± 0.14	2.52 ± 0.09	1.90 ± 0.14	2.49 ± 0.03	1.85 ± 0.03

注：通道 1 是基于快乐瞳孔波的评估，通道 2 是基于悲伤瞳孔波的评估。

7.2 脑电图技术

脑电图（electroencephalogram，EEG）也叫脑电或脑波，是指使用头皮表面电极记录到的大脑神经元生物电活动的曲线图。当大脑活动时，大量神经元同步发生的突触后电位经总和后形成了脑电图。它记录了大脑活动时的电波变化，是脑神经细胞的电生理活动在大脑皮层或头皮表面的总体反映。脑电信号作为大脑神经活动的直接体现，在认知心理学、医学、脑机接口、认知神经科学等领域具有广泛的应用。具体应用包括如下几个：

1）临床应用，应用于神经精神科、昏迷预后评估以及辅助诊断等方面。

2）心理生理研究，涉及注意、记忆、语言加工、知觉和意识等多个方面的研究。

3）功能评估，包括智力评估、健康评估等。

4）脑机接口，通过意念控制外部设备，如意念下棋、意念运动控制以及意念驾驶等。

7.2.1 脑电信号及其频谱

1. EEG 波形

单导联脑电信号确定性较差、随机性强，这使得非线性研究受到一定的限制，并导致识别结果不甚理想。相比之下，多导联脑电信号包含了更为丰富的脑活动信息，更能全面反映脑活动的整体状况。图 7-16 所示的多通道脑电信号是在头皮上通过多个通道电极采集到的，这些信号波形不规则、成分复杂。

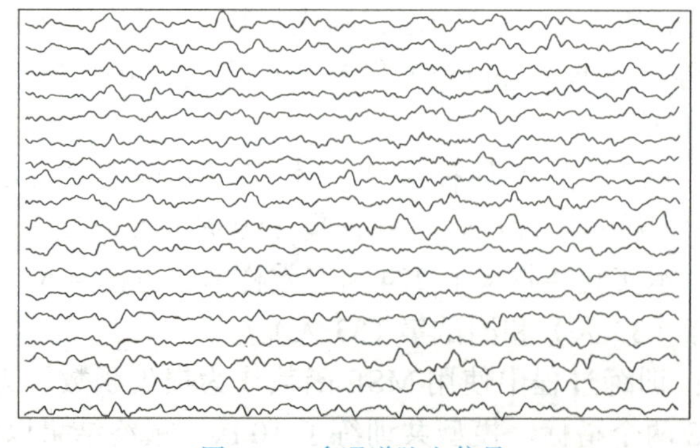

图 7-16 多通道脑电信号

脑电信号按照来源可以分为自发脑电和诱发脑电两种。自发脑电是指大脑在自发性活动中产生的脑电信号，不同的大脑活动状态会对应不同的频率成分，从而产生不同的 EEG 波形。只要人脑没有死亡，就会持续产生脑电信号。这种在自发状态下产生的脑电信号被称为自发电位。1924 年，德国精神病学家汉斯·伯格（Hans Berger）首次在颅骨损伤患者的大脑皮质和正常人的头皮上记录到了这种自发电位，并于 1929 年发表了相关论文，此后 EEG 开始被应用于临床领域。

在心理学或脑科学的研究中，EEG 通常是通过在头皮表面放置金属电极并使用导电胶来记录的皮层自发电位变化波形的。对于健康成年人来说，在清醒状态下，头皮表面记录的 EEG 的信号幅度一般在几微伏至 75 微伏。根据电位波动的周期或频率的不同，其可以被划分为不同的波形。

EEG 波形很不规则，其频率变化范围在正常人每秒在 1 ～ 30 次。通常，将这个频率范围分为四个波段：α 波、β 波、θ 波和 δ 波。图 7-17 所示为 EEG 自发脑电信号的类型。

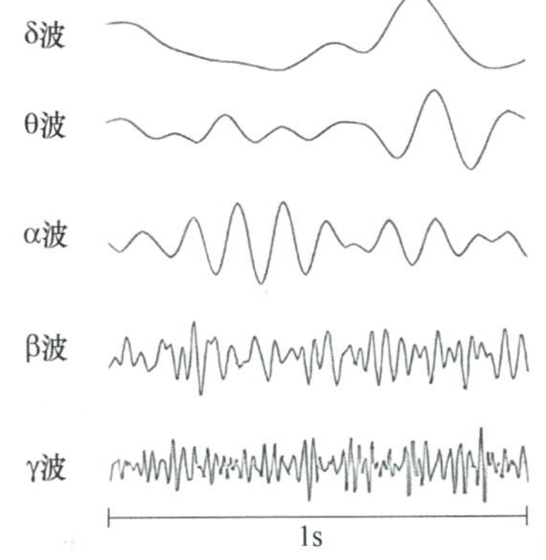

图 7-17　EEG 自发脑电信号的类型

α 波的频率范围为 8 ～ 13Hz，振幅为 20 ～ 100μV。它是正常成人 EEG 的基本节律。在没有外加刺激的情况下，α 波的频率相当恒定。α 波可以在头部的任何部位被记录到，但在枕区和顶区后部记录到的最为明显。α 节律与视觉活动密切相关。在清醒且安静闭目时，α 波会出现，并且其波幅会呈现时大时小的规律性变化，形成所谓的“梭形”。每一个“梭形”的持续时间在 1 ～ 2s。当个体睁眼、思考问题或接受其他刺激时，α 波会立即消失并出现快波，这种现象被称为“α 波阻断”（α block）。如果个体再次安静闭目，α 波又会重新出现。

β 波的频率范围为 14 ～ 30Hz，振幅为 5 ～ 20μV。在安静闭目时，β 波主要出现在额区。然而，当个体睁眼视物、突然受到声音刺激或进行思考时，大脑皮层的其他区域也会出现 β 波。因此，β 波的出现一般表示大脑皮层处于兴奋状态。

在实际记录的 EEG 中，存在的往往不是单一节律的波，而是多种不同节律的波同时出现。其中，α 波与 β 波同时在一个部位出现的情况较为常见，此时，β 波通常重叠在 α 波上。

δ 波的频率范围为 0.5 ～ 3.5Hz，振幅为 20 ～ 200μV。对于清醒的正常成人，一般是记录不到 δ 波的。成人只有在深睡的情况下才可记录到 δ 波，且颞区与枕区引出的 δ 波比较明显。

θ 波的频率范围为 4 ～ 7Hz，振幅为 100 ～ 150μV。对于清醒的正常成人，一般也记录不到 θ 波。然而，当成人处于困倦状态时，常可记录到 θ 波。θ 波的出现是中枢神经系统抑制状态的一种表现。如在清醒成人的 EEG 中出现 θ 波，则表示可能存在不正常的情况。一般在顶区与颞区引出的 θ 波较明显。

γ 波的频率范围为 30 ～ 80Hz，振幅为 5 ～ 20μV，代表高级认知活动以及神经元兴奋增高时的表现。

大脑皮层的不同生理状态能够使 EEG 的波形发生不同的变化。当大脑皮层中许多神经细胞的生物电活动步调一致时，EEG 上就会出现低频率高振幅的波形，这种现象被称为同步化。α 波就是一种典型的同步化波。然而，当大脑皮层中许多神经细胞的生物电活动步调不一致时，EEG 上就会出现高频率低振幅的波形，这种现象称为去同步化。例如，α 波阻断而 β 波出现就是一种去同步化的表现。通常认为，当 EEG 中高振幅的慢波消失而代之以低振幅的快波时，表明大脑皮层兴奋过程的增强；而当低振幅的快波消失而代之以高振幅的慢波时，则表明抑制过程的增强。

正常儿童的 EEG 与成人的存在差异，常出现较成人为慢的优势节律（每秒少于 8 次），且此节律在中央区比在后项区更为明显。θ 波是少年（10 ～ 17 岁）EEG 中的主要节律。一般认为，婴儿没有枕部 α 频率，在幼年儿童身上所发现的慢波会随年龄增长而逐渐加速，直至达到成年人的频率范围。

EEG 的脑电信号受多种因素的影响而表现各异。例如，在警觉、麻醉等状态下，EEG 波形会发生相应的变化。如图 7-18 所示，警觉状态与 β 波密切相关，睡眠状态与 θ 波相关，而麻醉状态主要与 δ 波有关。此外，中等麻醉和深度麻醉的脑节律也存在明显差异，麻醉程度越深，脑活动频率越低。

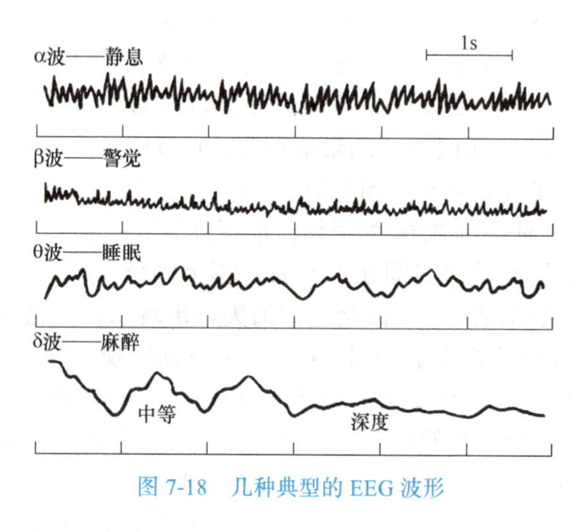

图 7-18　几种典型的 EEG 波形

2. 癫痫患者的 EEG 波形

癫痫病患者的大脑 EEG 波形与正常人的明显不同。其癫痫发作时，EEG 波形具有不同的特征，如图 7-19 所示。

1）棘波：波形尖锐，类似针尖，多为负相波，但也可能表现为正相、双相或三相波。这是最具特征性的表现之一，可见于各种类型的癫痫发作中。

2）尖波：典型的尖波由急速的上升支和较缓慢的下降支组成，呈锯齿状。这种波形也可见于各型癫痫发作中。

3）棘 – 慢综合波：由棘波和慢波组成，且波形均为负相波。典型的棘 – 慢波是失神发作的特殊波形。

4）尖 – 慢综合波：由尖波和慢波组成，这种波形多见于颞叶癫痫。弥漫性尖 – 慢节律则见于顽固性大发作和失动性小发作，提示脑组织深部存在较广泛的癫痫病灶。

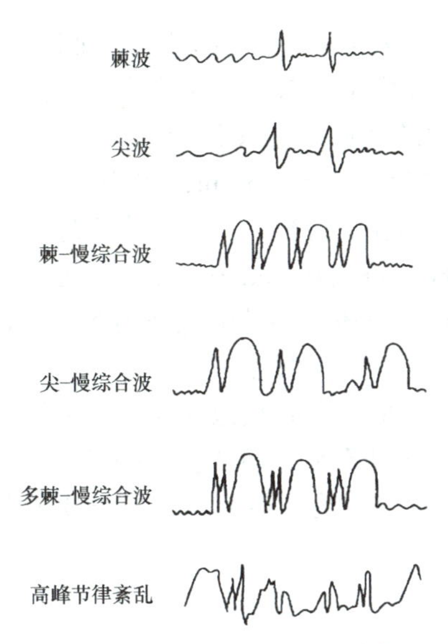

图 7-19　癫痫患者癫痫发作时常见的几种自发 EEG 波形

5）多棘 – 慢综合波：由几个棘波和一个慢波组成，这种波形常预示有痉挛发作，是肌阵挛性癫痫最具特征的波形之一。

6）高峰节律紊乱：一种独特波形，表现为高波幅的棘波、尖波、多棘波或多棘 – 慢综合波及慢波在时间上、部位上杂乱且毫无规律地出现。这种波形多见于婴儿痉挛症，并预示有严重的脑损伤。

3. 睡眠的 EEG 波形

充足的睡眠可以巩固记忆、消除疲劳、提高免疫力和避免不良情绪等。睡眠过程包含多个阶段，这些阶段构成一个完整的睡眠周期，如图 7-20 所示。1929 年，德国精神病学家汉斯·伯格（Hans Berger）首次发现人类在睡眠和觉醒状态下 EEG 存在显著差异。1953 年，美国芝加哥大学的阿瑟林斯基（Aserinsky）和柯雷特曼（Kleitman）在研究婴儿睡眠时发现，婴儿在安静睡眠后出现周期性快速眼球运动。继续研究发现，人类睡眠存在两种主要类型：非快速眼动（non rapid eye movement，NREM）睡眠和快速眼动（rapid eye movement）睡眠。传统上，NREM 被分为 4 期，但也有分类将其简化为 3 期。2007 年之前，通常划分为 4 期。此后，美国睡眠医学学会（AASM）将 NREM 的 3 期与 4 期合并为统一的第 3 期睡眠。因为 NREM 和 REM 对应睡眠的不同阶段，所以也有研究将睡眠划分为入睡期、浅睡期、沉睡期和 REM 等不同阶段。

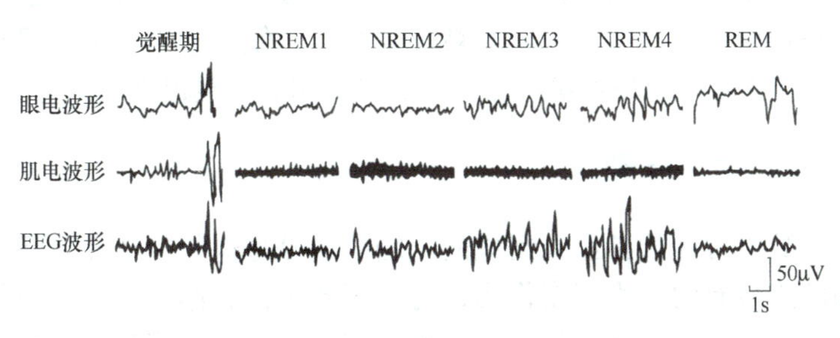

图 7-20　健康人睡眠不同阶段的眼电、肌电和 EEG 波形

不同睡眠周期的 EEG 波形各自具有不同的特点，如图 7-21 所示。

1）NREM 的第 1 阶段，持续 3 ～ 7min，α 波普遍减低，出现低幅的 θ 波，对周围环境的注意力丧失，有昏昏欲睡的感觉，意识不清醒。

2）NREM 的第 2 阶段，持续 10 ～ 25min，出现 100 ～ 300μV 的梭形波（纺锤波）、K 复合波和顶尖波。这个阶段肌张力降低，几乎没有眼球运动。

3）NREM 的第 3、4 阶段，持续几 min 到 60min，处于沉睡阶段，不易被叫醒，且均不出现眼球快速跳动现象。这个阶段大多数的脑波为 δ 波，处于慢波睡眠状态。个体肌肉放松，身体功能的各项指标变慢，有时发生梦游、梦呓等。

4）REM 阶段脑波出现与清醒状态时相似的高频率和低振幅脑波，主要为特点鲜明的锯齿波。此阶段出现眼球快速跳动现象，通常会有翻身动作，很容易唤醒。唤醒后，大部分人报告说在做梦，因此 REM 就成为了研究做梦的重要依据。脑波以锯齿波为主，其中间断出现 θ 波，与浅睡眠相似。

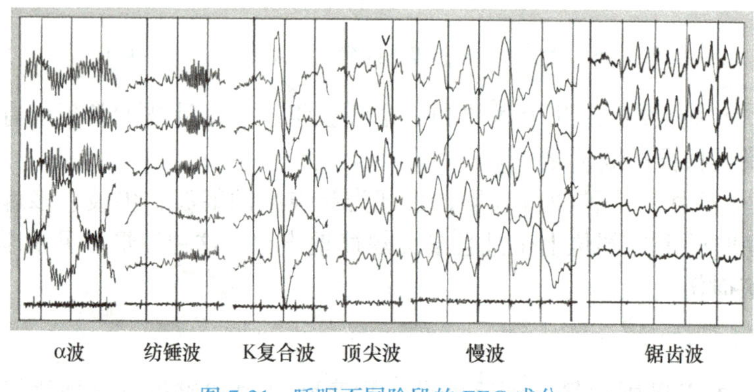

图 7-21　睡眠不同阶段的 EEG 成分

睡眠周期是指人类睡眠从 NREM 的第 1、2 阶段开始，持续 3 ～ 7min，然后进入第 2 阶段的深睡眠期，持续 10 ～ 25min，这两个阶段是浅睡期。接着进入第 3、4 阶段的深睡期，持续几 min 到 1h 不等，然后再回到第 1 ～ 2 阶段的浅睡期，随后转入 REM 睡眠，持续 5 ～ 10min，从而完成第 1 个睡眠周期。之后重复这个过程，一般成年人每晚将经历 4 ～ 6 个睡眠周期。

睡眠与记忆的关系密切。慢波睡眠和 REM 睡眠是睡眠中最为深沉的阶段。在睡眠状态时的 EEG 检测结果显示，这两个阶段的电脉冲在脑干、海马、丘脑和大脑皮层之间移动，而这些大脑区域之间的行为都是记忆形成的中转站。不同的睡眠阶段有助于巩固不同类型的记忆。在非快速眼动慢波睡眠阶段，陈述性记忆会被暂时放在海马的前部，通过大脑皮层和海马的不断连接对话，这些记忆就会被反复激活，使得它们逐渐慢慢转到大脑皮层的长期记忆存储区域。快速眼动睡眠状态和大脑醒着时相似，跟程序性记忆的巩固有关。

7.2.2　脑电信号产生的原理

人的大脑是由数以万计的神经元组成的。脑电信号是这些神经元之间活动产生的电信号。神经元之间的连接有的产生兴奋作用，有的则产生抑制作用。大脑中的神经元会接收来自其他神经元的信号。当这些信号的能量积累超过一定的阈值时，就会产生脑波。为了检测到脑波，人们通常将电极放置在头皮上，以检测 EEG 信号，再应用相关设备进行收集与处理，如图 7-22 所示。

1. 神经元 EEG 信号的起源——偶极子模型

如图 7-23a 所示，偶极子是由一对数值相等、极性相反的电荷，在彼此相隔一定距离时形成的体系。在神经冲动的传导过程中，当下一个神经元的顶树突处形成一个纯粹的细胞外负电位时，同时此神经元的其他部分（如细胞体和基底树突）会形成一个纯粹的正成分（见图 7-23b）。这样，就构成了一个微小的电流偶极子。当大脑某部位受到刺激而激活时，多个以相同方式激活的神经元所构成的电流偶极子会进行累加，形成一个较大的偶极子。其电位会通过大脑传导到达头皮，尽管在传导过程中会受到脑脊膜和颅骨的阻抗，但仍可以在头皮上记录到这一电位（见图 7-23c）。

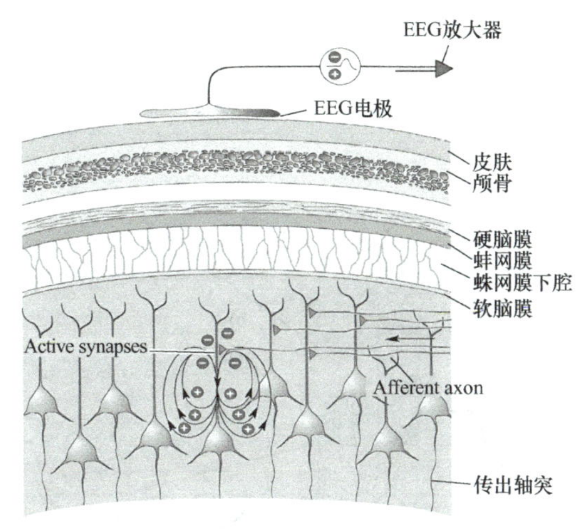

图 7-22　EEG 信号的采集

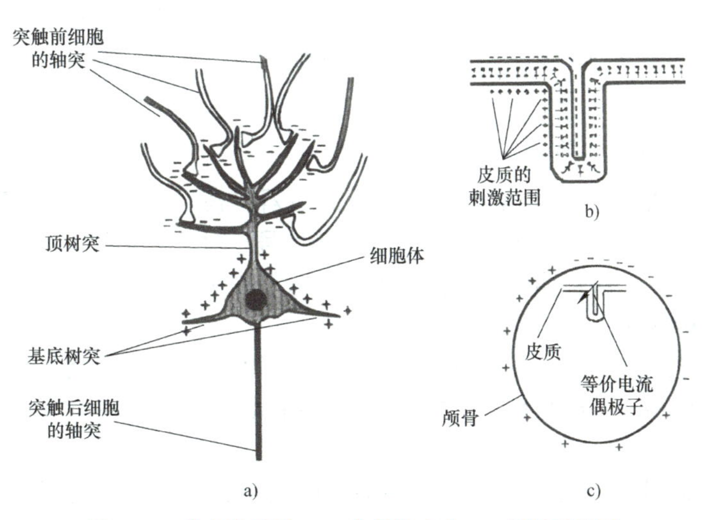

图 7-23　单个神经元 EEG 信号的产生——偶极子模型

a）偶极子的基本构成　b）神经冲动传导中的微小电流偶极子形成　c）大脑激活时头皮电位的记录过程

2. 神经元同步活动

单个神经元的电活动非常微弱，其偶极子产生的 EEG 信号强度太小，无法从头皮上记录到。实际上，大脑中存在着成千上亿的神经元在同时进行活动。因此，当皮质内大量神经元的突触后电位同步放电时，这些电位的总和就形成了可以测量的脑电信号。换句话说，只有神经元群的同步放电才能被记录到，如果不是同步放电，则无法被检测到。

当图 7-24a 所示的某个脑区域的集群神经元在没有受到外部刺激时，这些神经元会各自进行自发活动，但整体活动并不同步，如图 7-24b 所示。在这种情况下，不会产生可检测的 EEG 信号。然而，如图 7-24c 所示，当某脑区域受到外部刺激并需要完成某种功能时，这些神经元就会同步活动。此时，它们的电位总和会增强，达到可以被头皮上的电极所捕获的程度。

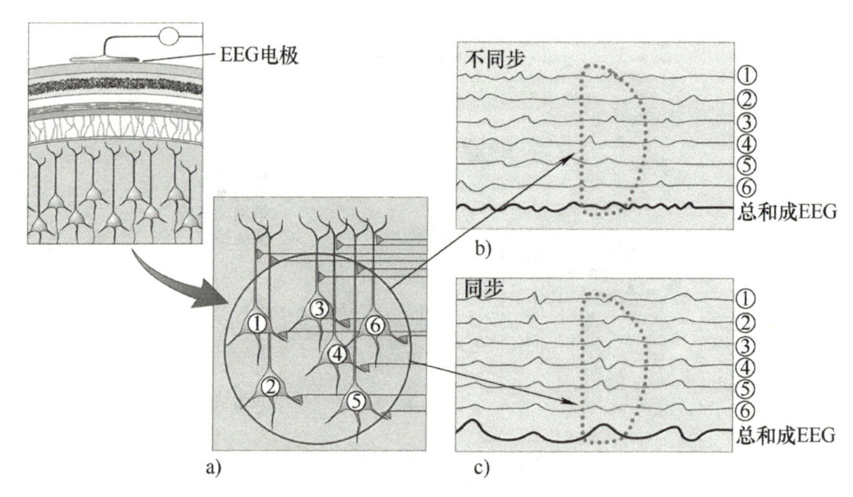

图 7-24　集群神经元的同步活动——EEG 信号产生条件

a）集群神经元　b）整体活动不同步　c）整体活动同步

3. EEG 信号的采集系统

一般，EEG 采集系统主要由电极、滤波放大器、模 - 数转换器等组成。总体来说，布置在头皮表面的电极负责记录电压信号，这些信号经过滤波和放大后转换为可以观察的电压信号。接着，模 - 数转换器将模拟的电压信号转换为数字电压信号，最后将其存储起来，供进一步分析使用。

（1）电极　电极的导电性能越好，越能记录到脑电的微小变化。目前，较常用的电极是银 - 氯化银电极（Ag-AgCl），这种电极主要由银制成，并在其表面镀上一层薄薄的氯化银。

在采集脑电信号时，为了提高导电性能，电极与头皮的接触电阻必须足够小（一般 5kΩ 以下）。因此，需要使用导电介质填充在电极与头皮之间，以减少电阻，提高导电性能。常用的导电介质是导电膏和生理盐水。导电膏的导电性能稳定，但清洗起来比较麻烦。生理盐水使用方便，但其导电性能的稳定性不如导电膏。为了克服传统湿电极（导电膏电极和盐水电极）的局限性，一种新型的干电极被开发出来。随着技术的发展，这种干电极有望取代湿电极，得到更广泛的应用。

（2）电极数量　在脑电研究中，由于不同大脑区域对应不同的脑功能，而且大脑在完成一项功能时，会涉及多个脑区组成的脑功能网络。因此，需要使用多个脑电极同时记录大脑不同位置的 EEG 信号。

理论上来讲，电极数量越多，空间分辨率越高。但是，电极分布密度越大，相邻电极之间的干扰也会随之增加。目前，市场上存在 32 个电极、64 个电极、128 个电极、256 个电极，甚至 512 个电极的多导多通道电极，可以根据需要进行选择。当然，为了简化采集难度，也可以根据需求开发和使用更少的电极，如 3 导、8 导、12 导等。一般来说，对于 8 导以上的多导电极，通常都会事先根据要求布局在帽子上，即所谓的脑电帽。这样使用起来比较方便。脑电帽的种类也很多，可以根据需要进行选择，如图 7-25 所示。EEG 的应用范围很广泛，包括认知心理学、机器学习、脑机接口（brain computer interface，BCI）以及脑机交互（brain machine interface，BMI）等领域。

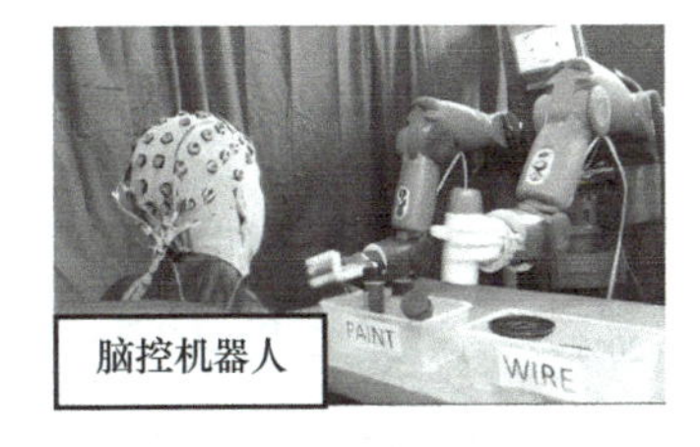

图 7-25　脑电帽

（3）电极位置　电极排列方法一般采用国际 10–20 电极排布系统，如图 7-26a 和 b 所示。10–20 系统是由国际脑电图学会于 1958 年制定的标准电极排列方法。它主要以颅骨为参照，并不因个体头围或头型的差异而改变。

从鼻根至枕外粗隆的前后连线被称为矢状线，双耳前凹之间的连线称为冠状线，这两条线的交点位于头顶的 CZ 处。

沿着矢状线（见图 7-26c），由前到后依次排列的电极点为 FPZ（额极中点）、FZ（额中点）、CZ（中央点）、PZ（顶中点）和 OZ（枕中点）。除了鼻根（nasion）至 FPZ、枕外隆凸（inion）至 OZ（枕中点）之间的距离为矢状线长度的 10% 以外，其他各个电极点之间的距离均为矢状线长度的 20%。

沿着冠状线（见图 7-26d），从左耳前凹开始，按照 10% 的偏移，依次排列的电极点为 T3（左额）、C3（左中）、CZ（中央点）、C4（右中）和 T4（右额），各电极点之间的距离均为冠状线长度的 20%。

其他电极位置的含义：FP1/FP2，额极（frontal pole）；F3/F4，额区（frontal）；C3/C4，中央区（central）；P3/P4，顶区（parietal）；O1/O2，枕区（occipital）；F7/F8，前额区（anterior frontal）；T3/T4，中颞区（mid–temporal）；T5/T6，后颞区（posterior temporal）；FZ，额中线（frontal zero）；PZ，顶中线（parietal zero）；OZ，枕中线（occipital zero）。

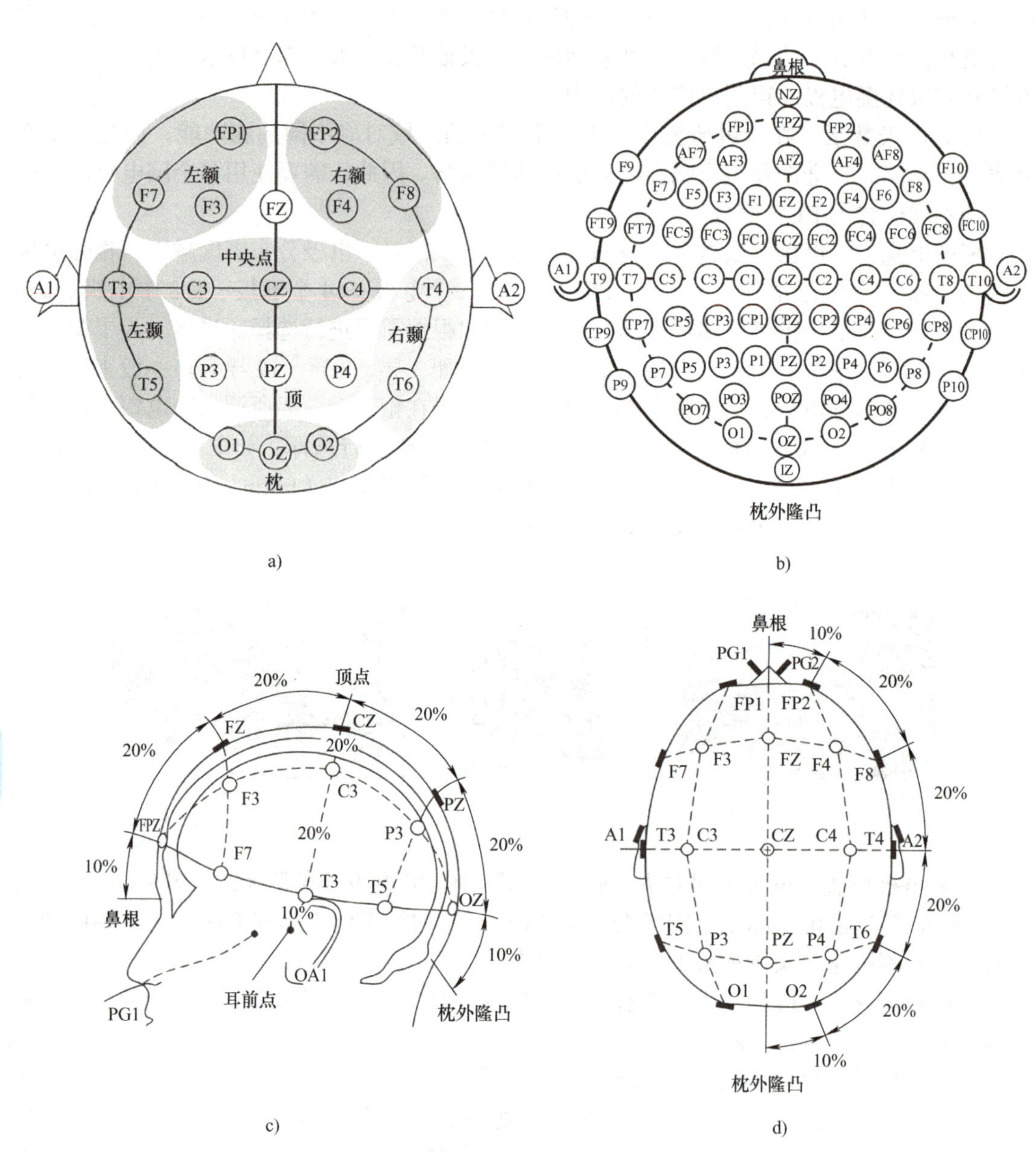

图 7-26　电极帽的电极排列方法，即 10–20 电极排布系统

a）国际 10 电极排布系统　b）国际 20 电极排布系统
c）侧视观电极点分布　d）俯视观电极点分布

7.2.3　脑电信号预处理方法

采集的原始脑电信号往往含有各种噪声，因此，预处理步骤至关重要，其中首要的是去噪处理。

（1）减少伪迹　伪迹大致可分为两类：生理伪迹和非生理伪迹（见表 7-3）。

表 7-3 伪迹分类

生理伪迹	非生理伪迹
眼电伪迹，如眨眼、眼动	市电干扰——50Hz（欧洲）、60Hz（美国）
肌电伪迹，如额肌、颞肌活动	电极伪迹，如电极与头皮接触不良
心电伪迹，如心跳	脑电记录系统故障，如放大器“噪声”
其他伪迹，如头皮出汗或位移等	环境因素，如电线或电路板接触不良

1）生理伪迹：通常由靠近头部的身体部位活动造成，如身体移动。这类伪迹形态较为典型，较易辨别。结合其他模态的生物学数据，有助于检测和区分脑电中的伪迹。

● 眼电伪迹。在脑电数据采集过程中，通常会在眼睛上下方放置电极采集眼电信号，以便在离线分析中去除眼电伪迹。眼电图（EOG）的相关信号是最常见的伪迹，对 EEG 影响很大，尤其在头皮前部。减少眼电的方法一般包括，找到眼动电位的最大值，构建一个平均伪迹反应，并从 EEG 中峰对峰、点对点地减去 EOG。由于删除 EOG 也会删掉其他各导有用的数据，因此多采用校正的方法。眼电校正的方法有多种，但原理都是从 EEG 中减去 EOG。去除眼电伪迹的同时，保留脑电信号的方法包括基于独立成分分析的方法和基于回归的方法。

● 肌电伪迹。该伪迹呈尖峰状的高频电活动，主要产生于额肌和颞肌。额肌放电主要是用力闭眼造成的，而颞肌放电主要是咬合、咀嚼和磨牙造成的。

● 心电伪迹。该伪迹在常规的脑电记录中可能呈现出多种形式。选用不合适的参考电极可能会增加心电伪迹。使用双侧耳作为参考电极可以有效地抑制心电伪迹。

● 头皮出汗造成的伪迹。该伪迹多为低频、低幅、呈波浪形的电信号。由汗水引起的直流电改变可能会使基线不稳定，还可能导致相邻电极串联。生物运动可能会导致电极或导线移动，进而产生运动伪迹。

2）非生理伪迹：来源于多种因素，脑电数据记录过程中的任一环节出现问题都可能产生非生理伪迹，且形态众多，较难区分。

● 市电干扰。减少市电干扰的策略包括屏蔽电缆、使用电隔离室等。尽量让被试接触地面或选用较短的电线，并远离房间内的各种干扰源等。在离线脑电分析中，可通过凹陷滤波来去除市电干扰。

● 电极伪迹。电极的不良放置会导致非生理伪迹的产生。应正确放置电极并定期维护电极，使用后清理干净电极。定期检查电极和导线之间是否有腐蚀现象，绝缘材料是否有损坏，导线是否断裂等。

● 放大器噪声。该噪声也是一种常见的非生理伪迹，可能由电路中的电子热扰动引起。使用活性电极（内含额外的低噪放大器）可以减少这种噪声。

● 电线松动或电路板连接松动。该情况也可能产生非生理伪迹，可能导致部分信号的丢失和间歇性故障。因此，应确保所有连接都牢固可靠。

（2）滤波 由于市电干扰以及一些低频或高频噪声的存在，脑电数据预处理过程中常常需要进行滤波操作。滤波的主要目的是排除 50Hz 市电干扰以及其他类型的伪迹。通过根据伪迹的频率范围选择合适的滤波器，可以有效地减少脑电原始数据中的伪迹成分。通常，滤波被作为预处理的第一步，否则可能在数据分段的边界处引入滤波伪迹，影响后续分析。根据去除和保留的频率不同，有 4 种滤波器类型：低通滤波器、高通滤波器、带通滤波器和凹陷滤波器。

1）低通滤波器：保留低于某下限频率的低频信号，同时去除或减弱高于该频率的信号，使信号变得更为光滑。例如，30Hz 的低通滤波器可以有效地衰减线路噪声和肌电噪声。

2）高通滤波器：保留高频信号，而去除低频信号。需要注意的是，如果在使用高通滤波器时截止频率选择不当，可能导致波形的失真，并在波形中产生虚假的峰值。例如，0.1Hz 的高通滤波可以用来衰减皮肤电位和其他慢电压信号。

3）带通滤波器：保留某上下频率限值之间的信号，同时去除在此限值之外的信号，常用于提取特定频率范围的脑电信号。

4）凹陷滤波器：去除某上下频率限制之间的信号，而保留在此范围之外的信号。它常用于消除特定频率的干扰，同时保留其他频率的信号，以改善脑电数据的质量。

（3）重参考　在脑电信号采集过程中，各个电极所采集的电位都是相对于参考电极的电位差。因此，参考电极作为提供基准点或参考点的电极，其放置位置应准确无误，并确保接触良好，否则该电极的噪声也可能会转化为其他电极的噪声。

一般来说，在进行脑电信号采集时，参考电极通常放置在 Cz 电极附近（如 Cz 到 Cpz 之间）、某一侧的乳突或耳垂等部位。然而，在进行脑电分析时，往往会进行参考电极的转换或重新参考，如使用全局电极的均值作为参考来计算其他电极的电位。

由于可以在离线分析中进行重新参考，因此在线参考电极的选择并不是特别关键。对于使用活动电极且没有固定参考电极的脑电记录系统来说，离线的重新参考分析十分必要。

（4）脑电分段　为了研究感觉或认知事件诱发的脑电响应，可以对刺激事件开始前后的脑电数据进行分段，从而提取并分析感觉刺激或认知任务呈现后脑电活动的变化。

首先，选择“0”时刻点。根据实验程序中的事件编码，将脑电数据划分为多个数据段。“0”时刻点的选择具有两种情况：一是表示刺激相关的脑反应，此时“0”时刻点从刺激呈现开始；二是表示反应相关的脑反应，此时“0”时刻点从作出反应开始。

分段后的脑电数据维度会发生变化，即从原本的二维（通道 × 时间）转换为三维（通道 × 时间 × 试次）。注意，分段只是保留了原始数据中的部分信息，即按照预设的分析时程，以刺激物发生为起点，对连续记录的 EEG 数据按照事件发生时段进行分段。

（5）基线校正　为了消除自发脑电波导致的脑电噪声，需要对分段后的数据进行基线校正。具体操作为将分段数据各点减去一个平均基线值，该基线值是以“0 时刻点”前的数据的均值作为基线的。由于不同时段的基线均值可能存在差异，因此，需要对每一时段都进行基线校正。

需要指出的是，脑电分段和基线校正主要是针对事件相关电位（ERP）的分析而进行的，对于常规的 EEG 分析则不需要这两个步骤。

（6）剔除坏导　在脑电采集过程中，有些导联可能无法准确收集大脑神经生理信息，这些导联被称为坏导。坏导在高密度的脑电采集设备中较为常见。

为了剔除坏导，可以采用自动剔除的方法。具体操作为，比较脑电的峰间差值，若峰间差值超过预设值，则该时段被视为坏段，并将其剔除。需要注意的是，自动剔除的方法可能会剔除大量数据，从而降低平均诱发电位的信噪比，因此在使用时需要谨慎考虑。

（7）平均　根据需要，选取时域或频域进行平均叠加。这主要是对相同任务引起的刺激加以叠加。

7.2.4　事件相关电位获取以及主要成分

1. 事件相关电位的获取

诱发电位（evoked potential，EP）技术是通过对外周神经或外周感觉器官的某一特定部位给予适宜刺激，并在中枢神经系统相应部位记录相关的“锁时”生物电位，从而在功能上判断病变部位和病变程度的方法。根据刺激通道的不同，诱发电位可以分为听觉诱发电位、视觉诱发电位、体感诱发电位等。在临床上，诱发电位被分为两大类：一类是与感觉或运动功能有关的外源性刺激相关电位；另一类是与认知功能有关的内源性事件相关电位（event-related potential，ERP）。

ERP 是一种特殊的脑诱发电位，是通过有意地赋予刺激以特殊的心理意义，并利用多个或多样的刺激所引起的脑的电位变化来反映认知过程中大脑的神经电生理变化。ERP 也被称为认知电位，即当人们对某一课题进行认知加工时，从头颅表面记录到的脑电位变化。

20 世纪 60 年代，萨顿（Sutton）提出了 ERP 的概念，并通过平均叠加技术从头颅表面记录大脑诱发电位来反映认知过程中大脑的神经电生理改变。由于事件相关电位与认知过程有密切关系，因此它被视为“窥视”心理活动的“窗口”。神经电生理技术的发展为研究大脑认知活动过程提供了新的方法和途径。

经典的 ERP 主要成分包括 P1、N1、P2、N2、P3 等。其中，P1、N1、P2 为 ERP 的外源性（生理性）成分，受刺激物理特性的影响；N2、P3 为 ERP 的内源性（心理性、与认知加工有关）成分，不受刺激物理特性的影响，与被试的精神状态、注意力和认知过程有关。现在，ERP 的概念范围已经被扩大，广义上讲，ERP 还包括 N4（N400）、失匹配阴性波（mismatch negativity，MMN）、伴随负反应（contingent negative variation，CNV）等成分。然而，长期以来，P3 通常被用作 ERP 的代称，尽管这种用法有失偏颇，但其在临床应用中仍然非常广泛。ERP 的产生必须要有特殊的刺激安排，通常是两个以上的刺激或者是刺激的变化。其中，P3 是 ERP 中最受关注和研究的一种内源性成分，也是用于测谎的最主要指标。因此，在某种程度上，P3 成为了 ERP 的代名词。

与普通诱发电位相比，ERP 获取有以下特定要求：①要求受试者一般是清醒的；②所有的刺激不是单一的重复的闪光和短声刺激，而是至少有两种或两种以上的刺激编成刺激序列（刺激信号不定，可以是视觉、听觉、数字、语言、图像等）；③除了包含易受刺激物理特性影响的外源性成分外，还包含不受物理特性影响的内源性成分；④内源性成分与认知过程密切相关。

（1）ERP 的特点

1）信号强度：ERP 是由心理活动诱发的脑电，比自发脑电 EEG 更弱，一般只有 2 ～ 10μV，通常淹没在自发脑电中，需要从 EEG 中提取。

2）主要特征：ERP 最主要的特征是锁时和锁相，即潜伏期恒定，波形相位变化恒定。

与此相反的是，自发脑电 EEG 是无规则、随机变化的。

3）时间分辨率：ERP 是事件引起的实时脑电，在时间精度上可达到微秒级。但是，ERP 的空间分辨率只能达到厘米级，这主要是受到容积导体效应和封闭电场等的影响。

（2）叠加技术　叠加技术是将相同刺激引起的多段脑电进行多次叠加的方法。由于自发脑电或噪声是随机变化的，有高有低，叠加时会出现正负抵消的情况。而 ERP 信号则具有两个恒定的特征——潜伏期恒定和相位恒定，因此不会被抵消，反而波幅会不断增加。当叠加到一定次数时，ERP 信号就会显现出来，如图 7-27 和图 7-28 所示。

如图 7-27 所示，将 *N* 个相同刺激（Stim1，Stim2，…，Stim *N*）产生的原始（raw）EEG 信号按照持续时间（如 1000ms）分割成 *N* 段；之后，将这 N 段脑电信号进行叠加，生成 ERP。

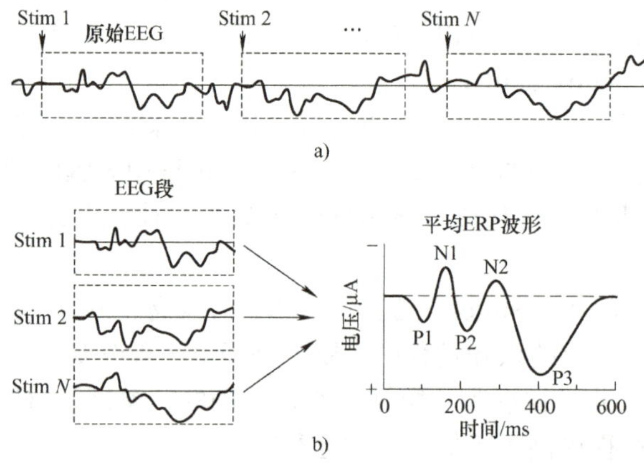

图 7-27　ERP 叠加方法

a）分割原始脑电信号　b）脑电信号叠加

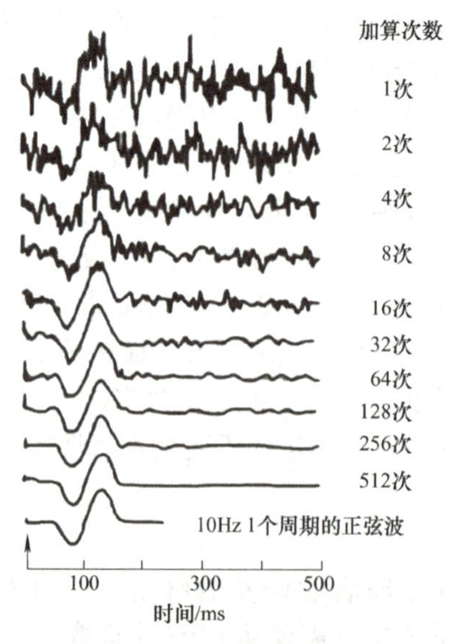

图 7-28　ERP 叠加次数

那么，为了获得满足要求的 ERP 的平均电位，一个事件需要刺激多少次并产生相应的脑电信号呢？这个问题的答案与刺激实验范式、刺激强度等多种因素有关。如图 7-28 所示，叠加 512 次后得到了非常清晰的 ERP 信号。实际上，在叠加 32 次时，ERP 信号就已经相对清晰了。这说明，为了提取出 ERP 信号，该事件的刺激至少需要重复 32 次，并对这 32 段脑电信号进行叠加。

（3）ERP 实验流程　ERP 实验根据研究目标，选择实验任务、设计调试程序和招募被试等。该实验基本流程如图 7-29 所示。

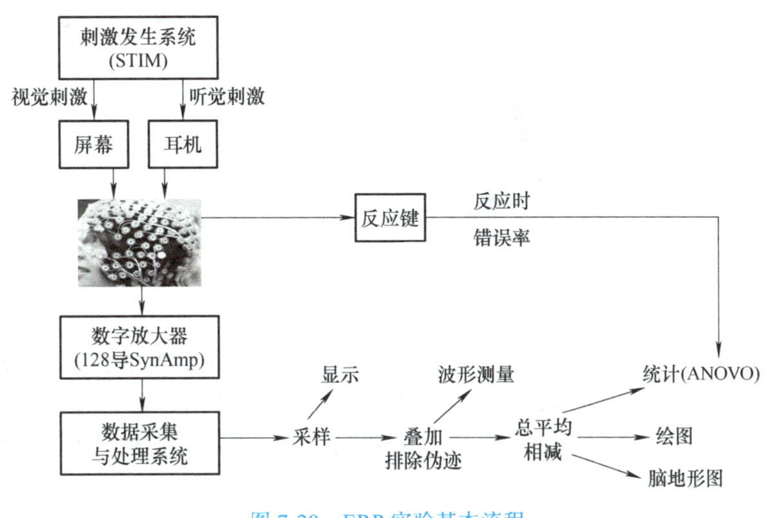

图 7-29　ERP 实验基本流程

（4）ERP 基本实验范式　ERP 研究中要求被试主动参与，用于 ERP 研究的刺激不能单调，至少需要两种模式、序列或种类的刺激。这里，介绍几种典型的 ERP 实验基本范式：Oddball 实验范式、Go–Nogo 实验范式、视觉空间注意的实验范式和记忆的实验范式。

1）Oddball 实验范式。Oddball 实验范式采用两种或两种以上的刺激，这些刺激以不同的概率交替出现。其中一种刺激的出现概率较大，如 80%；而另一种刺激的出现概率则相对较小，如 20%。如图 7-30 所示，这两种刺激以随机顺序呈现给被试。对于被试而言，小概率刺激的出现具有偶然性，因为它很少出现，因此给人一种“有点怪”（Oddball）的感觉。然而，实验任务却要求被试特别关注这种小概率刺激，并要求在小概率刺激一出现时就尽快做出反应。因此，在这个范式中，小概率刺激被视为靶刺激。Oddball 实验范式是产生与刺激概率相关的 ERP 成分（如 P300、MMN 等）的经典实验范式。

Oddball 实验可以分为几种不同的情况，图 7-30 所示的刺激是几种典型的事件刺激。

实验 A：采用两种刺激物。其中一种刺激以大概率（如 80%）出现，作为标准刺激；另一种刺激以小概率（如 20%）出现，作为靶刺激。被试需要对靶刺激做出反应。

实验 B：在两种刺激之间，增加缺失刺激。这样做的目的是让被试感觉刺激的出现是随机的、没有固定规律的。

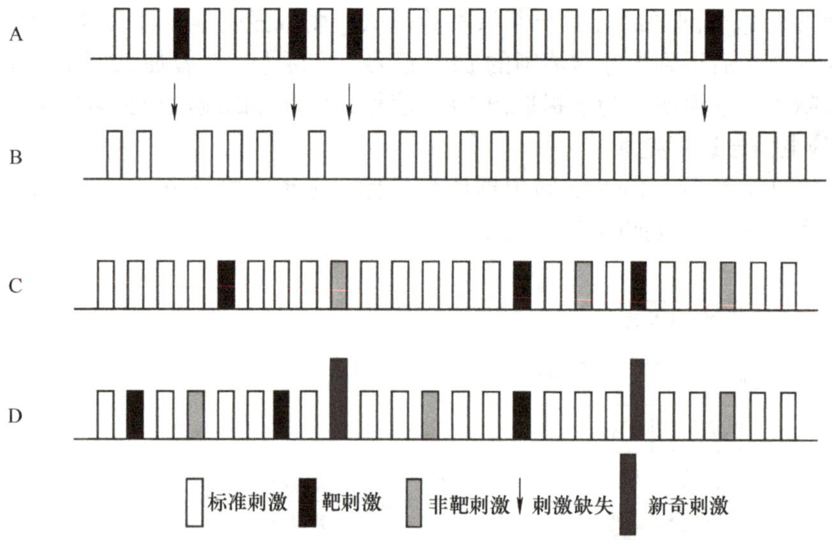

A

B

C

D

标准刺激 靶刺激 非靶刺激 刺激缺失 新奇刺激

图 7-30 ERP 实验的 Oddball 实验范式

实验 C：采用三种刺激物。其中一种刺激以大概率（如 70%）出现，作为标准刺激；另外两种刺激分别以小概率（如 20% 和 10%）出现，均可作为靶刺激。被试需要对其中一种小概率刺激（即靶刺激）做出反应，而对另一种小概率刺激（即非靶刺激）则不做反应。

实验 D：在以上三种模式的基础上，可以偶然插入一种新奇刺激，如突然插入的狗叫声。这种新奇刺激的出现会让被试感到突然，并作为靶刺激要求被试做出反应。

2）Go–Nogo 实验范式。在此范式中，标准刺激与靶刺激出现的概率是相等的。需要被试做出反应的刺激称为 Go 刺激，即靶刺激；不需要被试做出反应的刺激则称为 Nogo 刺激。Go–Nogo 模式排除了刺激概率对 ERP 成分的影响，由于没有大小概率之分，因此大大节省了实验时间。但同时，这种模式也丢失了刺激概率对 ERP 成分的影响。

具体来说，实验开始时会在屏幕中央呈现一个注视点，以提醒被试集中注意力。接着，屏幕上会出现一个刺激，如一个字母或数字。如果被试看到的目标刺激（如“A”），则需要尽快按下按钮或其他反应装置做出反应；如果看到的是非目标刺激（如“B”），则需要抑制自己的反应，不做出任何动作。

视觉注意力和听觉注意力测试方法如下：

① 视觉注意力测验。在实验中，黑色屏幕上会随机呈现两个字母——M（Go 刺激）和 L（Nogo 刺激）。这两个字母以绿色 50 号字体呈现，且呈现概率相等（各 50%）。本实验包含 2 个组块，每个组块有 150 个试次，且每个组块都包含字母 M 和 L。要求被试在出现字母 M 时迅速进行按键反应，此为 Go 反应；而出现字母 L 时则不做反应，此为 Nogo 反应。具体操作过程为，实验开始前，被试坐在计算机前，眼睛距离屏幕约 60cm，与字母处于同一水平；在被试熟悉指导语后开始实验；屏幕首先会呈现一个绿色的球（500ms）作为注视点，然后呈现字母刺激（500ms），接着是一个空白的黑屏，间隔

700ms；被试练习 20 次后开始正式实验；完成一个组块后，休息 2min 进行下一个组块；整个实验持续约 14min。

② 听觉注意力测验。在实验中，程序会随机呈现两种声音——1000Hz（Go 刺激）和 500Hz（Nogo 刺激）。这两种声音的强度为 50dB，且呈现刺激的概率相等。本实验也包含 2 个组块，每个组块有 160 个试次，且每个组块都包含 1000Hz 和 500Hz 的声音。要求被试在听到 1000Hz 的声音时迅速进行按键反应，此为 Go 反应；听到 500Hz 的声音时则不做反应，此为 Nogo 反应。具体操作过程为，被试戴上耳机后，先熟悉 1000Hz 和 500Hz 的声音，确认可以辨别两个声音的区别后开始练习；屏幕上会呈现一个“+”作为注视点（500ms），接着呈现声音刺激（50ms），然后是一个空屏（1000ms）；被试练习 20 次后开始正式实验；完成一个组块后，休息 2min 进行下一个组块。整个实验也持续约 14min。

最后，通过反应时间、Go 正确率和 Nogo 正确率来反映被试的视觉注意力和听觉注意力水平。这些数据可以为视觉和听觉注意力训练提供基础，并进行对比分析以评估训练效果。

Go–Nogo 实验范式是一种重要的实验方法，它可以用于研究被试的反应抑制能力和认知控制能力。通过对比目标刺激和非目标刺激下的反应时和正确率等指标，可以探究被试在不同条件下的认知加工过程和神经机制。该范式已广泛应用于研究注意、抑制控制、认知加工等心理过程，以及探讨这些过程在精神疾病和神经退行性疾病中的异常表现。例如，在一项研究中，研究人员使用 Go–Nogo 实验范式考察了抑郁症患者的反应抑制能力。结果显示，与健康对照组相比，抑郁症患者在非目标刺激下的反应时间更长、错误率更高，这表明抑郁症患者的反应抑制能力可能受损。

3）视觉空间注意的实验范式。视觉空间注意实验范式中常用的是一种线索 – 靶子范式，如图 7-31 所示。实验开始时，首先在屏幕中央呈示一个注视点（+）；然后，呈示一个提示箭头，该箭头可能向左、向右或同时指向左右两边；呈示 200ms 后，箭头消失；再随机间隔 600 ～ 1000ms 后，在屏幕的左侧或右侧呈示靶刺激。当箭头的方向与靶刺激的位置一致时，被称为有效刺激（75%），如图 7-31a 所示；当箭头方向与靶刺激位置不一致时，视为无效刺激（25%），如图 7-31b 所示；当箭头同时指向两端，则视为中性刺激，如图 7-31c 所示。

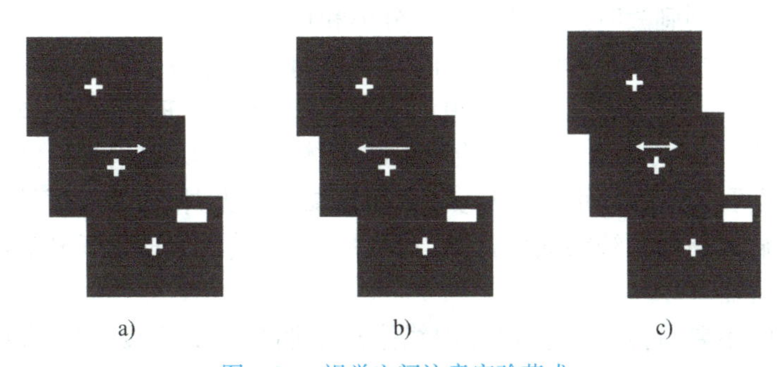

a)　　b)　　c)

图 7-31　视觉空间注意实验范式

a）有效刺激　b）无效刺激　c）中性刺激

该实验结果如图 7-32 所示，有效提示下诱发的 P1/N1 波幅大于无效提示下诱发的 P1/N1 波幅。这一发现揭示了视觉空间注意在信息处理中的重要作用。

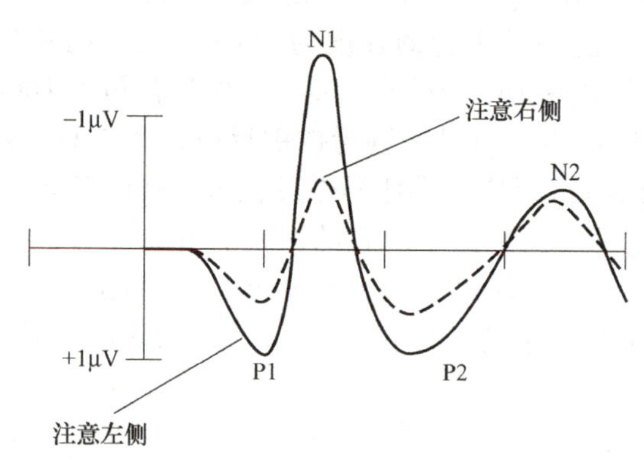

图 7-32　视觉空间注意实验范式的 ERP

4）记忆的实验范式主要有两种。

① 外显记忆研究范式。首先，向被试呈现一组项目，如 4 个单词或 4 组图片等，要求被试进行记忆。随后，再呈现另一组混合项目，其中包括之前已经呈现过的一半项目和一半新项目。被试的任务是对出现过的单词或图片进行按键反应，以测试其外显记忆能力。这一测试过程会反复进行，以确保数据的可靠性和有效性。

② 内隐记忆研究范式。在此范式中，向被试呈现一组项目，这组项目由词（重复出现）与非词（仅出现一次）混合组成。要求被试仅对非词进行按键反应，而对于重复出现的词则不作任何反应。由于实验设计使得被试无需直接对重复词进行回忆或识别，这种记忆过程因此被认为是间接的、内隐的。这种范式有效地揭示了被试在无意识状态下对先前学习材料的记忆保留情况。

2. 几种典型的 ERP 成分

（1）认知功能电位 P300　如图 7-33 所示，P300 是一种认知事件相关电位，可用于评估个体认知功能。P300 是主动意识参与下的控制加工过程，是目前应用最广泛的认知电位之一，可作为测定注意、记忆、感觉、学习、决策等高级心理活动的电生理指标。其潜伏期反应大脑在识别刺激时进行的编码、分类和识别的速度。

P300 是 ERP 中潜伏期在 300ms 左右的晚期正向波，是最经典、最早发现且研究最广泛的 ERP 成分之一。在发现 P300 时使用了 Oddball 的经典 ERP 实验范式。

在临床意义上，P300 电位的变化能够反映个体的认知功能状态。例如，焦虑状态下个体的 P300 波幅可能增大，而抑郁状态下则可能减小。此外，P300 还被广泛应用于脑外伤、阿尔茨海默病等神经系统疾病的诊断与预后评估，其潜伏期延长和波幅降低往往预示着认知功能的损害。

P300 或 P3 的主要特点：①在顶叶中线附近最明显；②主要反映脑对信息的认知过程；③有报道称，36 例弱智儿童的 P300 检查结果中有 31 例异常，表现为潜伏期延长、波幅降低、波形不整。提示，P300 电位对弱智儿童是敏感、客观、有价值的检测指标；

④对精神分裂症的事件相关电位进行研究，发现其异常改变主要发生在 P300 成分，说明精神分裂症患者存在信息加工障碍，主要表现为 P300 波幅降低，而潜伏期正常或延长；⑤抑郁症患者的 P300 振幅减低，潜伏期正常；⑥ P300 与反应时无必然联系；⑦ P300 与智能的关系是，操作智能水平越低，P300 的潜伏期越长，幅度也越低，表明 P300 与智能水平有一定的相关性；⑧ HIV 感染者的 P300 会变化，有研究表明，HIV 感染者的 P300 潜伏期延长，因此推测 HIV 感染早期可能首先损及与 P300 发生有关的结构。然而，在这些测试中，未发现 P300 波幅发生改变。

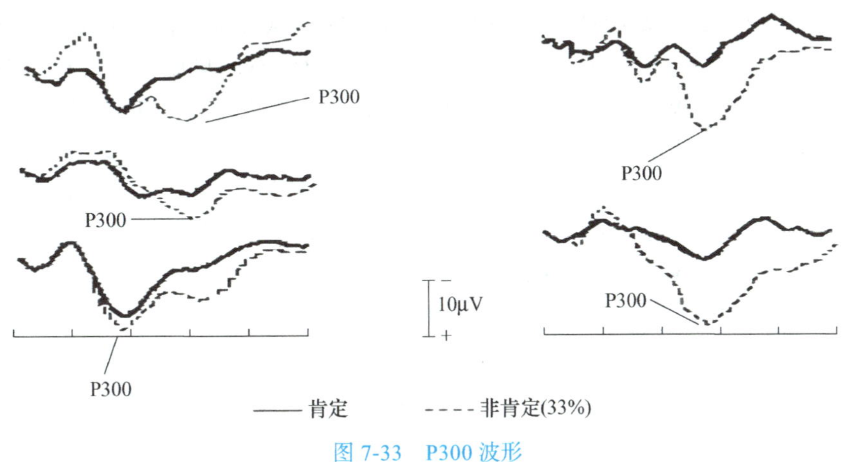

图 7-33　P300 波形

P300 的亚成分：P300 可进一步分为 P3a 和 P3b 两个亚成分，代表不同的神经活动，具有不同的分布和潜伏期，甚至可能有各自独立的神经起源。其中，P3a 是 P300 的早期成分，潜伏期较 P3b 短一些，P300 不同的分布和潜伏期见表 7-4。

表 7-4　P300 不同的分布和潜伏期

类别	P3a/ms	P3b/ms
听觉	240	350
体感	302	353
年轻人（29 岁）	385	375
老年人（66 岁）	406	630

P300 两个亚成分的特点如下：

1）功能与分布。P3a 代表大脑对外界刺激的本能、被动注意力转移过程，与主动注意及记忆过程无直接关联。它被视为 P3b 产生的前提或初级阶段，因为在 P3b 之前总会出现一个 P3a 波。在分布上，P3a 通常呈现额 - 顶分布。P3b 是认知过程的主要成分，与“任务相关性”紧密相关。在分布上，P3b 呈现顶 - 枕分布。即，相对 P3a，P3b 更靠后。

2）神经起源。P3a 的神经起源主要位于前额皮层和颞顶皮层，而 P3b 的神经起源具有多源性。

3）疾病相关研究。对痴呆症状的帕金森氏病和早老性痴呆患者进行 P300 电位研究发现，这两种疾病在 P300 电位上的主要区别体现在 P3a 潜伏期的不同。具体而言，痴呆症状的帕金森氏病患者的 P3a 潜伏期与正常对照组无显著差异，而早老性痴呆患者的 P3a 潜伏期则较正常对照组延长。这表明这两种疾病所引起的认知过程改变是不同的。

（2）失匹配负波（mismatch negativity，MMN） 如图 7-34a 所示，失匹配负波是一种重要的脑电现象，其主要特性为自动加工，并反映“认知前”的信息处理过程。MMN 与感知刺激差异的早期过程有关，主要反映大脑皮质对信息的早期加工过程，而不是有意识的深度加工。因此，MMN 被视为大脑自动加工的有力证据。MMN 波形异常提示大脑皮层相应局部区域的认知激活功能可能受损。由于 MMN 的产生不需要主动意识的参与，因此它成为目前唯一能客观评价听觉识别和感觉记忆的技术手段。在临床意义上，MMN 潜伏期的延长可能提示抑郁症状的存在。五羟色胺再摄取抑制剂（如盐酸帕罗西汀、盐酸舍曲林等）可以缩短 MMN 的潜伏期。

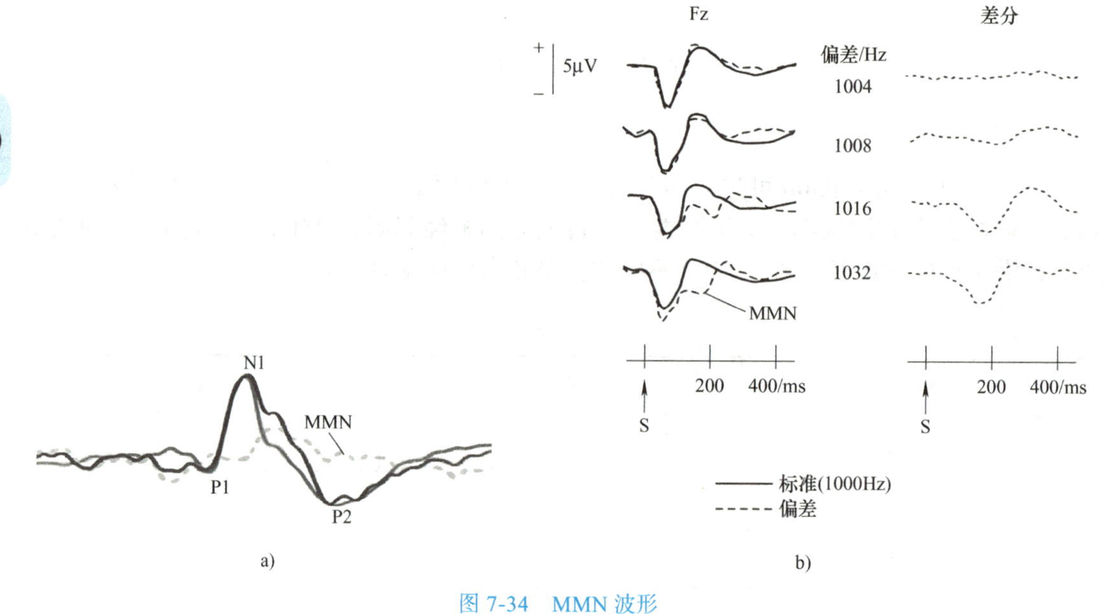

图 7-34　MMN 波形

a）MMN　b）Oddball 范式实验

具体的，如图 7-34b 所示，① MMN 也是采用 Oddball 范式实验得到的。经典实验是这样的。在 Oddball 范式实验下，大概率刺激为 1000Hz 纯音，小概率刺激为 1004Hz 等纯音。这些刺激分别在两只耳朵中出现，要求被试进行双耳分听，只注意一只耳听到的声音，并对小概率刺激做出反应，而忽略另一耳听到的声音；②结果发现，无论注意与否，在约 250ms 内，小概率刺激均比大概率刺激引起更高的负波。通过从小概率刺激引起的 ERP 减去大概率刺激引起的 ERP，可以得到一个差异波，这是一个在 100 ～ 250ms 的明显的负波；③ MMN 与记忆痕迹和自动加工有关；④这一结果最早由纳塔恩（Naatanen）报告。后续的一系列研究表明，MMN 反映的是人脑对刺激差异的无意识加工。即使在两种刺激都不加以注意的情况下，也会出现 MMN，这说明人脑具有对刺激间差异进行无意识加工的能力，或者说人脑能够对不同刺激自动地做出不同的反应。

（3）关联负变（contingent negative variation，CNV）　CNV 发生于预警刺激信号（S1）和命令刺激信号（S2）之间，并要求对 S2 做出反应时的负性脑电活动。CNV 可反映人脑复杂的心理活动，如准备、期待、注意（分心）– 唤醒、动机、时间估计等。

当人处于注意状态时，心理活动会选择某个对象，从而产生一定强度的唤醒水平。在一定的唤醒状态下，注意力与唤醒具有一致性，但过度的唤醒则会使注意力分散。唤醒水平与焦虑水平密切关联，高度的唤醒状态意味着高水平的焦虑，从而导致注意力涣散。CNV 对于原发性失眠、焦虑及抑郁病人的诊断具有较高的参考价值。

（4）感觉门控（sensory gating，SG）电位 P50　SG 是大脑的一种正常功能，能使大脑抑制无关的感觉刺激输入，从而保护大脑更高级的功能不因无关感觉刺激超载。SG 会对新奇刺激的出现或在连续刺激中发生变化时进行反应，使进入的无关刺激最小化或停止反应。

SG 缺损能导致无关刺激超载，大脑受到大量无关刺激的超载可导致与注意有关的各种精神症状，如控制不住地反复想问题，头脑不能安静等。

这种重复刺激对 P50 波幅的影响被认为是反映大脑 SG 排滤无关刺激的一种自动抑制能力。正常人的大脑 SG 可以对听觉和视觉刺激进行选择性滤过有序处理，而 SG 缺失患者对于刺激信息只能进行无序处理。

SG 异常患者常有强迫症状、思维云集、疼痛、感觉过敏、幻听、耳鸣等症状。

3. 颅内脑电图简介

常说的 EEG 一般是指头皮脑电图（scalp EEG，sEEG）。实际上，还有放置在颅内的颅内脑电图（intracranial EEG，iEEG）。根据需要，iEEG 可以进一步分为颅内脑皮层电图（electrocorticogram，ECoG）和颅内立体定向脑电图（stereotactic–EEG，SEEG）。与 sEEG 相比，ECoG 和 SEEG 都是侵入式的，需要在颅骨上钻孔，把电极放在脑灰质表面；或者通过定向仪把电极放入到脑的深部组织，如杏仁核、海马等部位，从而直接记录大脑活动的脑电信息。此外，还可以通过电极直接刺激这些脑组织，以了解它们的功能，寻找癫痫病灶等。

由于 ECoG 和 SEEG 是植入脑皮层或深部脑组织的，因此具有很高的时间和空间分辨率。未来，也可以通过植入电极等实现脑机控制。

图 7-35 所示为 ECoG。通过手术，将网状电极安装在脑皮层，可以在手术中进行脑电活动记录，或者术后进行监测。然而，因为 ECoG 只能检测脑皮层的放电活动，存在检测上的空间局限性，所以通常将 ECoG 与 SEEG 进行联合植入。这种方法被认为是最有价值的 iEEG 记录方法。

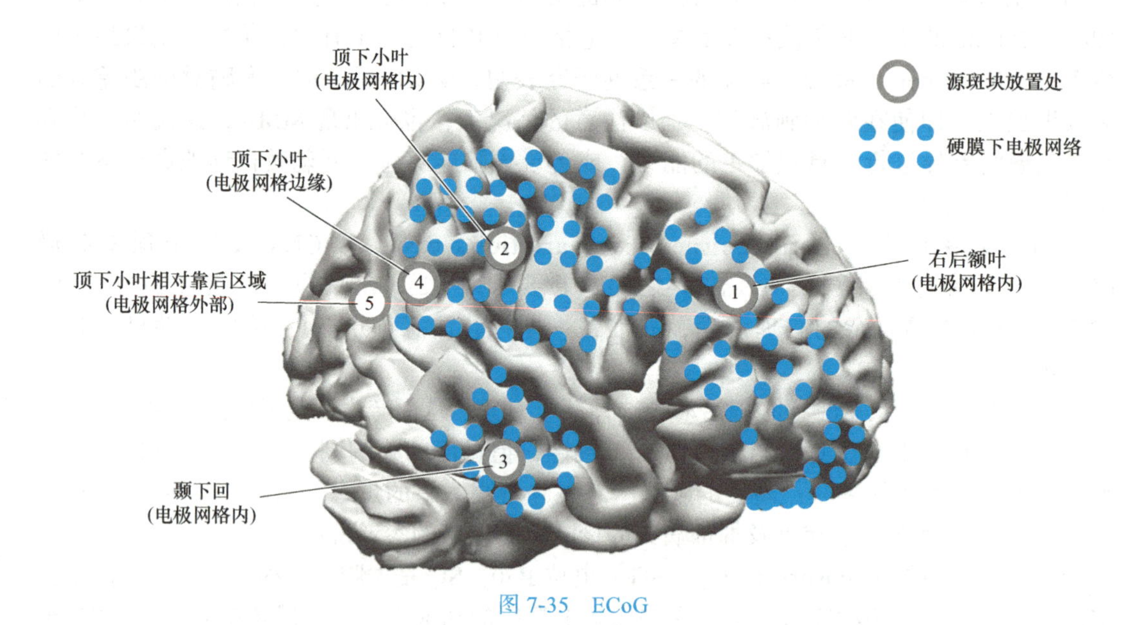

图 7-35　ECoG

sEEG 弥补了硬膜下电极创伤大且无法记录深部脑区电信号的问题。它可以记录脑沟内以及脑深部的电信号，对于定位一些致痫区位于深部区域（如颞叶内侧、岛叶或扣带回等）的局灶性癫痫特别有效。sEEG 更适合双侧置入，且为微创钻孔置入，创伤小、患者耐受度高。同时，可以通过施加一定功率和频率的电流刺激，诱发癫痫发作，进行脑功能定位。近年来，立体定向技术的发展，特别是神经外科手术机器人的应用，大大提高了 sEEG 置入的便捷性和安全性，促进了 sEEG 技术的推广和应用。同时，这也赋予了 sEEG 治疗属性，即通过 sEEG 引导射频来热凝毁损、破坏颅内致痫灶或癫痫网络的重要节点从而治愈或控制癫痫。

使用 sEEG 研究难治性抑郁症（treatment-resistant depression，TRD）时，杏仁核与前额叶对悲伤和快乐表情刺激的脑电活动，如图 7-36 所示，研究人员通过颅内 sEEG 对不同大脑区域的神经元活动进行了精确测量。他们发现，TRD 患者的杏仁核和前额叶皮质对悲伤刺激的反应增强，而对愉悦刺激的反应减弱。深部脑刺激（deep brain stimulation，DBS）可以改变神经元对情绪刺激的反应，如图 7-36a 所示，黑色是 iEEG 前额叶分布图，蓝色是 sEEG 杏仁核分布图。

如图 7-36b 所示，与对照组相比，TRD 组杏仁核反应的早期阶段持续时间更长，悲伤情绪处理的峰值振幅更大；后期处理快乐情绪时，其峰值振幅较小，表现出杏仁核早期对悲伤反应的增加，以及后期对快乐反应的减弱。

研究人员还对 TRD 患者进行了深部脑刺激，并记录前额叶皮质和杏仁核中的局部场电位（见图 7-36c）。结果显示，杏仁核对悲伤面孔的前期反应增加，这表明自下而上的处理过程过于活跃。同时，后期对快乐表情的反应减弱，且与前额叶皮层 α 波段振荡增强相关，意味着自上而下的调节抑制了对快乐的情绪反应。

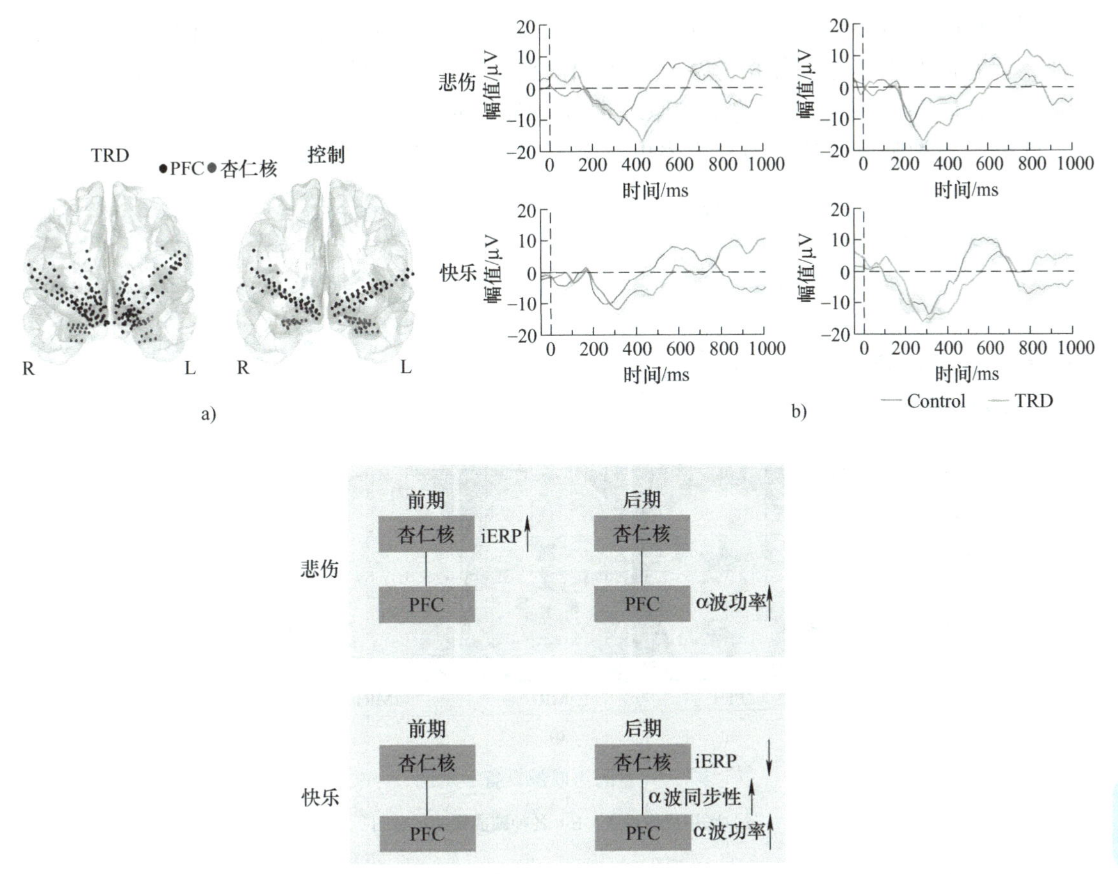

图 7-36　颅内 sEEG 与 iEEG 记录的悲伤与快乐表情刺激时的杏仁核与前额叶的脑电活动

a）iEEG 前额叶分布图和 sEEG 杏仁核分布图　b）悲伤与快乐表情刺激时的杏仁核与前额叶的峰值振幅大小
c）TRD 患者前额叶皮质和杏仁核中的局部场电位

7.3　磁共振成像技术

7.3.1　医学影像学简介

医学影像学技术起源于 19 世纪末 20 世纪初的 X 射线设备。20 世纪 50 ～ 60 年代，超声成像（USG）和核素 γ 闪烁成像技术相继出现。到了 20 世纪 70 ～ 80 年代，计算机体层扫描（CT）、磁共振成像（MRI）和数字减影血管造影术（DSA）得到了发展。而在 20 世纪 80 ～ 90 年代，正电子发射计算机体层扫描（PET）、单光子发射计算机体层扫描（SPECT）、功能性磁共振成像（fMRI）和弥散张量成像（DTI）等技术也获得了长足的进步。

目前，在医学成像领域常用的技术包括 X 射线、CT、PET 和 MRI。X 射线设备因其价格低廉而被广泛应用于各种场合，如机场、车站的安检装置。图 7-37a 所示的设备有 X

射线机、CT 机、PET 机和 MRI 机的外观。尽管 CT 机、PET 机和 MRI 机在外观上可能相似，但它们的工作原理却相差甚远。下面简要介绍医学影像学中的 X 射线、CT 和 PET 的基本工作原理，并对 MRI 的工作原理进行详细阐述。

此外，各种脑成像技术的分辨率也有所不同，如图 7-37b 所示。

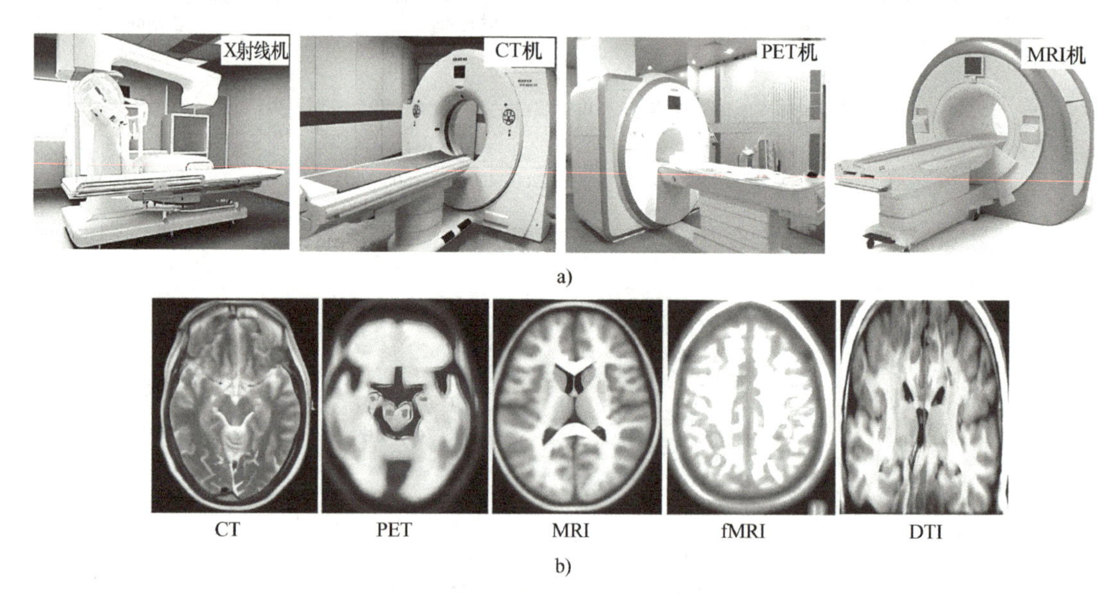

图 7-37　医用成像设备示意图

a）医用成像设备　b）各种脑成像的示意图

（1）医学 X 射线成像技术　X 射线成像技术是一种通过 X 射线来探测人体内部组织和结构信息的医学影像技术。它的原理基于 X 射线的产生、传播以及与物质的相互作用。由于 X 射线设备价格相对较低，因此仍然是医学影像检查中的重要工具。但需要注意的是，X 射线具有一定的辐射危害，所以在进行 X 射线照射时必须采取防护措施，以尽量减少辐射暴露。

X 射线的产生主要依赖 X 射线发生器。该发生器通常由阴极和阳极组成。其阴极是一组通过电流加热后能够发射电子的热丝。其阳极则是一块金属板，当电子撞击时会产生 X 射线。具体来说，当给发生器施加高电压时，阴极会发出一束高速电子流撞击阳极，从而产生 X 射线辐射。X 射线的传播速度非常快，接近光速。X 射线是一种高能电磁波，具有很强的穿透性。当 X 射线进入人体后，其传播速度会随着组织和器官的密度不同而改变，从而形成不同明暗度的阴影。

感光器是 X 射线机的核心部件之一。当 X 射线穿过人体进入感光器时，感光器会根据阴影的敏感度发出不同强度的光。这些光经过光电转换器转化为电信号，再通过电路放大和滤波处理，最终形成影像。

X 射线机的基本原理是，利用不同组织对 X 射线的穿透性和吸收能力的差异，在感光器上形成不同的影像。例如，对于骨头这类密度较大的物质，X 射线的穿透性较差，被吸收较多，因此影像上呈现白色或亮色。而对于密度较低的肌肉组织、脂肪和器官等，X 射线的穿透性较强，被吸收较少，所以影像上呈现较暗的阴影。因此，X 射线穿过不同组织和器官在影像学上会呈现不同的灰度值和阴影。这些影像经过计算机图像处理后，最终生成 X 线片图像。

（2）CT 技术　CT 技术是一种利用 X 射线和计算机进行体层扫描成像的技术。它结合 X 射线与计算机算法，能够生成人体内部的三维图像。CT 机主要由三个部分组成：X 射线发生器、探测器以及信号处理系统。

X 射线发生器的工作原理与 X 射线机相似。它发射出 X 射线，这些射线在穿透人体组织时，会因组织密度的不同而表现出不同的穿透性和吸收情况。探测器负责接收穿透人体组织后的 X 射线，并将其转化为电信号。随后，这些电信号被传输至计算机进行进一步的处理，包括滤波、放大以及三维重建等步骤，最终生成人体内部的三维图像。

与 X 射线机不同，CT 机能够从多个角度向人体组织发射 X 射线，这是其能够获取三维人体组织图像的关键。图 7-38 所示的示例是使用 CT 机进行脑部扫描的过程以及一片横断面脑图像。

如图 7-38a 所示，X 射线管和探测器分别位于设备的对侧。在扫描过程中，X 射线从一侧射向头部，部分射线被组织吸收，剩余部分则穿透头部被探测器接收。完成一次 X 射线的发射和接收过程称为一次扫描。扫描完成后，X 射线管和探测器会旋转到下一个位置，继续进行扫描。这个过程会不断重复，直到 X 射线沿着头部完成 180° 的扫描。在扫描过程中，探测器会持续将记录的数据发送到计算机进行处理，最终生成三维脑图像。

图 7-38b 所示的脑图像是扫描获得的横断面脑图像。空间分辨率是衡量图像相邻两个信号识别能力的重要指标，空间分辨率越小，图像越清晰。CT 机的空间分辨率在厘米级，通常为 0.5 ～ 1.0cm。因此，其分辨率相对较低，更适合识别较大的组织，如头骨和眼窝等。对于距离小于 5mm 的组织，如皮质（其厚度为 4mm），CT 很难进行区分（如白质和灰质），这在一定程度上限制了其在脑科学研究中的应用。

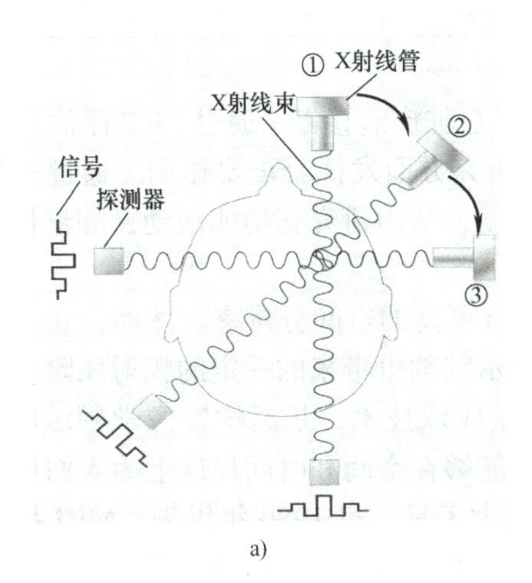

a)

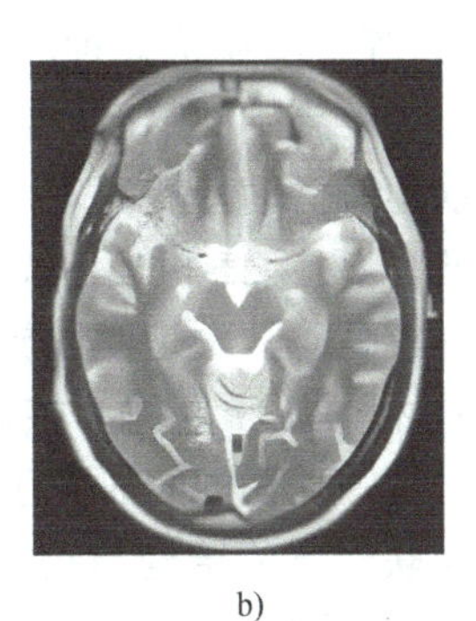
b)

图 7-38　CT 机的应用示例

a）CT 机进行脑部扫描　b）横断面脑图像

在医学影像学检查中，CT 机因其价格相对较低而被广泛应用。它适用于脑部、胸部、腹部、骨骼等多个部位的疾病检查。此外，CT 机还能进行血管造影、肺部结节筛查等特殊检查。

X 射线机与 CT 机的主要区别如下：

1）CT 机的 X 射线管可以围绕人体组织进行旋转，因此能够从多角度对人体组织进行各个层面（分层或断层）的扫描成像。这意味着 CT 机可以将人体组织进行分层，并生成横断面、矢状面和冠状面的图像，其图像分辨率明显优于 X 射线机。

2）X 射线机是对组织的瞬间成像，从组织的一侧照射，从另一侧穿出。由于 X 射线经过的目标组织的前后组织会相互重叠成像，因此其图像的分辨率相对较低。

3）X 射线机更适宜检查胸部、腹部、骨骼等部位，而 CT 机的检查范围更广，包括脑部、胸部、腹部、骨骼等多个部位。但需要注意的是，CT 机对人体的射线辐射量是 X 射线机的几十倍，因此对人体的辐射危害也更大。

（3）PET 技术　PET 是一种核医学影像技术，主要用于人体内的分子成像。PET 使用放射性同位素示踪剂来观察人体内的新陈代谢和生理功能。其核心原理是将放射性同位素示踪剂（如氧—15、氟—18、碳—11、氮—13 等）注入人体。这些示踪剂通常可与体内的某种生物分子相结合，如葡萄糖分子。在目标组织中，示踪剂的正电子与负电子相遇，发生湮灭反应并释放出两个光子，这两个光子分别产生两个 γ 射线，它们沿着相反方向（180°）同时飞出。通过探测器测量这两个光子的能量和到达时间，可以确定正电子发射的位置或同位素的分布，从而得到人体组织的三维断层扫描图像。

具体来说，PET 的分子成像过程：首先，将感兴趣的体内生物分子与放射性同位素相结合，这个过程称为标记。也就是说，先把某种放射性同位素通过静脉注入人体内。常用的放射性同位素是氟—18，其半衰期为 110min，能在体内迅速衰变。不同的生物分子需要结合不同的放射性同位素，因此需要进行筛选。接着，注入人体内的药物分子与目标生物分子相结合。例如，药物分子和肿瘤细胞表面受体结合后，药物分子就被体内的细胞带入组织内。最后，通过 PET，可以检测到放射性同位素衰变时产生的正电子湮灭事件，从而生成体内生物分子活动的图像。PET 的空间分辨率达到毫米级，通常为 4 ～ 5mm。

PET 的应用非常广泛，不仅可以用于心脏疾病诊断（通过 PET 评估心肌代谢和血流情况）、肿瘤诊断等，还在认知神经科学研究方面发挥着重要作用。通过给被试注射放射性示踪剂，可以观察到不同脑区的代谢活动，从而研究脑功能活动，如记忆、情绪、学习以及抑郁症的脑功能活动特点等。

相对于 X 射线机、CT 机，PET 机具有更高的空间分辨率。然而，它也存在一些局限性。首先是成本较高，其次是使用放射性示踪剂也带来的一定的辐射风险。

（4）MRI 技术　MRI 也称为核磁共振成像技术，是医学影像学领域继 CT 之后的又一重大突破。它是一种无创的研究手段，能够在空间和时间尺度上为人们提供观察和研究人脑这一高度互联网络的结构与功能的强大工具。自 1980 年以来，MRI 技术得到了迅速发展。1992 年以后，fMRI 和 DTI 的出现极大地推动了认知神经科学的发展。

（5）三维脑影像　脑影像学，包括 CT、PET 以及 MRI 等技术，都能从不同角度提供三维影像。可以从冠状面（coronal）、矢状面（sagittal）和轴状面或水平面（axial）这三个角度进行观察，如图 7-39 所示。

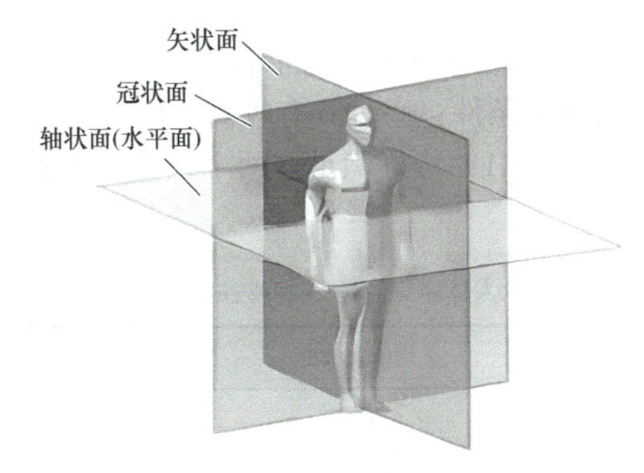

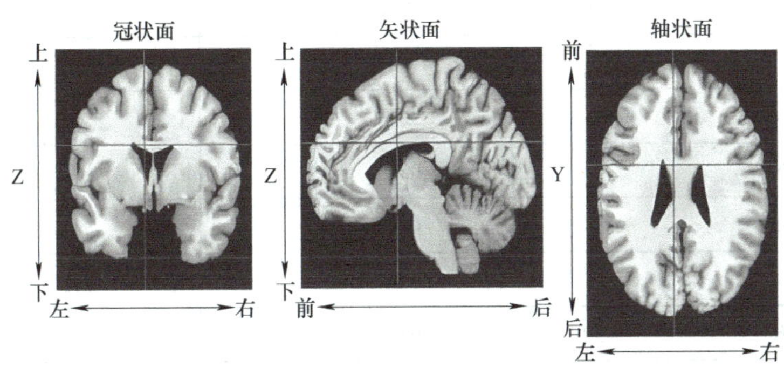

图 7-39　人体扫描的三个主要切面：冠状面、矢状面和轴状面

7.3.2　磁共振成像原理

1946 年，美国斯坦福大学的学者费利克斯・布洛赫（Felix Bloch）和哈佛大学的学者爱德华・普赛尔（Edward Purcell）分别独立发现了核磁共振现象，为现代 MRI 技术奠定了理论基础。两位学者因此获得了 1952 年的诺贝尔物理学奖。1971 年，纽约州立大学的医生雷蒙德・达马蒂安（Raymond Damadian）发现肿瘤组织的 T_1、T_2 弛豫时间会有所延长。1973 年，纽约州立大学的化学教授保罗・劳特布尔（Paul Lauterbur）发表了第一幅由两个充水试管产生的 MRI 图像，并在 1974 年成功制作出了活鼠的 MRI 图像。

接下来将详细介绍 MRI 的基本工作原理。

1. 磁共振物质基础

（1）核磁的概念　什么是原子核的自旋？如图 7-40 所示，自旋是指原子核以一定频率绕着自己的轴进行高速旋转的特性。什么是核磁？核磁是指，带有正电荷且含有单数质子或中子的原子核由于自旋而产生的磁场。因此，磁共振也被称为核磁共振。

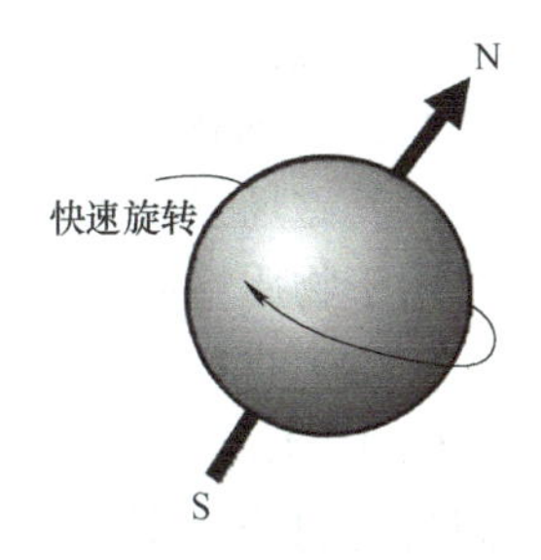

图 7-40　原子核自旋产生的磁场——核磁

（2）磁性原子核和非磁性原子核

1）非磁性原子核。当原子核内的质子数和中子数均为偶数时，其自旋并不产生核磁，这类原子核被称为非磁性原子核。

2）磁性原子核。能够因自旋而产生核磁的原子核被称为磁性原子核。它们需要满足以下条件之一：中子和质子均为奇数，或中子为奇数、质子为偶数，或中子为偶数、质子为奇数。

（3）人体内常见的磁性原子核　表 7-5 给出了人体中常见的 9 种磁性原子核。对于 MRI，选用的原子核需要满足两个条件：一是具有较高的浓度，二是容易磁化。如表 7-5 所示，带有 1 个质子的氢原子核（1H）恰好满足这两个条件。因此，对于 MRI 来说，1H 是首选的原子核。

表 7-5　人体中常见的 9 种磁性原子核

磁性原子核	平均摩尔浓度	相对磁化率
1H	99	1.0
14N	1.60	0.083
31P	0.35	0.066
13C	0.10	0.016
23Na	0.078	0.093
39K	0.045	0.0005
17O	0.031	0.029
2H	0.015	0.096
19F	0.0066	0.83

2. 磁共振现象

（1）MRI 设备的主磁场　MRI 设备的主磁场是 MRI 系统的核心部件，主要作用是产生一个恒定且均匀分布的静态磁场。医学领域使用的主磁场强度范围通常为 1.5 ～ 7T，甚至高达 9.4T。其中，1T 表示 1 特斯拉，且 1T=10000G。这种强大的磁场是确保人体内 1H 原子核产生核磁共振的基础。

MRI 设备的主磁场类型主要包括两种：超导体磁场和永磁磁场。

超导体磁场是医用高磁场强度 MRI 常用的类型。它通常由超导材料制成的超导线圈、冷却装置和绝缘层组成。超导磁体的优势在于其极高的磁场稳定性、优秀的磁场均匀性和较高的能量效率。然而，超导磁体需要使用液态氮或液氦等进行冷却，因此制造与维护成本较高。不过，其能耗较低，有助于节约运行成本。

永磁体是由永磁材料制成的，由磁体、磁屏蔽和梯度线圈等组成。其磁场强度可以达到 0.3T。永磁体的优点是不需要外部提供电能，结构简单，便于制造，且无需冷却。但是，其磁场强度不如超导磁体，且随着磁体的增大，磁场均匀性会下降。因此，永磁体主要用于物质检测、便携式 MRI 等对磁场强度要求不高的场合。

（2）进入主磁场前人体内质子的核磁状态　人体内的 1H 原子核数量庞大，每毫升水含约 3×10^{22} 个质子。每个质子自旋均能产生一个小磁场。由于人体内质子数量众多，它们自旋将产生无数个小磁场。然而，这些小磁场的排列是随机无序的，导致每个质子产生的磁化矢量相互抵消。因此，在自然状态下，人体并无磁性，即没有宏观磁化矢量的产生，如图 7-41a 所示。

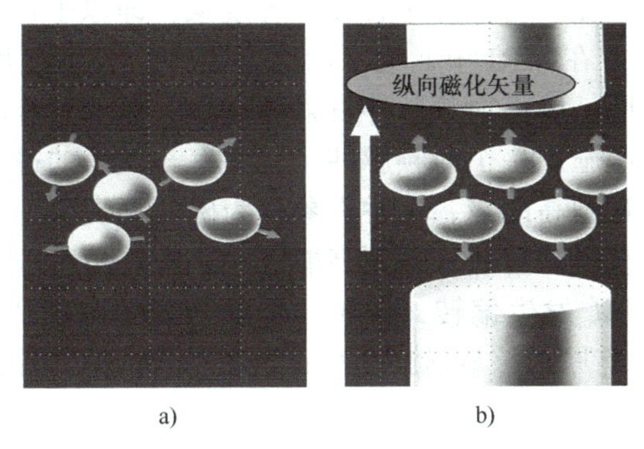

a)　　b)

图 7-41　质子的核磁状态

a）原子核进入磁场前　b）进入磁场后的排列

（3）进入主磁场后人体内质子的核磁状态　进入主磁场后，人体内的质子产生的小磁场开始呈现有规律的排列。如图 7-41b 所示，这些小磁场主要有两种排列方式：一种是与主磁场方向平行且方向相同，另一种则是与主磁场平行但方向相反。其中，平行同向的质子数量略多于平行反向的质子，并且它们处于低能级状态。这些低能级的质子受到主磁场的束缚，其磁化矢量的方向与主磁场的方向一致。而平行反向的质子则处于高能级状态，它们能够对抗主磁场的作用，尽管其磁化矢量与主磁场平行，但方向相反。由于低能级的质子数量略多于高能级的质子，因此，当人体进入主磁场后，会产生一个与主磁场方向一致的宏观纵向磁化矢量。

（4）进动与进动频率　进入主磁场后，无论是处于高能级还是低能级的质子，其磁化矢量并非完全与主磁场方向平行，而是总与主磁场保持一定的角度，如图 7-42a 所示。在主磁场的作用下，质子除了进行自旋运动外，还会绕着主磁场轴（虚线表示，箭头指示主磁场方向）进行旋转摆动。质子的这种旋转摆动称为“进动”，如图 7-42b 所示。

进动频率与磁场强度成正比，这一关系可以通过拉莫尔（Larmor）方程来描述，即

$$\omega=\gamma B_{\mathrm{o}} \tag{7-26}$$

式中，ω 为进动频率；B_{o} 为外部磁场强度；γ 为旋磁比（一个常数）。

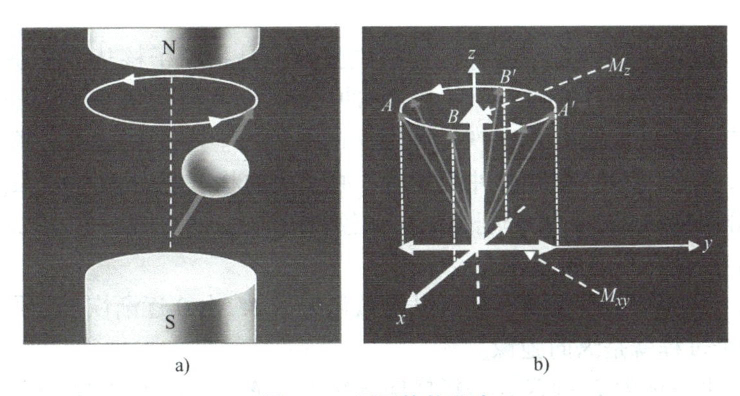

a)　　b)

图 7-42　原子核的进动

a）原子核在磁场中的进动　b）磁化矢量的产生

（5）射频脉冲与磁共振　自然界中存在一种现象，即原子核可以吸收强磁场中存在的一定频率的电磁辐射。在 MRI 中，为了给原子核一个外部激励使其产生共振，采用的是射频线圈。射频线圈一般由射频脉冲发射器和磁共振信号接收器两部分组成。当给处于主磁场中的人体组织施加一个射频脉冲，其频率与质子的进动频率相同时，低能级的质子将获得能量并跃迁到高能级，这种现象称为磁共振现象。从微观角度来看，磁共振现象是低能级的质子获得能量后跃迁到高能级。从宏观角度来看，磁共振现象的结果是使宏观纵向磁化矢量 M_z 发生偏转，偏转的角度与射频脉冲的能量有关，如图 7-43a 所示。这里，M_z 是指所有原子核旋转产生的磁场在纵轴 Z 上的投影的总和，“宏观”即指这种总和。

由于纵向宏观磁化矢量 M_z 与静态磁场 B_0 平行，因此 M_z 的旋转不会产生电流。

如果射频脉冲使横向宏观磁化矢量 M_{xy} 达到最大（M_{xy} 是指所有原子核旋转产生的磁场在 XY 平面上的投影的总和），即完全偏转到 X、Y 平面，这种脉冲称为 90° 射频脉冲。90° 射频脉冲是 MRI 序列中最常用的射频脉冲之一。它使得横向宏观磁化矢量达到最大，而纵向磁化矢量变为 0，如图 7-43b 所示。此时，原子核的旋转产生的电流最大。射频线圈中的接收器接收磁共振信号，并将其送往计算机进行去噪、放大等成像处理。

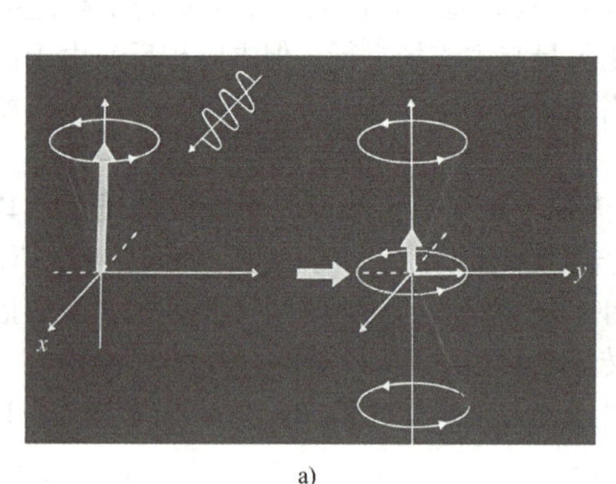

a)

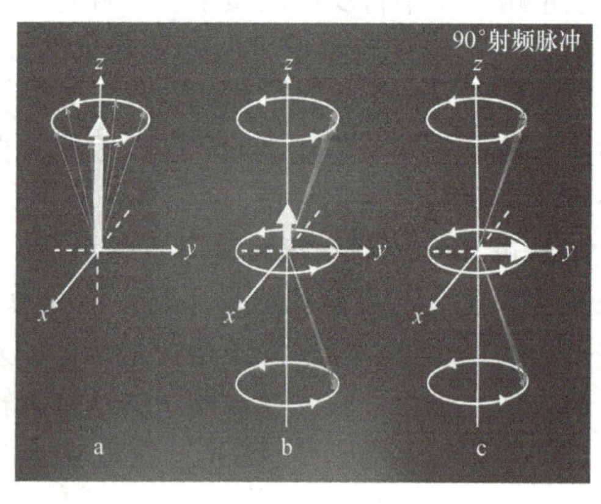

b)

图 7-43　射频脉冲与磁共振

a）磁共振现象　b）90° 射频脉冲

（6）横向弛豫与纵向弛豫　弛豫，即核磁弛豫，是指原子核从激发态恢复到平衡态的核磁能量转换过程，如图 7-44a 所示。当脉冲关闭后，处于激发态的原子核由于失去能量，将从高能态进入低能态，逐渐恢复到原来的平衡态。在平衡态时，原子核的状态为 $\boldsymbol{M}_z=\boldsymbol{M}_0$，$\boldsymbol{M}_{xy}=0$；而经过 90° 射频脉冲激发后，原子核的状态变为 $\boldsymbol{M}_z=0$，$\boldsymbol{M}_{xy}=\boldsymbol{M}_0$。

弛豫过程分两个步骤进行，分别是纵向弛豫和横向弛豫。这两种弛豫方式是同步但独立进行的，它们发生在不同的方向上。

纵向弛豫，也被称为 T_1 弛豫，是指纵向磁化矢量 $\boldsymbol{M}_z$ 由 0 逐渐恢复到最初的平衡状态 $\boldsymbol{M}_0$ 的过程。这个过程就是纵向弛豫。

横向弛豫，也被称为 T_2 弛豫，是指横向磁化矢量 $\boldsymbol{M}_{xy}$ 由最大值 $\boldsymbol{M}_0$ 逐渐减小直至消失为 0 的过程。这个过程就是横向弛豫。

综上所述，弛豫是一个能量转化的过程。在这个过程中，横向弛豫和纵向弛豫是同步进行的。如图 7-44b 所示，当 90° 脉冲停止之后，净磁化矢量 $\boldsymbol{M}$ 以螺旋的形式上升，趋向 B_0；同时，横向磁化矢量由最大值逐渐变为零，而纵向磁化矢量则逐渐由零恢复成最大值。

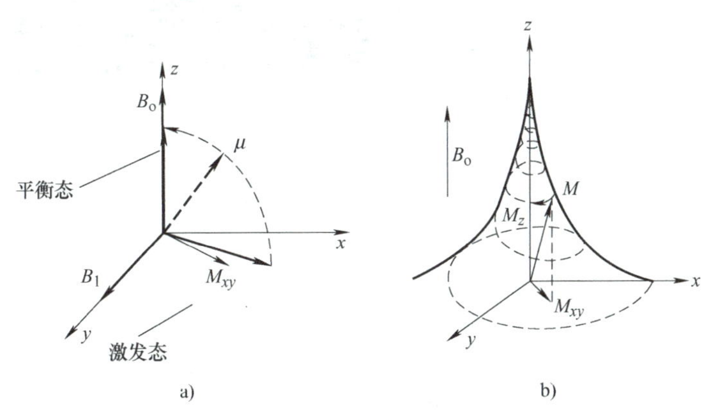

图 7-44　弛豫过程示意图

a）弛豫过程　b）90° 脉冲停止过程

纵向弛豫——T_1 弛豫：

如图 7-45a 所示，纵向弛豫描述的是纵向磁场强度 $\boldsymbol{M}_z$ 从 0 恢复到平衡态 $\boldsymbol{M}_0$ 的时间。纵向弛豫时间 T_1，具体是指 $\boldsymbol{M}_z$ 由 0 恢复到原来 $\boldsymbol{M}_0$ 的 63% 时所需要的时间，即 $\boldsymbol{M}_z$ 恢复到 $0.63\boldsymbol{M}_0$ 所需的时间，即

$$\boldsymbol{M}_z(t)=\boldsymbol{M}_0\left(1-\mathrm{e}^{-\frac{t}{T_1}}\right) \tag{7-27}$$

当 $t=T_1$ 时有

$$\boldsymbol{M}_z=0.63\boldsymbol{M}_0 \tag{7-28}$$

式中，$\boldsymbol{M}_z(t)$ 为纵向磁化强度；$\boldsymbol{M}_0$ 为平衡态磁场强度；T_1 为纵向弛豫时间。

热力学的一个基本原理是，所有的系统都趋向于自己的最低能量状态。纵向弛豫的过程就是质子将吸收的多余磁能通过晶格扩散出去，使其从高能级跃迁到低能级。因此，这一过程也被称为自旋 - 晶格弛豫过程。

如图 7-45b 所示，详细描述了纵向弛豫的过程。质子在吸收射频脉冲后，会从低能级（$\boldsymbol{M}_z=\boldsymbol{M}_0$，$\boldsymbol{M}_{xy}=0$）跃迁到高能级（$\boldsymbol{M}_z=0$，$\boldsymbol{M}_{xy}=\boldsymbol{M}_0$）。当射频脉冲停止后，质子开始纵向弛豫过程，逐渐从高能级跃迁回低能级。

纵向弛豫时间 T_1 的大小主要取决于组织的性质和外部磁场。外部磁场对组织的纵向弛豫时间有较大影响。当外部磁场给定后，不同组织的 T_1 值都会有一个相应的固定值，见表 7-6。然而，不同组织的 T_1 值存在很大的差异，如脂肪和水的弛豫过程（见图 7-46）。由于脂肪的氢质子密度小于水，因此脂肪的纵向弛豫速度比水快，这意味着脂肪的纵向弛豫时间 T_1 小于水。

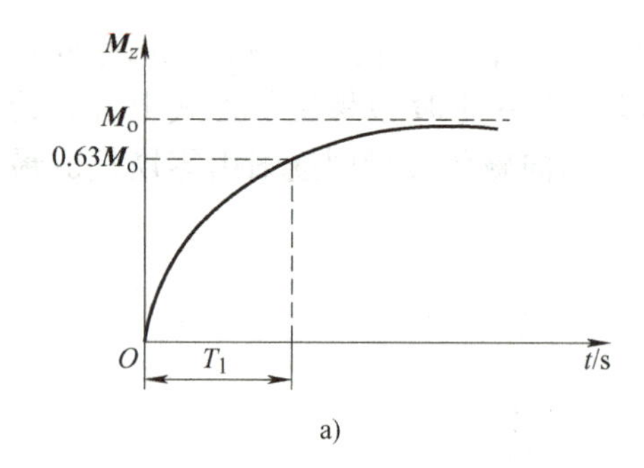

a)

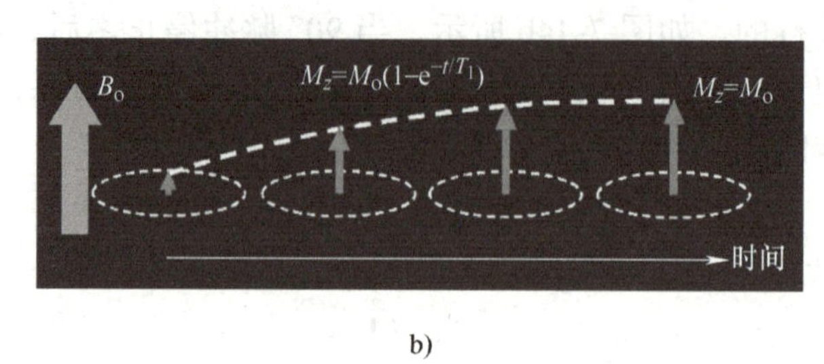

b)

图 7-45　纵向弛豫过程与时间

a）T_1 弛豫时间　b）T_1 弛豫过程

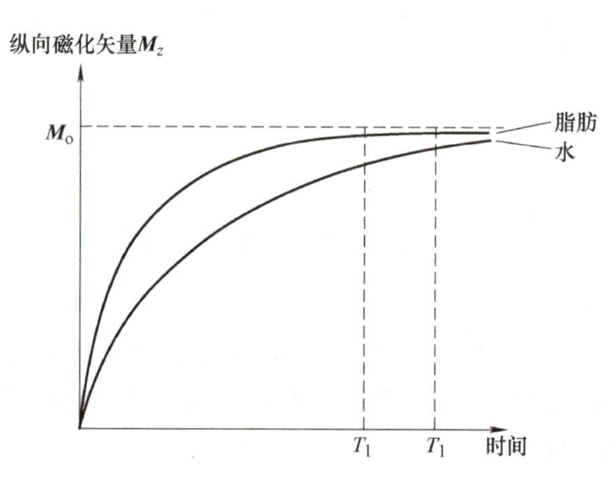

图 7-46　不同组织的 T_1 弛豫过程

横向弛豫——T_2 弛豫：

横向弛豫，描述的是宏观横向磁化矢量 $\boldsymbol{M}_{xy}$ 从最大值 $\boldsymbol{M}_0$（在 π/2 脉冲作用时）逐渐衰减至 0 的过程（见图 7-47a）。T_2 弛豫时间，具体是指宏观横向磁化矢量 $\boldsymbol{M}_{xy}$ 的信号衰减至原始信号 $\boldsymbol{M}_0$ 的 37% 所需的时间，这一过程如图 7-47b 所示。

在射频脉冲的作用下，所有质子的相位都变得相同，它们沿着同一方向排列，质子的磁矩方向也一致，这种状态被称为同相位。此时，质子以相同的角速度 ω_0 绕外磁场进动，从而在 xy 平面上产生了一个单一的磁化矢量，即 $\boldsymbol{M}_{xy}=\boldsymbol{M}_0$。

然而，当射频脉冲停止后，由于组织中的分子热运动以及周围磁场微环境的作用，质子的进动频率开始出现差异，质子的磁矩方向也变得不同，这种状态被称为失相位。此时，质子的磁化矢量在 xy 平面上开始分散。随着时间的推移，这些分散在 xy 平面上的磁化矢量会进一步散开。最终，质子的磁化矢量会完全失相位，在 xy 平面上相互抵消，即横向磁化矢量消失。

从物理学的角度来看，横向弛豫的过程实际上是同种质子之间相互交换磁能的过程。因此，这个过程也称为自旋 - 自旋弛豫。在 π/2 脉冲的作用下，$\boldsymbol{M}_{xy}$ 的衰减过程的公式为

$$\boldsymbol{M}_{xy}=\boldsymbol{M}_0\mathrm{e}^{-\frac{t}{T_2}} \tag{7-29}$$

当 $t=T_2$ 时有

$$\boldsymbol{M}_{xy}=0.37\boldsymbol{M}_{\mathrm{o}} \tag{7-30}$$

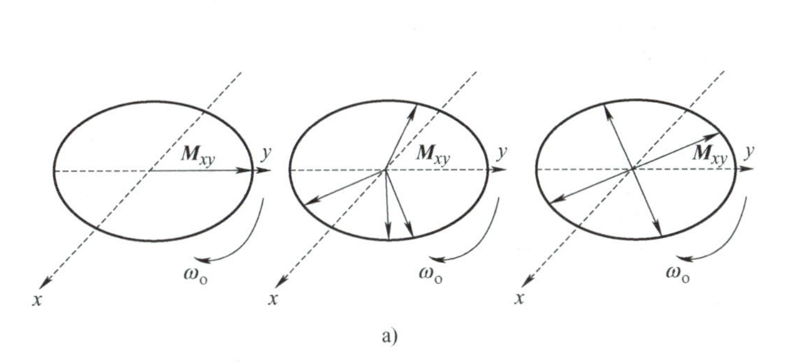

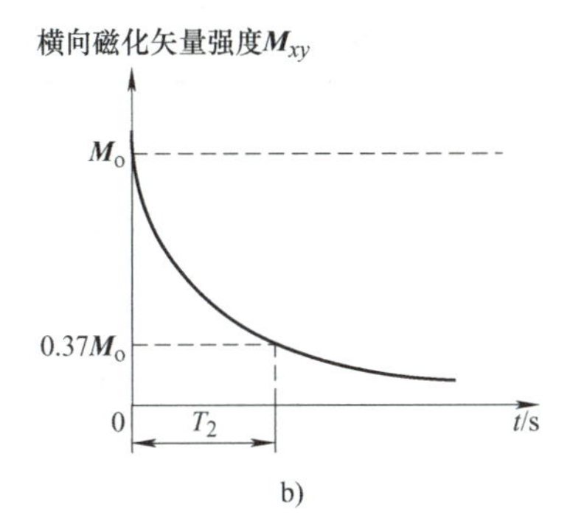

图 7-47　横向弛豫过程与时间

a）T_2 弛豫过程　b）T_2 弛豫时间

不同组织的氢质子密度是有所不同的，这在横向弛豫过程中表现得尤为明显。具体来说，氢质子密度较小的组织，其横向弛豫速度相对较快；而氢质子密度较大的组织，其横向弛豫速度则相对较慢。

为了更直观地展示这一现象，图 7-48 所示的两条曲线描绘了脂肪和水这两种组织的横向弛豫过程。由于脂肪的氢质子密度低于水，因此，脂肪的横向弛豫速度明显快于水。这一差异提供了区分不同组织的重要信息，也进一步证明了氢质子密度与横向弛豫速度之间的密切关系。

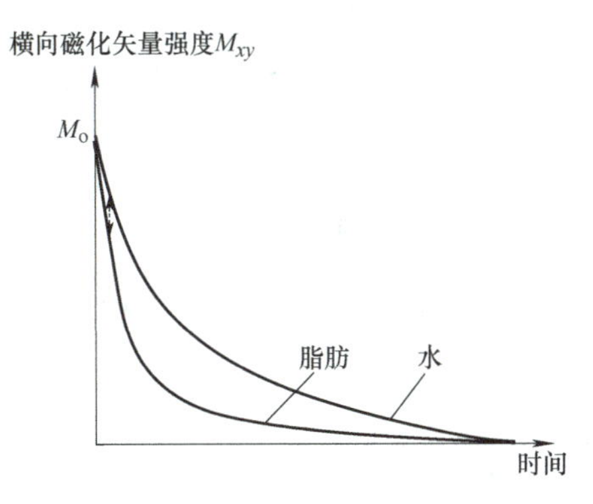

图 7-48　不同组织的质子密度不同，其横向弛豫速度不同

人体组织的 T_1 和 T_2 值受主磁场场强的影响较大。一般来说，随着场强的增高，组织的 T_1 值会延长，而组织的 T_2 值则会缩短。

在 MRI 测量中，T_1 值与 T_2 值是非常重要的参数。人体各组织间 T_1 与 T_2 的差别，以及正常组织与病变组织之间的差别，正是常规 MRI 能够显示正常解剖结构及病变的基础。

表 7-6 给出了 1.5T 场强下正常人体组织的 T_1 和 T_2 参考值。

表 7-6　1.5T 场强下正常人体组织的 T_1、T_2 参考值

组织名称	T_1 值 /ms	T_2 值 /ms
脑灰质	400 ～ 600	100 ～ 120
脑白质	350 ～ 500	90 ～ 100
脑脊液	3000 ～ 4000	1200 ～ 2000
肝脏	350 ～ 400	45 ～ 55
脾脏	400 ～ 450	100 ～ 160
肾皮质	350 ～ 420	80 ～ 100
肾髓质	450 ～ 650	120 ～ 150
骨骼肌	500 ～ 600	70 ～ 90
皮下脂肪	220 ～ 250	90 ～ 130

3. T_2 成像原理

T_2 值主要反映组织横向弛豫的差别。以甲、乙两种组织为例，假设这两种组织的质子密度相同，但是甲组织的横向弛豫比乙组织慢，即甲组织的 T_2 值大于乙组织，公式为

$$T_2^{甲} > T_2^{乙} \tag{7-31}$$

当这两种组织进入主磁场后，由于它们的质子密度一样，所以甲乙两种组织产生的纵向宏观磁化矢量 $\boldsymbol{M}_z$ 的大小也相同，即

$$\boldsymbol{M}_z^{甲} = \boldsymbol{M}_z^{乙} \tag{7-32}$$

这样，当射频脉冲激发后，由于 $\boldsymbol{M}_z^{甲} = \boldsymbol{M}_z^{乙}$，所以两者产生的横向宏观磁化矢量 $\boldsymbol{M}_{xy}$ 的大小也相同，即

$$\boldsymbol{M}_{xy}^{甲} = \boldsymbol{M}_{xy}^{乙} \tag{7-33}$$

当射频脉冲取消后，甲乙两种组织的质子将发生横向弛豫（即在 X–Y 平面失相位），这一过程如图 7-49 所示。

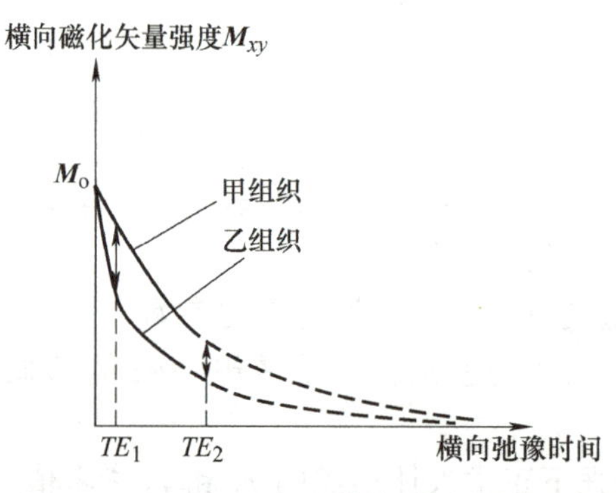

图 7-49　T_2 成像的原理

由于甲组织的横向弛豫时间 T_2 比乙组织大，所以到一定时刻，甲组织衰减掉的宏观横向磁化矢量 $\boldsymbol{M}_{xy}$ 的大小会小于乙组织的。换言之，甲组织剩余的宏观横向磁化矢量 $\boldsymbol{M}_{xy}$ 将大于乙组织。

$$T_2^{甲} > T_2^{乙} \tag{7-34}$$

$$M_{xy}^{甲} > M_{xy}^{乙} \tag{7-35}$$

当横向弛豫时间短时（即 $t=TE_1$），两个组织的横向磁化磁场差异较小，导致接收线圈中产生的差异电流也很小。也就是说，当回波时间（echo time）TE 较短时，组织之间的横向磁化差异（可表示为 ΔWxy）较小，进而产生的回波电流信号也较小，此时不利于信号的检测。

当横向弛豫时间延长时（即 $t=TE_2$），两个组织的横向磁化磁场差异变得较大，接收线圈中产生的差异电流也随之增大。即，回波时间 TE 增大时，组织之间的横向磁化差异增大，产生的回波电流信号也随之增强。此时检测磁共振信号，会发现甲组织的磁共振信号强度高于乙组织的，从而实现 T_2 成像。T_2 值越大，磁场衰减越慢，信号越强，TE 值越大，对应组织的成像越明亮；反之，T_2 值越小，成像越暗。

4. T_1 成像原理

T_1 主要反映组织纵向弛豫的差别。下面仍然以甲、乙两种组织为例。假设这两种组织的质子密度相同，但甲组织的纵向弛豫时间 T_1 比乙组织的短（即甲组织的 T_1 值小于乙组织的）。

当这两种组织进入主磁场后，由于它们的质子密度相同，因此产生的纵向宏观磁化矢量 M_z 的大小也相同。施加射频脉冲后，甲和乙组织都会产生横向宏观磁化矢量 M_{xy}，且其大小也相同。

射频脉冲关闭后，由于甲组织的纵向弛豫时间比乙组织的短，所以过一定时间后，甲组织已经恢复的纵向宏观磁化矢量 M_z 将大于乙组织的。然而，宏观磁化矢量 M_z 与主磁场 B_0 平行，其旋转不能产生电流，因此接收线圈无法检测到两种组织的纵向磁化矢量的差别。为了解决这个问题，需要重复施加射频脉冲。这里，把两个连续的射频脉冲之间的时间间隔称为 TR（repetition time），如图 7-50 所示。

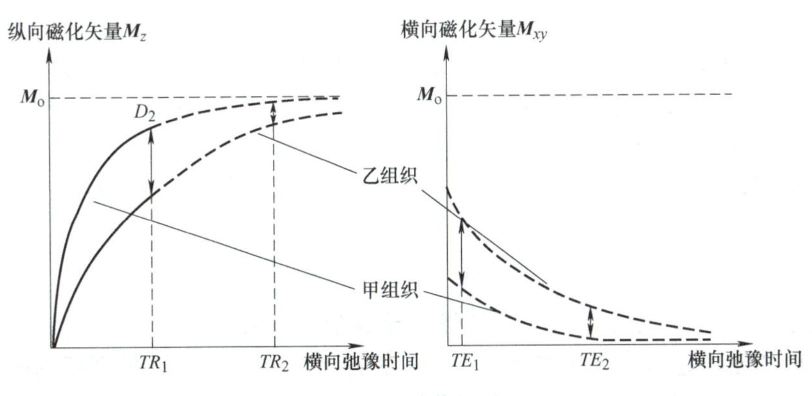

图 7-50　T_1 成像的原理

重复施加射频脉冲后，甲、乙两组织的宏观纵向磁化矢量 $\boldsymbol{M}_z$ 将继续发生偏转，并分别再次产生横向宏观磁化矢量 $\boldsymbol{M}_{xy}$。由于此时的甲组织的纵向宏观磁化矢量 $\boldsymbol{M}_z$ 大于乙组织，因此无论两个组织的 T_2 值大小如何，甲组织一开始产生的横向宏观磁化矢量都将大于乙组织。

此时，如果立刻检测磁共振信号（即 $t=TE_1$），那么甲组织产生的 MR 信号将远远大于乙组织，从而实现 T_1 成像。然而，如果延长检测时间，如增加到 TE_2 时，两个组织之间的 M_{xy} 差异会减小，导致检测时两个组织的对比度显著降低。总体来说，T_1 值越小，成像越明亮；反之则越暗。

5. T_1 和 T_2 的加权成像的原理

任何影像，包括脑影像，都是反映组织的某些特性。例如，CT 反映的是不同密度组织对于 X 射线吸收和衰减的差异，主要突出的是组织的密度特征。

MRI 同时包含 T_1 弛豫和 T_2 弛豫两个过程。如果只是 T_1 成像或是 T_2 成像，成像质量往往会显得模糊、不清晰。实际上，MRI 技术常采用“加权成像”方法。所谓“加权”，即“突出重点”的意思，旨在强调某方面的特性。由于机体组织的各方面特性（如质子密度、T_1 值、T_2 值）均会对磁共振信号产生影响，因此几乎不可能获得仅反映组织单一特性的图像。通过调整成像参数，可以使图像主要反映组织的某方面特性，同时抑制其他特性对磁共振信号的影响，这就是“加权”的原理。

基本的 MRI 的脑成像包括脑结构成像和脑功能成像。脑结构成像主要采用 T_1 加权成像（T_1 weighted imaging，T1WI），这种方法重点突出组织纵向弛豫的差别，并减少其他特性（如横向弛豫）对图像的影响。脑功能成像使用 T_2 加权成像（T_2 weighted imaging，T2WI），主要强调组织的横向弛豫差别。

成像信号强度 S 公式为

$$S = D(H)\left(1-\mathrm{e}^{-\frac{TR}{T_1}}\right)\mathrm{e}^{-\frac{TE}{T_2}} \tag{7-36}$$

式中，$D(H)$ 为氢质子密度；TR 为射频脉冲间隔时间；TE 为信号回波时间；T_1 和 T_2 分别为组织的纵向和横向弛豫时间。

在临床上，有着“T_1 看解剖、T_2 看病变”的说法，实际上是指 T_1 和 T_2 加权成像的不同应用。这两种成像机制的主要区别在于射频脉冲重复时间 TR 和回波时间 TE 这两个参数的设置。

在 MRI 图像中，不同的灰度和明暗度反映了图像的对比度。灰度与组织的信号强度相对应，信号强度越大，对应的图像越明亮（越白），表现为高信号；信号强度越小，对应的图像越暗（越黑），表现为低信号。

对于脑成像，主要包括白质、灰质和脑脊液。纯水的质子密度最大。与纯水相比，质子密度从大到小的排序为

$$脑脊液 > 白质 > 灰质$$

质子密度越大，磁化后局部磁场越强，导致弛豫过程越慢，信号恢复需要更长的时间，因此，质子密度越大，恢复越慢。所以，3 种组织恢复时间从长到短的顺序与其质子密度排序正好相反，即

白质 > 灰质 > 脑脊液

图 7-51 所示为不同加权的 MRI 脑成像技术特点比较。在 T1WI 中，白质呈现白色，灰质呈现灰色，脑脊液为黑色，这与解剖图像非常接近，如图 7-51a 所示。在 T2WI 中，白质呈现深灰色，灰质呈现浅灰色，脑脊液仍为黑色，如图 7-51b 所示。对于质子密度加权成像（PDWI），白质和灰质的信号强度与 T_2 成像相近，表现为白质是深灰色，灰质是浅灰色，脑脊液为灰黑色，如图 7-51c 所示。

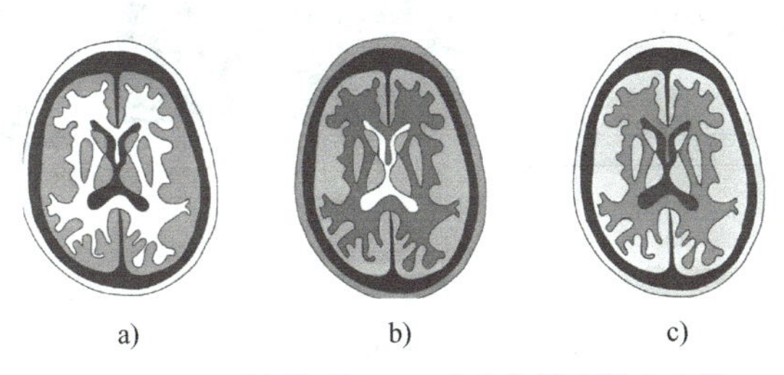

图 7-51　不同加权的 MRI 脑成像技术特点比较

a）T_1 加权成像（T1WI）　b）T_2 加权成像（T2WI）　c）质子密度加权成像（PDWI）

（1）T1WI 的原理　前面提到 T_1 成像理论上只反映组织之间 T_1 值差异产生的图像对比，T_2 成像则只反映组织之间 T_2 值差异产生的图像对比。然而，实际上这是不可能的，因为 MRI 图像的信号强度受到多种因素的影响。因此，为了获得 T_1 图像，必须对 T_1 进行“加权”，以突出 T_1 的作用。

从信号强度 S［见式（7-36）］，如果要实现 T_1 成像，就需要抑制 T_2 信号的影响。当使得 TE 远远小于 T_2 时（即 $TE \ll T_2$）时，$e^{-TE/T_2} \approx 1$，则 T_1 的信号强度 S_{T_1} 取决于 TR（射频脉冲间隔时间），即

$$S_{T_1} = D(H)\left(1 - e^{-\frac{TR}{T_1}}\right) \tag{7-37}$$

如图 7-52 所示，进行 T1WI 时，射频脉冲间隔时间 TR 和回波时间 TE 的选择是很重要的。

一方面，TR 对于这种纵向弛豫 T_1 对比的影响是比较大的。因为两次射频脉冲激发的时间间隔 TR 决定了组织的纵向恢复能力，即组织内磁化矢量 $\boldsymbol{M}_z$ 的恢复程度。通过缩短 TR，可以最大化不同组织之间纵向磁化矢量 $\boldsymbol{M}_z$ 的差异，从而增强 T_1 对比效果。

另一方面，回波时间 TE 对于 T_2 的影响较大。为了削弱组织之间 T_2 差异对图像的影响，需要缩短 TE，以便尽可能多地采集因为 T_1 的影响而产生的信号，同时使得不同组织之间 T_2 的差异还来不及形成，从而最小化 T_2 对图像的影响。

综上所述，使用相对比较短的 TR 能够形成不同组织之间的 T_1 对比，而采用尽可能短的 TE 则能够最小化地减少 T_2 对图像的影响。因此，在 T1WI 中，通常选择短 TR 和短 TE 的参数组合。

当然，所谓 TR 和 TE 的长和短也是相对的。从图 7-52a 中可以看出，如果 TR 过短，则不能形成最大化的 T_1 对比，因为组织还没有充分的纵向弛豫时间。同理，TE 越短，组织的 T_2 对比越不明显，对 T_1 对比的影响也越小。理论上，TE=0 时是最完美的状态，但实际上无法达到。只要 TE 不等于 0，采集的 T_1 对比信号中就会包含 T_2 对比的成分。

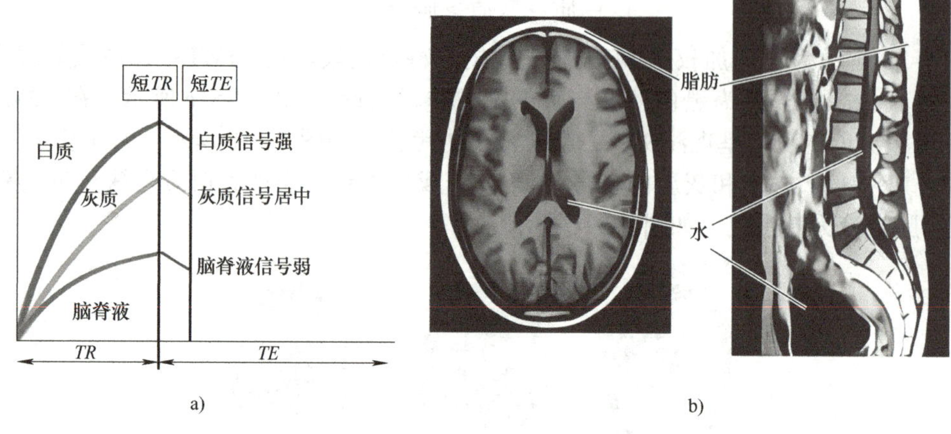

图 7-52　T1WI 的原理：短 TR 短 TE

a）TR 和 TE 的选择　b）脑部及腰椎成像

在脑部成像中（见图 7-52b），T1WI 能够比较好地反映脑组织的解剖特性。因为 T1WI 与脑解剖结构比较一致，灰质表现为中等信号（呈灰色）、白质和脂肪表现为高信号（呈白色）、液体（如脑脊液、纯水等）则表现为低信号（呈黑色）。

（2）T2WI 的原理　前面提到，理论上 T_2 图像只反映组织之间 T_2 值差异产生的图像对比，T_1 图像只反映组织之间 T_1 值差异产生的图像对比。但实际上，这也是不可能的，因为 MRI 图像的信号强度受到多种因素的影响。因此，为了获得 T_2 图像，必须对 T_2 进行“加权”，以突出 T_2 的作用。

从信号强度 S [见式（7-36）] 来看，如果要实现 T_2 成像，就需要抑制 T_1 信号。当 TR 远大于 T_1 时（即 TR>>T_1）时，$\mathrm{e}^{-TR/T_1}\approx 0$，则 T_2 的信号强度 S_{T_2} 取决于 TE，即

$$S_{T_2}=D(H)\mathrm{e}^{-\frac{TE}{T_2}} \tag{7-38}$$

如图 7-53 所示，进行 T2WI 时，也要注意 TR 和 TE 的选择。一方面，TE 对于这种横向弛豫 T_2 对比的影响是比较大的。通过增大 TE，可以最大化同组织之间横向磁化矢量 $\boldsymbol{M}_{xy}$ 的差异。另一方面，因为 TR 对 T_1 的影响较大，为了削弱组织之间 T_1 差异的影响，需要增大 TR 以尽可能减少这种影响。也就是说，使用相对比较长的 TE 能够形成不同组织之间的 T_2 对比，而采用尽可能长的 TR 则能够最小化地减少 T_1 对图像的影响。因此，在 T2WI 中，通常选择长 TR 和长 TE 的参数组合。

（3）PDWI 的原理　PDWI 是突出显示组织间质子浓度差异的一种成像技术。从信号强度 S [见式（7-36）] 可以看出，为了实现 PDWI，需要尽量减少 T_1 成像和 T_2 成像的影响。

具体来说，为了减少 T_1 的影响，应尽可能增大 TR 的值；而为了减少 T_2 的影响，则应尽可能减小 TE 的值。当 TR 远大于 T_1，且 TE 远小于 T_2 时，即 TR>>T_1 且 TE <<T_2 时，式（7-36）中的 $1-\mathrm{e}^{-TR/T_1}\approx 1$，$\mathrm{e}^{-TE/T_2}\approx 1$，成像信号就由质子密度 $D(H)$ 决定。

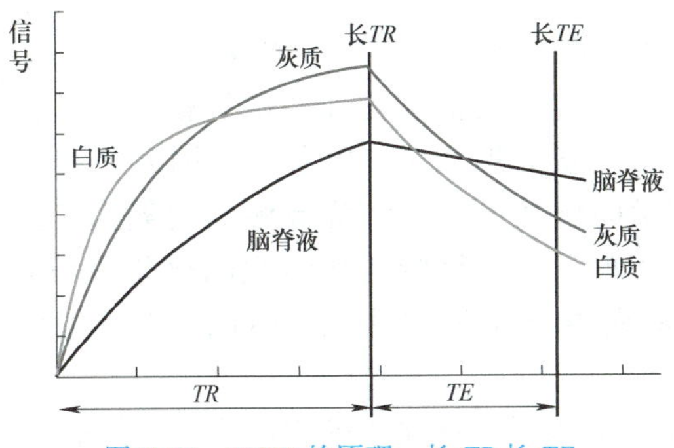

图 7-53　T2WI 的原理：长 *TR* 长 *TE*

因此，进行 PDWI 时，应选择长 *TR* 和短 *TE* 的参数组合，以突出质子密度的差异，如图 7-54 所示。

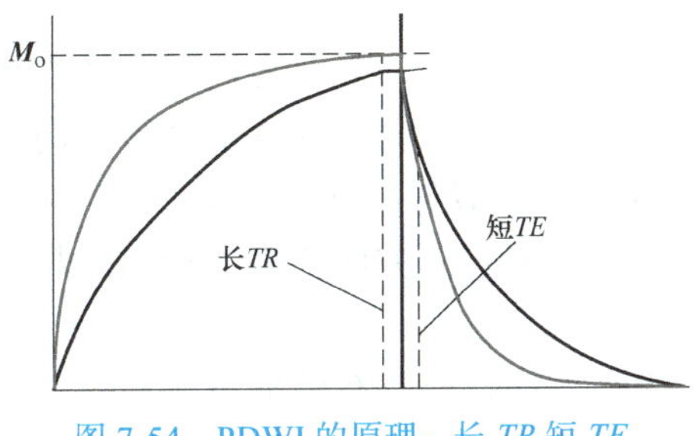

图 7-54　PDWI 的原理：长 *TR* 短 *TE*

6. fMRI 的原理

磁共振信号的强度与组织的多个特征密切相关，所反映的病理和生理基础相较于 CT 更为丰富。组织的氢质子密度、弛豫时间（包括 T_1 和 T_2 时间）、血氧含量以及血流体积等因素都会影响质子的相对磁化率，进而影响磁共振信号的强度。

fMRI 是一种检查脑功能变化的技术，在脑科学研究领域具有广泛应用，同时在临床上也具有重要的应用价值，如用于认知障碍、抑郁症等脑功能病变的检查。广义上的 fMRI 涵盖了多种成像技术，包括灌注加权成像（PWI）、磁共振氢谱成像（^{1}H–MRS）、弥散加权成像、DTI 以及血氧水平依赖 fMRI（BOLD–fMRI）等。

BOLD–fMRI 是利用大脑在兴奋活动时，血流中的含氧血红蛋白大幅度增加，导致活动脑区域的局部磁场发生改变（见图 7-55），使得 T_2 磁场增强，从而可以被 MRI 检测到。

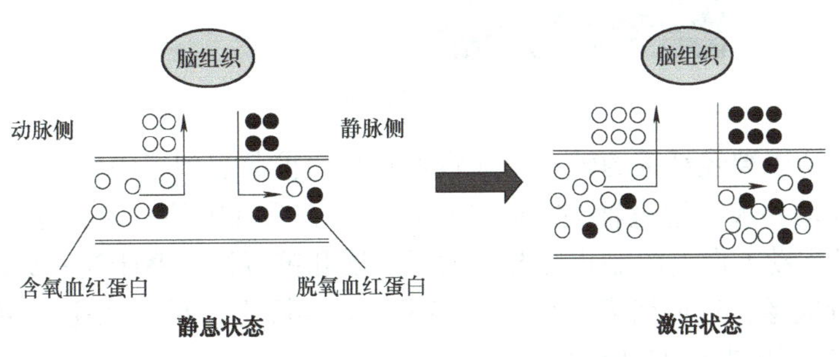

图 7-55　脑组织由静息态变为激活态

在静息状态下，氧与血中的血红蛋白结合形成含氧血红蛋白，并输送给脑组织。当神经活动时，如人们通过视觉观看电影时，视觉脑区的神经活动会消耗氧气。此时，动脉侧的含氧血红蛋白供应量会大幅度增加，增加幅度可达静息态时的 40% ～ 60%。然而，神经活动时氧的消耗量只增加了 5% 左右。因此，神经活动增加的氧气消耗量远低于含氧血红蛋白数量的增加量，导致静脉侧的脱氧血红蛋白浓度相对下降，而含氧血红蛋白的浓度相对增加。这使得脑局部组织的磁化率下降，横向磁化矢量 $\boldsymbol{M}_{xy}$ 失相位的时间 T_2 延长，从而增强了检测到的 MRI 信号。这就是 BOLD-fMRI 的基本原理。

除了 BOLD-fMRI 外，还有其他的属于脑成像技术，包括 DTI、PWI 和 ^{1}H-MRS 等。

（1）DTI　DTI 在脑科学研究中有着广泛的应用。下面介绍其基本原理。

弥散，即分子的随机不规则运动，是人体内重要的生理活动之一，也是体内物质转运的重要方式，通常被称为布朗运动。弥散是一个三维过程，分子在空间各个方向上弥散的距离可能相等也可能不相等。根据这一特性，弥散方式可以分为两种：一种是在完全均匀的介质中，由于分子运动没有障碍，它们向各个方向运动的距离是相等的，这种弥散方式称为各向同性弥散。例如，在纯水中，水分子的弥散就是各向同性的。在人脑组织中，脑脊液及大脑灰质中水分子的弥散也近似各向同性弥散。另一种弥散方式具有方向依赖性，在按一定方向排列的组织中，分子向各个方向弥散的距离不相等，这种弥散方式称为各向异性弥散。

DTI 是一种非侵入性的检查方法，能够有效地观察和追踪脑白质纤维束。这种方法主要用于脑部的研究，特别是对白质束的观察和追踪，以及脑发育和脑认知功能的研究。此外，它还在脑疾病的病理变化以及脑部手术的术前计划和术后评估中发挥着重要作用。在 MRI 中，组织的对比度不仅与每个像素内组织的 T_1、T_2 弛豫时间和质子密度有关，还与组织每个像素内水分子的弥散性质有关。图 7-56a 所示为 DTI 脑图，其中相互连接的部分代表神经纤维。

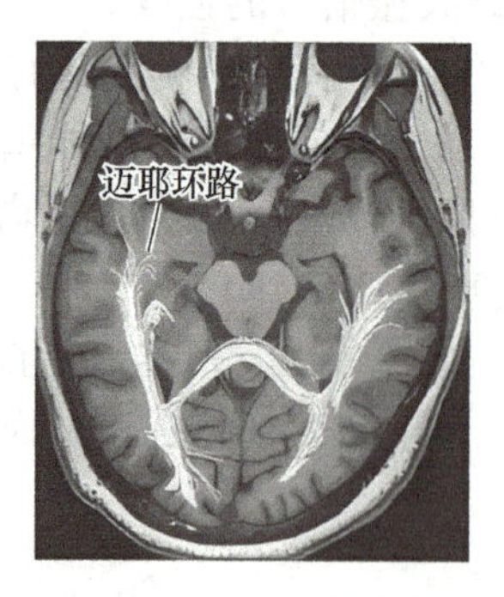

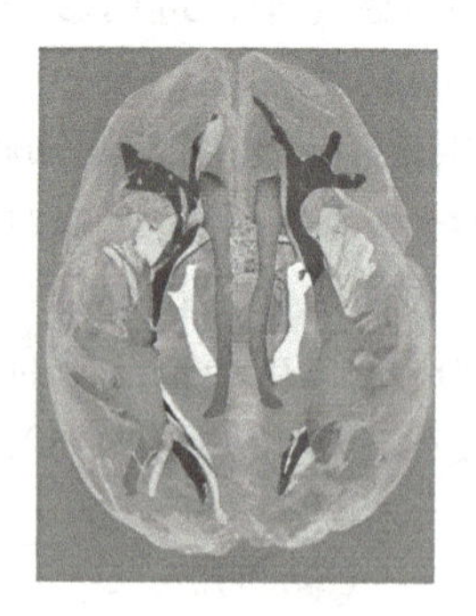

图 7-56　DTI 脑图

在大脑中，构成神经纤维的轴突的细胞膜对水的扩散起到了限制作用。水分子沿着神经纤维方向的运动要大于垂直轴突方向的运动，这表明轴突的各向异性最强。换句话说，轴突对于水分子运动方向的限制程度要远大于灰质和脑脊液。基于这一原理，可以对神经纤维的走向进行成像，进而研究白质的连接情况。实际上，可以在超过 30 个不同的方向上获取 DTI 图像，如图 7-56b 所示。

扩散的各向异性所表现出来的功能差异是研究脑功能的重要手段。例如，2000 年克林伯格等人的研究发现，左半球颞顶区域的各向异性分数与阅读障碍患者的阅读成绩之间存在显著的相关性。这种相关性可能反映了视觉、听觉和语言加工脑区在信息传递强度上存在的差异。

（2）PWI　PWI 是将组织毛细血管水平的灌注情况，通过 MRI 显示出来，从影像学角度评估局部的组织活力与功能，即磁共振灌注成像。PWI 技术利用特殊设计的脉冲序列来检测外源性注射的示踪剂或者动脉血液中的内源性质子示踪剂，这一过程依赖 T_1 和 T_2 的变化，从而能够获得脑血流图。在临床上，PWI 技术被广泛应用于脑肿瘤、脑梗以及肝脏等疾病的早期诊断。

（3）^{1}H-MRS　^{1}H-MRS 是一种利用氢质子的磁共振化学位移现象来测定分子成分的检查方法。它能够无创伤地研究活体器官的组织代谢与生化改变等。这一技术的出现使神经影像学从形态学观察发展到了分子水平上的研究，从而弥补了常规 CT、MRI 检查的局限性。目前，磁共振波普成像（MRS）技术是唯一可观测分子成分的技术，在脑肿瘤、脑脓肿、乳腺癌、前列腺癌等疾病的诊断与分析中得到了广泛的应用。

7.3.3　功能性磁共振成像的脑图像处理

（1）数据清洗　数据清洗是一个关键步骤，主要包括去除头部运动和生理噪声（如心跳、呼吸等）的过程。

1）去除头部运动：在数据采集过程中，头部运动是难免的，会产生伪迹。因此，需要对原始数据进行运动校正。常用的方法是将每个时间点的图像与参考图像对齐，计算出运动参数，并通过回归方法去除运动对 fMRI 信号的影响。

2）去除噪声：fMRI 数据中还可能包含来自生理和环境的其他噪声。这类噪声的去除方法有很多，如使用心跳和呼吸信号的模型进行回归去噪。

（2）时间校正　时间校正包括修正时间延迟和修正时间漂移等步骤，以确保数据的一致性和准确性。

1）修正时间延迟：由于大脑包含多个功能不同的脑区域，这些区域的信号并不是同时采集的。因此，需要对 fMRI 信号进行时间矫正，以确保不同脑区的响应时间一致。常用的方法是使用插值或回归方法将数据点校正到同一时间点。

2）修正时间漂移：fMRI 数据在时间上可能存在线性或非线性漂移，这会对数据分析造成干扰。因此，需要对数据进行修正，常用的方法是使用回归法建模将漂移信号去除。

（3）空间标准化　空间标准化是为了使不同被试的脑图像能够进行比较和统计分析而进行的处理。

1）仿射变换：由于不同被试的脑大小、形状等脑结构存在差异，因此需要进行空间标准化处理。常用的方法是通过仿射变换将每个被试的脑图像映射到一个标准的脑图像空间，如 MNI 标准空间 [MNI 为蒙特利尔神经学研究所（Montreal neurological institute）英文缩略语]。

2）插值：在空间标准化过程中，为了保持数据的一致性，需要对数据进行插值处理。常用的插值方法包括最近邻插值、双线性插值和三次样条插值等。

（4）去除结构性噪声　通过脑组织分割和去除脑脊液信号这两个子步骤，可以有效地去除 fMRI 数据中的结构性噪声，提供更准确、更可靠的数据基础。

1）脑组织分割：fMRI 脑数据中可能包含非脑组织信号，这些信号会对分析造成干扰。因此，需要使用脑组织分割算法将无用的脑组织信号分割出去。常用的方法是使用 FSL（FMRIB Software Library）中的 FAST 算法。

2）去除脑脊液信号：脑脊液信号会干扰 fMRI 脑功能的分析，因此需要将其去除。常用的方法是根据脑脊液信号的特征进行分割，并使用回归法去除其信号。

（5）数据平滑　数据平滑是为了减少 fMRI 信号中的噪声而进行的处理。

1）空间平滑：由于 fMRI 信号受到设备和生理因素的影响，存在空间噪声。为了减少空间噪声，常用的方法是使用高斯平滑和均值平滑方法对数据进行空间平滑。

2）时间平滑：fMRI 信号存在时间相关性，这种时间相关性会影响信号的稳定性。因此，需要对数据进行时间平滑处理，常用的方法是使用滑动平均或卷积方法。

（6）结果检验与可视化　经过以上的数据预处理后，可以对 fMRI 数据进行统计分析和脑图像的可视化显示。

1）统计分析：在数据预处理后，可以根据自己的研究目的进行统计分析，如单样本 t 检验、双样本 t 检验、方差分析等。常用的统计分析软件平台包括 AFNI、SPM 和 PSL 等。

2）结果可视化：fMRI 脑图像的统计分析结果可以以多种形式进行可视化显示，包括脑地图、3D 脑图和热力图等。这些可视化结果有助于直观地展示脑功能和结构的变化。

本章小结

本章主要介绍了瞳孔波技术、脑波技术以及磁共振原理，涵盖了多种重要的神经科学技术和方法。

瞳孔波是指瞳孔大小随着时间变化的波形，是一种非平稳的生理信号。瞳孔波信号的采集需要先获取眼部图像，然后通过瞳孔波计算软件生成。由于采集过程中可能受到眼睛不自主眨动等因素的影响，会产生异常值和噪声，因此需要进行相应的处理。瞳孔波信号与多种因素有关，如心理负荷、情感变化等，本书还介绍了基于瞳孔波信号的情感识别方法和抑郁症识别方法。

EEG 是使用电极在头皮表面记录大脑神经元的活动电位。脑电信号是大脑神经活动的直接反映，在多个领域具有广泛的应用。脑电分为自发脑电和事件相关电位（ERP）脑电两种，其中自发脑电的脑电波形很不规则，频率变化范围在正常人每秒在 1 ～ 30 次，通常将此频率范围分为四个波段：α 波、β 波、θ 波和 δ 波。诱发电位中，最常见的是 ERP。它反映了认知过程中大脑的神经电生理的变化。ERP 具有锁时和锁相特性，可以通过大量的叠加获得清晰的与刺激有关的认知电位，从而研究人们的认知行为和认知心理。为了研究人们的认知心理，经常使用标准的实验刺激方法，即实验范式。典型的 ERP 实验基本范式包括 Oddball 实验范式、Go-Nogo 实验范式、视觉空间注意的实验范式和记忆的实验范式等。此外，本章还介绍了头皮 EEG（sEEG）和颅内 EEG（iEEG）的区别和应用。

在磁共振原理部分，本章介绍了影像学常见的技术包括 X 射线、CT、PET 和 MRI，尤其是 MRI 因为高空间分辨率和无损伤探测，在医学临床和认知神经科学研究领域都得到了广泛的应用。MRI 的物质基础是带有 1 个质子的氢原子（^{1}H）。MRI 的主磁场是 MRI 的核心部件，它的主要作用是产生恒定均匀分布的静态磁场。MRI 的主磁场类型主要包括超导体磁场和永磁磁场两种。在 MRI 主磁场作用下，^{1}H 会产生两种弛豫：纵向弛豫（T_1 弛豫）和横向弛豫（T_2 弛豫）。大脑成像包括结构像、功能像、质子密度加权成像、灌注加权成像等，这些成像方法都依赖 T_1 和 T_2 成像的基本原理。脑图像包括结构性脑图像和功能性脑图像两种，其中功能性脑图像又包括静息态脑图像和任务态脑图像。原始的脑图像存在一系列噪声，需要去噪处理，常用的脑图像处理软件包括 AFNI、SPM 等。

通过本章的学习，对瞳孔波技术、脑波技术以及磁共振原理有了更深入的介绍，为后续的神经科学研究和实践打下了坚实的基础。

思考题与习题

一、判断题

1. 瞳孔波是指眼睛运动轨迹随时间的变化波形。（　　）
2. 瞳孔大小的改变是由植物神经或者自主神经控制的，自己无法控制。（　　）
3. 脑波是指头皮的电位信号。（　　）
4. MRI 的物质基础是带有 1 个质子的氢原子。（　　）
5. PET 分为 1.5T、3T 等磁场强度。（　　）
6. 自发脑电的脑电图波形规则，其频率变化范围在正常人每秒约在 60 ～ 100 次左右。（　　）
7. ERP 反映了认知过程中大脑的神经电生理的变化，即认知电位。（　　）
8. 头皮脑电是侵入式的，记录的信号定位产生的对应大脑位置的空间分辨率高。（　　）
9. MRI 的主磁场强度通常在 0.5 ～ 1.0T 之间。（　　）
10. 功能性脑图像包括静息态脑图像和任务态脑图像。（　　）

二、单项选择题

1. 人在睁眼清醒休息状态时，脑电信号频率最多的是（　　）。

A. α 波　　B. β 波　　C. θ 波　　D. γ 波

2. 对于人没有侵害的检查设备是（　　）。

A. X 射线机　　B. CT 机　　C. PET　　D. MRI

3. 人体内，相对磁化率最高的是（　　）。

A. 2H　　B. 13C　　C. 14N　　D. 1H

4. 去除某上下频率限制之间的信号，而保留在此范围之外的信号，应该选择（　　）。

A. 高通滤波器　　B. 低通滤波器　　C. 凹陷滤波器　　D. 带通滤波器

5. P300 电位主要是使用（　　）实验范式获得的。
A. 记忆的实验范式　B. Oddball 实验范式
C. Go-Nogo 实验范式　D. 视觉空间注意的实验范式
6. 瞳孔波信号如何采集（　　）。
A. 直接使用设备采集　B. 通过脑部扫描获取
C. 采集眼部图像后使用软件生成　D. 通过问卷调查获取
7. MRI 的物质基础是什么（　　）。
A. 带有 1 个质子的氢原子　B. 带有 2 个质子的氦原子
C. 碳原子　D. 氧原子
8. MRI 的主磁场强度通常用哪个单位表示（　　）。
A. 牛顿　B. 特斯拉　C. 伏特　D. 安培
9. 在 MRI 中，哪种弛豫是横向磁化矢量逐渐减小的过程（　　）。
A. T_1 弛豫　B. T_2 弛豫　C. T_3 弛豫　D. T_4 弛豫
10. 功能性脑图像不包括以下哪种（　　）。
A. 结构像　B. 静息态脑图像　C. 任务态脑图像　D. 灌注加权成像

三、多项选择题

1. 瞳孔波信号可以用于研究（　　）。
A. 情绪　B. 抑郁　C. 焦虑　D. 其他认知问题
2. 瞳孔波信号的预处理包括（　　）。
A. 去除眨眼和半眨眼　B. 放大
C. 归一化　D. 滤波
3. 脑波信号预处理包括（　　）。
A. 去眼电　B. 去尾迹　C. 滤波　D. 重参考
4. 对人体没有伤害的情绪和认知活动的测量设备包括（　　）。
A. 瞳孔波　B. EEG　C. PET　D. MRI
5. ^{1}H 质子密度最大的前两个是（　　）。
A. 水　B. 脑脊液　C. 白质　D. 灰质

四、填空题

1. 瞳孔位于________中央。
2. 能够使用电极测量到脑电是因为大量神经元的________。
3. 从头皮测量的脑电分为自发脑电和________脑电。
4. 人体内的原子核分为________和________原子核。
5. 磁性原子核在恒定磁场内的进动频率与________成正比。
6. 事件相关电位具有锁时和锁相特性，因此可以通过________来获得清晰的认知电位。
7. iEEG 根据电极位置分为颅内皮层脑电（ECoG）和________。
8. MRI 的物质基础是带有 1 个质子的________。

9. MRI 的主磁场是其核心部件，主要作用是产生________的静态磁场。

10. 在 MRI 中，纵向弛豫也称为________弛豫。

五、论述题

1. 简述为什么瞳孔波可以用于认知活动的研究。

2. 请比较头皮 EEG（sEEG）和颅内脑电图（iEEG）在定位大脑病变位置方面的差异。

3. 请简述 MRI 的原理及其在大脑成像中的应用。

参考文献

[1] BEAR M F，CONNORS B W，PARADISO M A. 神经科学：探索脑 [M]. 王建军，等译 . 2 版 . 北京：高等教育出版社，2004.

[2] GAZZANIGA M S，IVRY R B，MANGUN G R. 认知神经科学：关于心智的生物学 [M]. 周晓林，高定国，等译 . 3 版 . 北京：中国轻工业出版社，2011.

[3] 罗跃嘉，姜扬，程康 . 认知神经科学教程 [M]. 北京：北京大学出版社，2006.

[4] 韩世辉，朱滢 . 认知神经科学 [M]. 广东：广东高等教育出版社，2007.

[5] 沈正，方方，杨炯炯，等 . 认知神经科学导论 [M]. 北京：北京大学出版社，2010.

[6] 刘洪波，冯世刚 . 脑与认知科学基础 [M]. 北京：清华大学出版社，2021.

[7] POSNER M I，RAICHLE M E. Images of mind[M]. New York：Freeman，1994.

[8] KUTAS M，HILLYARD S A. Reading senseless sentences：brain potentials reflect semantic incongruity[J]. Science，1980，207（4427）：203–205.

[9] HAGOORT P，HALD L，BASTIAANSEN M. Integration of word meaning and world knowledge in language comprehension[J]. Science，2004，304（5669）：438–441.

[10] OSTERHOUT L，HOLCOMB P J. Event–related brain potentials elicited by syntactic anomaly[J]. Journal of Memory and Language，1992，31（6）：785–806.

[11] HAGOORT P，BROWN C，GROOTHUSEN J. The syntactic positive shift as an ERP measure of syntactic processing[J]. Language and Cognitive Processes，1993，8（4）：439–483.

[12] MÜNTE T F，HEINZE H J，MANGUN G R. Dissociation of brain activity related to syntactic and semantic aspects of language[J]. Journal of Cognitive Neuroscience，1993，5（3）：335–344.

[13] FRIEDERICI A D，PFEIFER E，HAHNE A. Event–related brain potentials during natural speech processing：effects of semantic，morphological and syntactic violations[J]. Cognitive Brain Research，1993，1（3）：183–192.

[14] YARKONI T，SPEER N K，ZACKS J M. Neural substrates of narrative comprehension and memory[J]. Neuroimage，2008，41（4）：1408–1425.

[15] XU J，KEMENY S，PARK G. Language in context：emergent features of word，sentence，and narrative comprehension[J]. Neuroimage，2005，25（3）：1002–1015.

[16] WALTER W G，COOPER R，ALDRIDGE V J. Contingent negative variation：an electric sign of sensori–motor association and expectancy in the human brain[J]. Nature，1964，203（4943）：380–384.

[17] HILLYARD S A，HINK R F，SCHWENT V L. Electrical signs of selective attention in the human brain[J]. Science，1973，182（4108）：177–180.

[18] WOLDORFF M G，HILLYARD S A. Modulation of early auditory processing during selective listening to rapidly presented tones[J]. Electroencephalography and Clinical Neurophysiology，1991，79（3）：170–191.

[19] WOLDORFF M G，GALLEN C C，HAMPSON S A. Modulation of early sensory processing in human auditory cortex during auditory selective attention[J]. Proceedings of the National Academy of Sciences，1993，90（18）：8722–8726.

[20] POSNER M I，SNYDER C R，DAVIDSON B J. Attention and the detection of signals[J]. Journal of Experimental Psychology：General，1980，109（2）：160.

[21] HILLYARD S A，VOGEL E K，LUCK S J. Sensory gain control as a mechanism of selective attention：electrophysiological and neuroimaging evidence[J]. Philosophical Transactions of the Royal Society of London. Series B：Biological Sciences，1998，353（1373）：1257–1270.

[22] MANGUN G R，HILLYARD S A. Modulations of sensory-evoked brain potentials indicate changes in perceptual processing during visual-spatial priming[J]. Journal of Experimental Psychology：Human Perception and Performance，1991，17（4）：1057.

[23] CLARK V P，HILLYARD S A. Spatial selective attention affects early extrastriate but not striate components of the visual evoked potential[J]. Journal of Cognitive Neuroscience，1996，8（5）：387–402.

[24] HOPFINGER J B，MANGUN G R. Reflexive attention modulates processing of visual stimuli in human extrastriate cortex[J]. Psychological Science，1998，9（6）：441–447.

[25] MANGUN G R，HOPFINGER J B，KUSSMAUL C L. Covariations in erp and pet measures of spatial selective attention in human extrastriate visual cortex[J]. Human Brain Mapping，1997，5（4）：273–279.

[26] KASTNER S，SCHNEIDER K A，WUNDERLICH K. Beyond a relay nucleus：neuroimaging views on the human lgn[J]. Progress in Brain Research，2006，155：125–143.

[27] CORBETTA M，MIEZIN F M，DOBMEYER S. Selective and divided attention during visual discriminations of shape，color，and speed：functional anatomy by positron emission tomography[J]. Journal of Neuroscience，1991，11（8）：2383–2402.

[28] SCHOENFELD M A，HOPF J M，MARTINEZ A. Spatio-temporal analysis of feature-based attention[J]. Cerebral Cortex，2007，17（10）：2468–2477.

[29] HEINZE H J，MANGUN G R，BURCHERT W. Combined spatial and temporal imaging of brain activity during visual selective attention in humans[J]. Nature，1994，372（6506）：543–546.

[30] EGLY R，DRIVER J，RAFAL R D. Shifting visual attention between objects and locations：evidence from normal and parietal lesion subjects[J]. Journal of Experimental Psychology：General，1994，123（2）：161.

[31] MÜLLER N G，KLEINSCHMIDT A. Dynamic interaction of object-and space-based attention in retinotopic visual areas[J]. Journal of Neuroscience，2003，23（30）：9812–9816.

[32] O'CRAVEN K M，DOWNING P E，KANWISHER N. fMRI evidence for objects as the units of attentional selection[J]. Nature，1999，401（6753）：584–587.

[33] HAN S，JIANG Y. The parietal cortex and attentional modulations of activities of the visual cortex[J]. Neuroreport，2004，15（14）：2275–2280.

[34] BADDELEY A，SHIFFRIN R M，NOSOFSKY R M. The magical number seven，plus or minus two：some limits on our capacity for processing information[J]. Psychological Review，1994，101（2）：343–352.

[35] MARKOWITSCH H J，KALBE E，KESSLER J，et al. Short-term memory deficit after focal parietal damage[J]. Journal of Clinical and Experimental Neuropsychology，1999，21（6）：784–797.

[36] BADDELEY A. Working memory[J]. Science，1992，255（5044）：556–559.

[37] SQUIRE L R. Memory systems of the brain：a brief history and current perspective[J]. Neurobiology of Learning and Memory，2004，82（3）：171–177.

[38] SQUIRE L R. Memory and brain[M]. New York：Oxford University Press，1987.

[39] RANGANATH C，YONELINAS A P，COHEN M X. Dissociable correlates of recollection and familiarity within the medial temporal lobes[J]. Neuropsychologia，2004，42（1）：2–13.

[40] MONTALDI D，SPENCER T J，ROBERTS N. The neural system that mediates familiarity memory[J]. Hippocampus，2006，16（5）：504–520.

[41] TULVING E，KAPUR S，CRAIK F I. Hemispheric encoding/retrieval asymmetry in episodic memory：positron emission tomography findings[J]. Proceedings of the National Academy of Sciences，1994，91（6）：2016–2020.

[42] NYBERG L，CABEZA R，TULVING E. PET studies of encoding and retrieval：the HERA model[J]. Psychonomic Bulletin & Review，1996，3：135–148.

[43] NYBERG L，CABEZA R，TULVING E. Asymmetric frontal activation during episodic memory：what kind of specificity？[J]. Trends in Cognitive Sciences，1998，2（11）：419–420.

[44] KELLEY W M，MACRAE C N，WYLAND C L. Finding the self？an event-related fMRI study[J]. Journal of Cognitive Neuroscience，2002，14（5）：785–794.

[45] BUCKNER R L，KELLEY W M，PETERSEN S E. Frontal cortex contributes to human memory formation[J]. Nature Neuroscience，1999，2（4）：311–314.

[46] KNOWLTON B J，MANGELS J A，SQUIRE L R. A neostriatal habit learning system in humans[J]. Science，1996，273（5280）：1399–1402.

[47] POLDRAK R A，CLARK J，PARÉ-BLAGOEV E J. Interactive memory systems in the human brain[J]. Nature，2001，414（6863）：546–550.

[48] EKMAN P，FRIESEN W V. Constants across cultures in the face and emotion[J]. Journal of Personality and Social Psychology，1971，17（2）：124.

[49] OSGOOD C，SUCI G，TANNENBAUM P. The measurement of meaning. urbana：university of illinois[J]. Journal of Counseling Psychology，1957，5（3）：236–237.

[50] DAVIDSON R J，EKMAN P，SARON C D. Approach-withdrawal and cerebral asymmetry：emotional expression and brain physiology：I[J]. Journal of Personality and Social Psychology，1990，58（2）：330.

[51] MACLEAN P D. Psychosomatic disease and the" visceral brain"：recent developments bearing on the papez theory of emotion[J]. Psychosomatic Medicine，1949，11（6）：338–353.

[52] MACLEAN P D. Some psychiatric implications of physiological studies on frontotemporal portion of limbic system（visceral brain）[J]. Electroencephalography and Clinical Neurophysiology，1952，4（4）：407–418.

[53] OLDS J，MILNER P. Positive reinforcement produced by electrical stimulation of septal area and other regions of rat brain[J]. Journal of Comparative and Physiological Psychology，1954，47（6）：419.

[54] HEATH R G. Electrical self-stimulation of the brain in man[J]. American Journal of Psychiatry，1963，120（6）：571–577.

[55] HE Y，MADEO G，LIANG Y. A red nucleus-VTA glutamate pathway underlies exercise reward and the therapeutic effect of exercise on cocaine use[J]. Science Advances，2022，8（35）：eabo1440.

[56] DAVIDSON R J. Cerebral asymmetry，emotion，and affective style[J]. Brain asymmetry，1995，361–297.

[57] GUR R C，SKOLNICK B E，GUR R E. Effects of emotional discrimination tasks on cerebral blood flow：regional activation and its relation to performance[J]. Brain and Cognition，1994，25（2）：271–286.

[58] KLÜVER H，BUCY P C. Preliminary analysis of functions of the temporal lobes in monkeys[J]. Archives of Neurology & Psychiatry，1939，42（6）：979–1000.

[59] PHILLIPS M L，YOUNG A W，SENIOR C. A specific neural substrate for perceiving facial expressions of disgust[J]. Nature，1997，389（6650）：495–498.

[60] PHILLIPS M L，YOUNG A W，SCOTT S K. Neural responses to facial and vocal expressions of fear and disgust[J]. Proceedings of the Royal Society of London. Series B：Biological Sciences，1998，265（1408）：1809–1817.

[61] CALDER A J，KEANE J，MANES F. Impaired recognition and experience of disgust following brain injury[J]. Nature Neuroscience，2000，3（11）：1077–1078.

[62] KROLAK-SALMON P, HÉNAFF M A, ISNARD J, et al. An attention modulated response to disgust in human ventral anterior insula[J]. Annals of Neurology: Official Journal of the American Neurological Association and the Child Neurology Society, 2003, 53 (4): 446-453.

[63] WICKER B, KEYSERS C, PLAILLY J. Both of us disgusted in my insula: the common neural basis of seeing and feeling disgust[J]. Neuron, 2003, 40 (3): 655-664.

[64] VON-WRIGHT G H. Explanation and understanding[M]. New York: Cornell University Press, 2004.

[65] LANE R D, FINK G R, CHAU P M L. Neural activation during selective attention to subjective emotional responses[J]. Neuroreport, 1997, 8 (18): 3969-3972.

[66] DEBINSKY O. Contributions of anterior cingulate cortex to behavior[J]. Brain, 1995, 118: 279-306.

[67] BÜCHEL C, MORRIS J, DOLAN R J. Brain systems mediating aversive conditioning: an event-related fMRI study[J]. Neuron, 1998, 20 (5): 947-957.

[68] BLAIR R J R, MORRIS J S, FRITH C D. Dissociable neural responses to facial expressions of sadness and anger[J]. Brain, 1999, 122 (5): 883-893.

[69] ADOLPHS R, TRANEL D. Impaired judgments of sadness but not happiness following bilateral amygdala damage[J]. Journal of Cognitive Neuroscience, 2004, 16 (3): 453-462.

[70] KILLGORE W D S, YURGELUN-TODD D A. Activation of the amygdala and anterior cingulate during nonconscious processing of sad versus happy faces[J]. Neuroimage, 2004, 21 (4): 1215-1223.

[71] SANDER D, GRANDJEAN D, POURTOIS G. Emotion and attention interactions in social cognition: brain regions involved in processing anger prosody[J]. Neuroimage, 2005, 28 (4): 848-858.

[72] ADOLPHS R, GOSSELIN F, BUCHANAN T W. A mechanism for impaired fear recognition after amygdala damage[J]. Nature, 2005, 433 (7021): 68-72.

[73] WHALEN P J, KAGAN J, COOK R G. Human amygdala responsivity to masked fearful eye whites[J]. Science, 2004, 306 (5704): 2061-2061.

[74] ADOLPHS R, TRANEL D, DENBURG N. Impaired emotional declarative memory following unilateral amygdala damage[J]. Learning & Memory, 2000, 7 (3): 180-186.

[75] ADOLPHS R, TRANEL D, DAMASIO H. Fear and the human amygdala[J]. Journal of Neuroscience, 1995, 15 (9): 5879-5891.

[76] ADOLPHS R, TRANEL D. Intact recognition of emotional prosody following amygdala damage[J]. Neuropsychologia, 1999, 37 (11): 1285-1292.

[77] CUNNINGHAM W A, GATENBY C, BANAJI M. Performance on indirect measures of race evaluation predicts amygdala activity[J]. Neuroscience, 2000, 12 (5): 729-738.

[78] PHELPS E A, CANNISTRACI C J, CUNNINGHAM W A. Intact performance on an indirect measure of race bias following amygdala damage[J]. Neuropsychologia, 2003, 41 (2): 203-208.

[79] CUNNINGHAM W A, JOHNSON M K, RAYE C L. Separable neural components in the processing of black and white faces[J]. Psychological Science, 2004, 15 (12): 806-813.

[80] PRIBRAM K H. Toward a science of neuropsychology[J]. Current trends in psychology and the biological sciences.—Pittsburgh, 1954.

[81] LANTEAUME L, KHALFA S, RÉGIS J. Emotion induction after direct intracerebral stimulations of human amygdala[J]. Cerebral Cortex, 2007, 17 (6): 1307-1313.

[82] JP F. The neural basis of aggression in cats[J]. Neurophysiology and Emotion, 1967.

[83] TAYLOR S E, BROWN J D. Illusion and well-being: a social psychological perspective on mental

health[J]. Psychological Bulletin, 1988, 103 (2): 193.

[84] MORAN J M, MACRAE C N, HEATHERTON T F. Neuroanatomical evidence for distinct cognitive and affective components of self[J]. Journal of Cognitive Neuroscience, 2006, 18 (9): 1586–1594.

[85] MITCHELL J P. Activity in right temporo–parietal junction is not selective for theory–of–mind[J]. Cerebral Cortex, 2008, 18 (2): 262–271.

[86] MITCHELL J P, BANAJI M R, MACRAE C N. General and specific contributions of the medial prefrontal cortex to knowledge about mental states[J]. Neuroimage, 2005, 28 (4): 757–762.

[87] SAXE R, POWELL L J. It's the thought that counts: specific brain regions for one component of theory of mind[J]. Psychological Science, 2006, 17 (8): 692–699.

[88] MITCHELL J P, MACRAE C N, BANAJI M R. Dissociable medial prefrontal contributions to judgments of similar and dissimilar others[J]. Neuron, 2006, 50 (4): 655–663.

[89] OCHSNER K N, BEER J S, ROBERTSON E R. The neural correlates of direct and reflected self–knowledge[J]. Neuroimage, 2005, 28 (4): 797–814.

[90] KLIN A, JONES W, SCHULTZ R. Visual fixation patterns during viewing of naturalistic social situations as predictors of social competence in individuals with autism[J]. Archives of General Psychiatry, 2002, 59 (9): 809–816.

[91] MCCLURE S M, LAIBSON D I, LOEWENSTEIN G. Separate neural systems value immediate and delayed monetary rewards[J]. Science, 2004, 306 (5695): 503–507.

[92] ZIHL J, VON–CRAMON D, MAI N. Selective disturbance of movement vision after bilateral brain damage[J]. Brain, 1983, 106 (2): 313–340.

[93] KANWISHER N, MCDERMOTT J, CHUN M M. The fusiform face area: a module in human extrastriate cortex specialized for face perception[J]. Journal of Neuroscience, 2002, 17 (11): 4302–4311.

[94] HALGREN E, DALE A M, SERENO M I. Location of human face–selective cortex with respect to retinotopic areas[J]. Human Brain Mapping, 1999, 7 (1): 29–37.

[95] BENTIN S, ALLISON T, PUCE A. Electrophysiological studies of face perception in humans[J]. Journal of Cognitive Neuroscience, 1996, 8 (6): 551–565.

[96] EIMER M. Event–related brain potentials distinguish processing stages involved in face perception and recognition[J]. Clinical Neurophysiology, 2000, 111 (4): 694–705.

[97] LIU J, HARRIS A, KANWISHER N. Stages of processing in face perception: an meg study[M]. New York: Psychology Press, 2013: 75–85.

[98] EPSTEIN R, KANWISHER N. A cortical representation of the local visual environment[J]. Nature, 1998, 392 (6676): 598–601.

[99] ISHAI A, UNGERLEIDER L G, MARTIN A. The representation of objects in the human occipital and temporal cortex[J]. Journal of Cognitive Neuroscience, 2000, 12: 35–51.

[100] VALLBO A B, JOHANSSON R S. Properties of cutaneous mechanoreceptors in the human hand related to touch sensation[J]. Human Neurobiology, 1984, 3 (1): 3–14.

[101] PENFIELD W, RASMUSSEN T. The cerebral cortex of man; a clinical study of localization of function[J]. Macmillan, 1950.

[102] KAAS J H, NELSON R J, SUR M. Organization of somatosensory cortex in primates[J]. The Organization of the Cerebral Cortex, 1981, 10: 237–261.

[103] BUCK L, AXEL R. A novel multigene family may encode odorant receptors: a molecular basis for odor recognition[J]. Cell, 1991, 65 (1): 175–187.

[104] LAWRENCE D G, KUYPERS H G J M. The functional organization of the motor system in the monkey: Ⅱ. The effects of lesions of the descending brain–stem pathways[J]. Brain, 1968, 91 (1): 15–36.

[105] ROLAND P, LARSEN B, LASSEN N. Supplementary motor area and other cortical areas in organization of voluntary movements in man[J]. Journal of Neurophysiology, 1980, 43: 118–136.

[106] JENKINS I H, BROOKS D J, NIXON P D. Motor sequence learning: a study with positron emission tomography[J]. Journal of Neuroscience, 1994, 14 (6): 3775–3790.

[107] LE BIHAN D. Looking into the functional architecture of the brain with diffusion MRI[J]. Nature Reviews Neuroscience, 2003, 4 (6): 469–480.

[108] DASILVA A F M, TUCH D S, WIEGELL M R. A primer on diffusion tensor imaging of anatomical substructures[J]. Neurosurgical Focus, 2003, 15 (1): 1–4.

[109] KLINGBERG T, HEDEHUS M, TEMPLE E. Microstructure of temporo–parietal white matter as a basis for reading ability: evidence from diffusion tensor magnetic resonance imaging[J]. Neuron, 2000, 25 (2): 493–500.

[110] PENNY W D, FRISTON K J, ASHBURNER J T. Statistical parametric mapping: the analysis of functional brain images[J]. Neurosurgery, 2007.

[111] SMITH S M, FOX P T, MILLER K L. Correspondence of the brain's functional architecture during activation and rest[J]. Proceedings of the National Academy of Sciences, 2009, 106 (31): 13040–13045.

[112] REIF P S, STRZELCZYK A, ROSENOW F. The history of invasive EEG evaluation in epilepsy patients[J]. Seizure, 2016, 41: 191–195.

[113] TAUSSIG D, CHIPAUX M, FOHLEN M. Invasive evaluation in children[J]. Seizure, 2020, 77: 43–51.

[114] TANDON N, TONG B A, FRIEDMAN E R. Analysis of morbidity and outcomes associated with use of subdural grids vs stereoelectroencephalography in patients with intractable epilepsy[J]. JAMA Neurology, 2019, 76 (6): 672–681.

[115] KIM L H, PARKER J J, HO A L. Contemporaneous evaluation of patient experience, surgical strategy, and seizure outcomes in patients undergoing stereoelectroencephalography or subdural electrode monitoring[J]. Epilepsia, 2021, 62 (1): 74–84.

[116] GUENOT M, LEBAS A, DEVAUX B. Surgical technique[J]. Neurophysiologie Clinique, 2018, 48 (1): 39–46.

[117] ABEL T J, OSORIO R V, AMORIM–LEITE R. Frameless robot–assisted stereoelectroencephalography in children: technical aspects and comparison with Talairach frame technique[J]. Journal of Neurosurgery: Pediatrics, 2018, 22 (1): 37–46.

[118] ZHENG J, LIU Y L, ZHANG D. Robot–assisted versus stereotactic frame–based stereoelectroencephalography in medically refractory epilepsy[J]. Neurophysiologie Clinique, 2021, 51 (2): 111–119.

[119] BOURDILLON P, ISNARD J, CATENOIX H. Stereo electroencephalography–guided radiofrequency thermocoagulation in drug–resistant focal epilepsy: Results from a 10–year experience[J]. Epilepsia, 2017, 58 (1): 85–93.

[120] BOURDILLON P, RHEIMS S, CATENOIX H. Surgical techniques: stereoelectroencephalography–guided radiofrequency–thermocoagulation[J]. Seizure, 2020, 77: 64–68.

[121] ISNARD J, TAUSSIG D, BARTOLOMEI F. French guidelines on stereoelectroencephalography[J]. Neurophysiologie Clinique, 2018, 48 (1): 5–13.

[122] 中国医师协会神经外科分会功能神经外科学组，中国抗癫痫协会，国家神经外科手术机器人应用示范项目专家指导委员会．立体定向脑电图引导射频热凝毁损治疗药物难治性癫痫的中国专家共识 [J]. 中华医学杂志，2021，101（29）：2276–2282.

[123] ENGEL JR J. Evolution of concepts in epilepsy surgery[J]. Epileptic Disorders, 2019, 21 (5): 391–409.

[124] FAN X，MOCCHI M，PASCUZZI B. Brain mechanisms underlying the emotion processing bias in treatment-resistant depression[J]. Nature Mental Health，2024：1-10.

[125] ZHU D，MOORE S T，RAPHAN T. Robust pupil center detection using a curvature algorithm[J]. Computer Methods and Programs in Biomedicine，1999，59（3）：145-157.

[126] JAN F. Pupil localization in image data acquired with near-infrared or visible wavelength illumination[J]. Multimedia Tools and Applications，2018，77（1）：1041-1067.

[127] SANTINI T，FUHL W，KASNECI E. PuRe：robust pupil detection for real-time pervasive eye tracking[J]. Computer Vision and Image Understanding，2018，170：40-50.

[128] LI M，LU Z，CAO Q，et al. Automatic Assessment Method and Device for Depression Symptom Severity Based on Emotional Facial Expression and Pupil-wave[J]. IEEE Transactions on Instrumentation and Measurement，2024，73：2531215.

[129] LI M，ZHANG W，HU B. Automatic assessment of depression and anxiety through encoding pupil-wave from HCI in VR scenes[J]. ACM Transactions on Multimedia Computing，Communications and Applications，2024，20（2）：1-22.